前　言

模拟电子技术实验是电类各专业基础课程中重要的实践教学环节，它与专业教学紧密结合。对于加深理解课堂知识，强化基础训练，培养动手能力和初步设计电子电路的能力，具有十分重要的意义。为此，我们按照国家教育部工科电工课程指导委员会关于模拟电子技术课程与实验教学的基本要求，结合高校实践教学的具体情况，编写了本教材，以满足模拟电子技术实践教学的要求。

本书共分五章。第一章介绍了模拟电子技术实验的基础知识。包括模拟电子技术实验须知，常用仪器仪表的原理及使用，常用电子元器件介绍，电信号基本参数的测量方法，噪声干扰以及采取的措施。后四章分别介绍了模拟电路的基础型实验项目、提高型实验项目、综合设计型实验项目和 Multisim 软件的使用及仿真实验。本教材的编写，力求达到如下特点：

（1）通过基础型实验项目，加深课堂知识的理解，培养学生正确使用常见的仪器仪表。着眼于对学生创新能力的培养，具有指导性和启发性，适合自学。

（2）实验项目覆盖面宽。本教材设计的实验项目，适合于不同层次、不同条件的实践教学需要。

（3）与实验课程教学改革紧密结合。综合设计型实验适合于开放性实验的要求，符合培养学生动手能力，工程实践能力和创新能力的教改目标。

（4）使用性强。本书除了指导学生实验外，还编入了相关的测试技术的内容，可供学生在学习和工作中参考使用。

钟化兰同志为主编，负责全书的组织和定稿，曹晖同志为副主编，协助主编工作。钟化兰、曹晖和徐敏道共同编写了第一章；钟化兰编写了第二章的实验一至实验四，第五章的实验一至实验三；徐敏道编写了第二章的实验八至实验十一，第三章的实验一至实验四，第四章的实验三至实验八；曹晖编写了第二章的实验五至实验七，第四章的实验二，第五章的实验四至实验六；徐祥征编写了第四章的实验一和第三章的实验五至实验六；刘晓瑞编写了附录Ⅰ、附录Ⅱ和附录Ⅲ。

高海生教授担任本书的主审，对本书提出了许多宝贵的修改意见。在此表示衷心感谢。

由于编写时间仓促，书中难免有不当之处，敬请读者批评指正。

编　者

2009 年 6 月

内 容 简 介

本书按照国家教育部工科电工课程指导委员会关于模拟电子技术课程及实验教学的基本要求,在总结了作者多年的模拟电子课程的教学经验及在原实验教材的基础上编写而成的。

全书共分五章:模拟电子技术实验基础知识,内容包括:模拟电子技术实验须知,常用仪器仪表的原理及使用,常用电子元器件介绍,电信号基本参数的测量方法,噪声干扰以及采取的措施;模拟电路基础型实验;模拟电路提高型实验;模拟电路综合设计型实验;Multisim 在模拟电路实验中的应用。

本书可作为理工类院校相关专业电工电子课程的教材,也可供有关工程技术人员参考。

模拟电子技术
实验教程

主　编　钟化兰
副主编　曹　晖　徐敏道

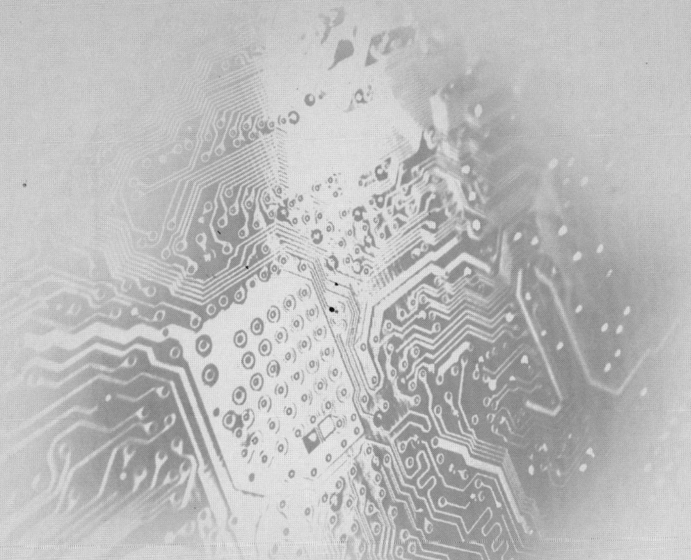

江西科学技术出版社

目　录

第一章　模拟电子技术实验基础知识

1.1　模拟电子技术实验须知

1.1.1　电子电路实验的意义、目的、要求

模拟电子技术是一门工程性和实践性很强的课程，而模拟电子技术实验是该课程的重要教学环节之一。模拟电子技术实验就是按教学、生产和科研的具体要求对所设计的电子电路进行安装、调试与测试的过程。在实验过程中，既能验证理论的正确性和实用性，又能从中发现理论的近似性和局限性。在实验过程中，往往可以发现新问题，产生新的设想。既促使电子电路和应用技术的进一步发展，又培养了学生的创新意识和创造能力。

目前，电子技术的发展日新月异，新器件、新电路相继产生并迅速转化为生产力。要认识和掌握应用种类繁多的新器件和新电路，最为有效的途径就是进行实验。通过实验，可以分析器件和电路的工作原理，完成性能指标的检测，可以验证和扩展器件、电路的性能或功能的使用范围；可以设计并制作出各种实用电路、实用产品。可见，熟练掌握模拟电子技术实验技术，对从事电子技术工作的人员来说是至关重要的。

模拟电子技术实验可以巩固和加深电子技术的基础理论和基本概念，使学生受到必要的基本实验技能的训练，学会识别和选择所需的元器件，设计、安装和调试实验电路，分析实验结果，从而提高实际动手能力、分析问题和解决问题的能力。使学生达到下述要求：

(1)看懂基本电子电路图，具有分析电路的能力；具有合理选用元器件并构成小系统电路的能力。

(2)掌握查阅和利用技术资料解决实际问题的方法；具有分析和排除基本电子电路一般故障的能力。

(3)正确使用常用电子仪器，如示波器、信号发生器、数字万用表、稳压电源等；掌握常用电子测量仪器的选择、仪器说明书的使用和仪器的使用方法；掌握各种电信号的基本测试方法。

(4)能够根据实验任务拟定实验方案，独立完成实验，写出严谨的、有理论分析的、实事求是的、文字通顺和字迹端正的实验报告。

(5)具有严肃、认真的工作习惯和实事求是的科学态度。初步具有正确处理实验数据、分析误差的能力。

(6)掌握实验室的安全用电知识。

1.1.2 模拟电子技术实验环节

模拟电子技术实验分三个层次进行：

1. 验证性实验

它主要是以基本单元电路为主。根据实验目的、实验电路，运用仪器设备，按照较详细的实验步骤，通过实验操作来验证模拟电子技术的有关理论，从而进一步巩固学生的基本知识和基本理论。

2. 提高性实验

它主要根据给定的实验由学生自行选择测试仪器，拟定实验步骤，完成规定的电路性能指标测试任务，从而进一步掌握电路的工作原理。

3. 综合性和设计性实验

学生根据给定的实验题目、内容和要求，自行设计实验电路，选择合适的电子元器件来组装实验电路，拟定出调整测试方案，最后达到设计要求。通过这个过程，培养学生综合运用所学知识解决实际问题的独立工作能力。

为了达到上述模拟电子技术实验的预期目的和实验效果，可以通过课内实验与课外实践相结合的方式进行。课内实验必须做好实验前的预习，进行实验和实验报告等几个主要环节。课外实践使用 EWB、Multisim 虚拟仿真设计软件，进行仿真实验练习，以提高学生综合应用能力。

一、实验预习

实验能否顺利进行并收到预期的效果，很大程度上取决于实验前的预习和准备工作是否充分。因此每次实验前，必须详细阅读实验教材，明确本次实验的目的与任务，掌握必要的实验理论和方法，了解实验内容和仪器的使用方法，在此基础上简要地写出实验预习报告，其内容包括：

(1)实验名称、日期、班级、姓名、学号；

(2)实验目的及要求；

(3)完成设备、型号；

(4)实验原理与步骤、电路图、记录数据；

(5)实验结果及分析；

(6)思考题。

对不同类型实验在实验前应具有不同的预习要求，具体的预习报告的要求如下：

1. 验证性实验

(1)首先搞清实验目的，熟悉所用仪器设备，根据《模拟电子技术》所学的理论知识，弄清电路的工作原理及各元器件的作用。根据器件手册查出所用器件的外部引脚排列、主要参数等。

(2)认真预习实验内容、实验步骤和测试方法，设计实验数据记录表格等。

(3)回答有关的思考题。

2. 提高性实验

(1)在搞清实验目的、实验内容及要求的基础上,列出本次实验所需仪器、仪表等设备。

(2)拟定详细的实验步骤,包括调试步骤和测试步骤,设计实验数据记录表格等。

3. 综合设计性实验

(1)根据教师对本次实验提出的要求,结合自己学习的实际情况,认真选择实验方案。

(2)根据方案要求,设计或选用实验电路和测试电路。设计电路时,计算要正确,步骤要清楚,画出的电路要整洁,元器件符号要标准化,参数要符合系列化标准值。

(3)本次实验所用元器件、仪器、仪表和详细清单,在实验前一天交实验室。

(4)确定详细的实验步骤,包括实验电路的调试步骤和测试步骤。

(5)设计实验数据记录表。

二、实验过程

正确的操作程序和良好的工作方法是实验顺利进行的保证。因此,实验时要求做到:

(1)按编号固定各自的实验台进行实验。进入实验室后,认真检查本次实验使用元器件的型号、规格和数量是否符合要求,检查所用电子仪器设备的状况,若发现故障应报告指导教师及时排除,以免耽误上课时间。

(2)认真听取指导教师对实验的介绍。

(3)根据实验电路的结构特点,采用合理的接线步骤。一般按"先串联后并联","先接主电路后接辅助电路"的顺序进行,以避免遗漏和重复。接线完毕,要养成自查的习惯。

(4)实验电路接好后,检查无误方可接入电源。接入电源前要调整好电源,使其大小和极性满足实验要求。要养成实验前"先接实验电路后接通电源",实验完毕后,"先断开电源后拆实验电路"的操作习惯。

(5)电路接通后,不要急于测定数据,要按实验预习时所预期的实验结果,概略地观察全部现象以及各仪表的读数变化范围。然后开始逐项实验,测量时要有选择地读取几组数据(为便于检查实验数据的正确性,实验时应带计算器)。读取数据时,要尽可能在仪器仪表的同一量程内读数,减少由于仪器仪表量程不同而引起的误差。

(6)如实验中要求绘制曲线,至少要读取10组数据,而且在曲线的弯曲部分应多读几组数据,这样画出的曲线就比较平滑准确。

(7)测量数据经自审无误后交指导教师复核,经检查正确后才拆掉电路,以免因数据错误需要重新接线测量,而花费不必要的时间。

(8)实验结束后,应做好仪器设备和导线的整理以及实验台面的清洁工作,做到善始善终。

三、实验报告

实验报告是实验工作的全面总结,写报告的过程,就是对电路的设计方法和实验方法加以总结,对实验数据加以处理,对所观察的现象、所出现的问题以及采取的解决方法加以分析、总结的过程。实验报告要求文理通顺、简明扼要、字迹端正、图表清晰、结论正确、分析合理。

对于工科学生来说,撰写实验报告是一种基本技能训练,通过写实验报告,能够深化对基础理论的认识,提高对基础理论的应用能力;提高记录、处理实验数据、分析与判断实验结果的能力;培养严谨的学风和实事求是的科学态度;锻炼科技文章的写作能力等。因此,撰写实验报告是实验工作不可缺少的一个重要环节,不可忽视。具体要求如下:

(1)在预习报告的基础上,对实验的原始数据进行整理,用适当的表格列出测量值和理论值,按要求绘制好波形图、曲线图等。

(2)运用实验原理和掌握的理论知识对实验结果进行必要的分析和说明,从而得出正确的结论。

(3)对实验中存在的一些问题进行讨论,并回答思考题。

1.1.3 实验电路安装与调试技术

一、实验电路安装

进行实验时,要达到实验目的,取得满意的实验结果,不仅取决于电路原理和测试方法的正确性,而且还与电路安装的合理性紧密相关。例如,安装一个高增益的放大器,由于布线不合理,就可能产生寄生振荡,而使放大器不能正常工作。

实验电路通常采用焊接和在实验板上插接两种方法。焊接安装可提高学生的焊接技术,但器件可重复利用率低。在实验板上装电路,便于调试。由于使用时,可将元器件简单地在插件电路板上插入或拔出,可快速地改变电路布局,元器件可长期重复使用。目前,实验室广泛应用插件实验板(面包板)进行实验电路安装调试。因此必须掌握实验电路的安装方法。

1. 插件实验电路板的使用方法

一般插件板的结构如图 1.1 所示。每块插件电路板中央有一凹槽,是为直接插入集成电路器件而设置的。凹槽两边各有小孔,每列小孔的 5 个小孔相互连通,插件电路板的上、下各有一排相互连通的小孔,一般可作为电源线或地线插孔用(注意不同型号的插件电路板上、下两排的插孔连通方式是不同的,使用时应先用万用表判别其连通方式)。

目前插件电路板有好多种规格。但不管哪一种,其结构和使用方法大致相同,即每列五个插孔内均用一个磷铜片相连。这种结构造成相邻两列插孔之间分布电容大。因此,插件电路板一般不适用于高频电路实验中。

使用插件电路板时要注意清洁。切勿将焊锡或其他异物掉入插孔内,用毕要用防护罩包好,以免灰尘进入插孔造成接触不良。

2. 集成电路的安装

为防止集成电路受损,在插件电路板上插入或拔出时要非常细心。插入时应使器件的方向一致,缺口朝左,使所有引脚均对准插件电路板上的小孔,均匀用力按下,拔出时,最好用专用拔钳,夹住集成块两头,垂直往上拔起,或用小起对撬,以免其受力不均匀使引脚弯曲或断裂。

3. 电路的安装

采用插件电路板安装实验电路板时,元器件的安装方式可根据实验电路的复杂程度灵活掌握。但安装电路时均应注意以下几点:

(1)通常实验板左端为输入、右端为输出。应按输入级、中间级、输出级的顺序进行安装。

(2)同一块实验板上的同类元器件应采用同一安装方式,距实验板表面的高度应大体一

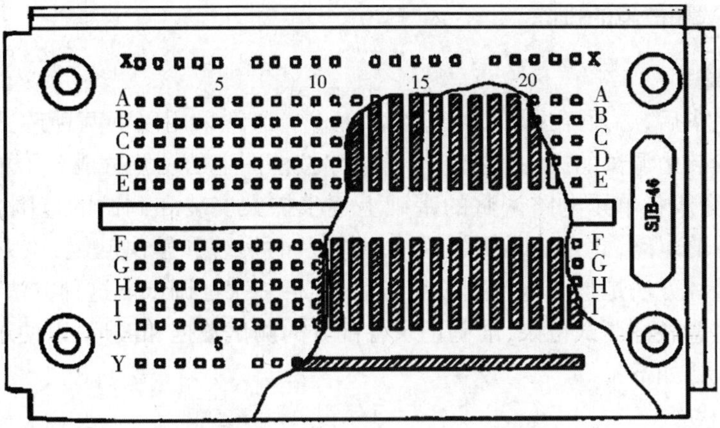

图 1.1　SJB－46 型插座板结构图

致。若采用立式安装，元器件型号或标称值应朝同一方向，而卧式安装的元器件型号或标称值应朝同上方，集成电路的定位标志方向应一致。

(3)凡具有屏蔽罩的磁性器件，如中频变压器等，其屏蔽罩应接到电路的公共地端。

(4)元器件的引线一般不宜剪得过短，以利于重复利用。

二、布线的一般原则

实践证明，虽然元器件完好，但由于布线不合理，也可能造成电路工作失常。这种故障不像脱焊、断线(或接触不良)或器件损坏那样明显，多以寄生干扰形式表现出来，很难排除。

元器件之间的连接均由导线完成。所以，合理布线的基础是合理地布件(即确定各元器件在实验板上的位置，也称排件)。布件不合理，一般布线也难以合理。

一般布线原则如下：

(1)应按电路原理图中元器件图形符号的排列顺序进行布件，多级实验电路要成一直线布局，不能将电路布置成"L"或"π"字形。如受实验板面积限制，非布成上述字形不可，则必须采取屏蔽措施。

(2)布线前，要弄清管脚或集成电路各引出端的功能和作用。尽量使电源线和地线靠近实验电路板的周边，以起到一定的屏蔽作用。

(3)信号电流强的与弱的引线要分开；输出与输入信号引线要分开，还要考虑输入、输出引线各自与相邻引线之间的相互影响，输入线应防止邻近引线对它产生干扰(可用隔离导线或同轴电缆线)，而输出线应防止它对邻近导线产生干扰；一般应避免两条或多条引线互相平行；所有引线应尽可能地并避免形成圈套状或在空间形成网状；在集成电路上方不得有导线(或元件)跨越。

(4)所用导线的直径应和插件电路板的插孔粗细相配合，太粗会损坏插孔内的簧片，太细导线接触不良；所用导线最好分色，以区分不同的用途，即正电源、负电源、地、输入与输出用不同颜色导线加以区分，例如，习惯上正电源用红色导线、地线用黑色导线等。

(5)布线应有步骤地进行，一般应先接电源线、地线等固定电平连接线，然后按信号传输方向依次接线并尽可能使连线贴近实验面板。

三、电路调试和故障的排除

1. 电路的调试

电路安装完毕后,必须经过调试才能正常工作。通常采用以下两种调试电路的方法。第一种是采用边安装边调试的方法。把一个总电路按框图上的功能分成若干单元电路分别进行安装和调试,在完成各单元电路调试的基础上逐步扩大安装和调试的范围,最后完成整机调试。对于新设计的电路,此方法既便于调试,又能及时发现和解决问题,该方法适合于课程设计中采用。第二种方法是整个电路安装完毕后,实行一次性调试。这种方法适合于定型产品。

调试时应注意做好调试记录,准确记录各部分的测试数据和波形,以便于分析和运行时参考。一般调试步骤如下:

(1)通电前检查

电路安装完毕后,首先应检查电路各部分的接线是否正确,检查电源、地线、信号线、元器件的引脚之间有无短路,器件有无接错。

(2)通电检查

接入电路所要求的电源电压,观察电路中各部分器件有无异常现象。如果出现异常现象,应立即关断电源,待排除故障后方可重新通电。

(3)单元电路调试

在调试单元电路时应明确本部分的调试要求,按调试要求测试性能指标和观察波形。调试顺序按信号的流向进行,这样可以把前面调试过的输出信号作为后一级的输入信号,为最后的整机统调创造条件。电路调试包括静态和动态调试,通过调试掌握必要的数据、波形、现象,然后对电路进行分析、判断、排除故障,完成调试要求。

(4)整机统调

各单元电路调试完成后就为整机调试打下了基础。整机统调时应观察各单元电路连接后各级之间的信号关系,主要观察动态结果,检查电路的性能和参数,分析测量的数据和波形是否符合设计要求,对发现的故障和问题及时采取处理措施。

2. 电路故障的排除

电路故障的排除可以按下述八种方法进行。

(1)信号寻迹法。寻找电路故障时,一般可以按信号的流程逐级进行。在电路的输入端加入适当的信号,用示波器或电压表等仪器逐级检查信号在电路内各部分传输的情况,根据电路的工作原理分析电路的功能是否正常,如果有问题,应及时处理。调试电路时也可以从输出级向输入级倒推进行,从电路最后一级的输入端加入信号,观察输出端信号是否正常,然后逐级将适当信号加入前面一级电路输入端,继续进行检查。这里所指的"适当信号"是指频率、电压幅值等参数应满足电路要求,这样才能使调试顺利进行。

(2)对分法。把有故障的电路分为两部分,先检查这两部分中究竟是哪部分有故障,然后再对有故障的部分对分检测,一直到找出故障为止。采用"对分法"可减少调试工作量。

(3)分割调试法。对于一些有反馈的环形电路,如振荡电路、稳压电路,它们各级的工作情况互相有牵连,这时可采取分割环路的方法,将反馈环去掉,然后逐级检查,可更快地查出故障部分。对自激振荡现象也可以用此法检查。

(4)电容器旁路法。如遇电路发生自激振荡或寄生调幅等故障,检查时可用一只容量较大的电容器并联到故障电路的输入或输出端,观察对故障现象的影响,从而分析故障的部位。在放大电路中,若旁路电容失效或开路,将使负反馈加强,输出量下降,此时用适当的电容并联在旁路电容两端,就可以看到输出幅度恢复正常,也就可以断定是旁路电容的问题。这种检查可能要多处试验才有结果。这时要细心分析引起故障的原因,这种方法也用来检查电源滤波和去耦电路的故障。

(5)对比法。将有问题的电路状态、参数与相同的正常电路进行逐项对比。此方法可以较快从异常的参数中分析出故障。

(6)替代法。把已调试好的相同的单元电路代替有故障或有疑问的单元电路(注意共地)。这样可以很快判断故障部位。有时元器件的故障不很明显,如电容漏电、电阻变质、晶体管和集成电路性能下降等。这时用相同规格的优质元器件逐一替代实验,就可以具体地判断故障点,加快查找故障点的速度,提高调试效率。

(7)静态测试法。故障部位找到后,要确定是哪一个或哪几个元件有问题,最常用的是静态测试法和动态测试法。静态测试法是用万用表测试电阻值、电容漏电、电路是否断路或短路,晶体管和集成电路各引脚电压是否正常等。这种测试是在电路不加信号时进行的,所以叫静态测试。通过这种测试可发现元器件的故障。

(8)动态测试法。当静态测试法还不能发现故障原因时,可以采用动态测试法。测试时在电路的输入端加上适当的信号再测试元器件的工作情况,观察电路的工作状况,分析、判断故障原因。

1.1.4　实验安全措施及注意事项

一、实验安全措施

为了人身与设备安全,保证实验顺利进行,进入实验室后要遵守实验室的规章制度和实验室安全规则。

1. 人身安全

(1)实验时不得赤脚;各种仪器设备应有良好的地线。

(2)仪器设备、实验装置中通过强电的连接导线应有良好的绝缘外套,芯线不得外露。

(3)在进行强电或具有一定危险性的实验时,应有两人以上合作;测量高压时,通常采用单手操作并站在绝缘垫上。在接通交流220V电源前,应通知实验合作者。

(4)万一发生触电事故时,应迅速切断电源,如距电源开关较远,可用绝缘器具将电源线切断,使触电者立即脱离电源并采取必要的急救措施。

2. 仪器安全

(1)使用仪器前,应认真阅读使用说明书,掌握仪器的使用方法和注意事项。

(2)使用仪器时,应按照要求正确接线。

(3)实验中要有目的地扳(旋)动仪器面板上的开关(或旋钮),扳(旋)动时切忌用力过猛。

(4)实验过程中,精神必须集中。当嗅到焦臭味、冒烟和火花、听到"劈"声、感到设备温度过高或出现保险丝熔断等异常现象时,应立即切断电源,在故障未排除前不得再次开机。

(5)搬动仪器设备时,必须轻拿轻放;未经允许不得随意调换仪器,更不准擅自拆卸仪器设备。

(6)仪器使用完毕,应将面板上各旋钮、开关置于合适的位置,如万用表功能开关应旋至"OFF"位置等。

二、实验注意事项

为了保证实验顺利进行,进入实验室后要遵守实验室的规章制度,应做到如下几点:

(1)实验课不迟到、旷课或早退。没有预习报告或无故迟到十五分钟以上者均不得参加本次实验。

(2)未经指导教师同意不得乱拿其他组的仪器和设备。

(3)实验时要严肃、认真、仔细观察实验现象,做好记录,实验结果经指导教师审阅签字,并检查仪器正常后,方可拆除实验接线,整理好所用的仪器,设备及工作台,填写实验仪器使用记录表后方可离开实验室。

(4)实验时,先开总电源开关,后开仪器电源开关。实验完成后,先关仪器电源开关,后关电源总开关。

(5)实验时必须认真、仔细、严格遵守实验操作规程,认真检查接线是否正确,加电之前必须确认电源电压符合所需的数值,极性连接无误后,并且经指导教师许可,才可通电以免出现由于接线错误而造成的不必要的损失。

(6)实验中若发现有不正常情况,如打火,冒烟等或其他事故时,应立即切断电源,保持现场,立即向指导教师或实验室负责人报告。

(7)实验中若由于粗心大意或违反实验操作规程损坏仪器、设备,必须及时报告,认真检查原因,从中吸取教训,并按规定的赔偿办法处理。

(8)要养成只有在测试或测量操作时才打开电源,其他情况下及时关掉电源的好习惯。

1.2 常用仪器仪表的原理及使用

1.2.1 万用表的原理与使用

万用表是一种最常用的测量仪表,以测量交/直流电压、交/直流电流和电阻为主。国家标准中称为复用表。有些万用表还可以用于测量电容、电感及半导体晶体管的直流电流放大倍数等。

万用表的种类很多,根据测量结果的显示方式不同,可分为模拟式(指针式)和数字式两大类。

一、模拟式万用表

模拟式万用表的测量过程是通过一定的测量电路,先将被测电量转换成电流信号,再由电流信号去驱动磁电式表头,根据表头指针的偏转,在刻度尺上指示出被测量的大小,测量过程如图1.2.1所示。

1. **直流电流测量的基本原理**

一个磁电式表头就是一个电流表,只不过它的量程为微安级(一般为几微安至几十微安),若要测量较大的电流时,根据并联电阻可以分流的原理,在表头两端并联一个适当阻值、适当功耗的电阻即可,如图1.2.2所示。

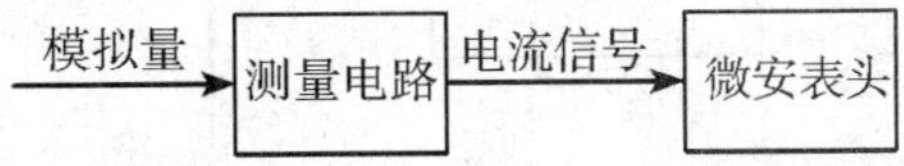

图1.2.1　模拟式万用表测量过程

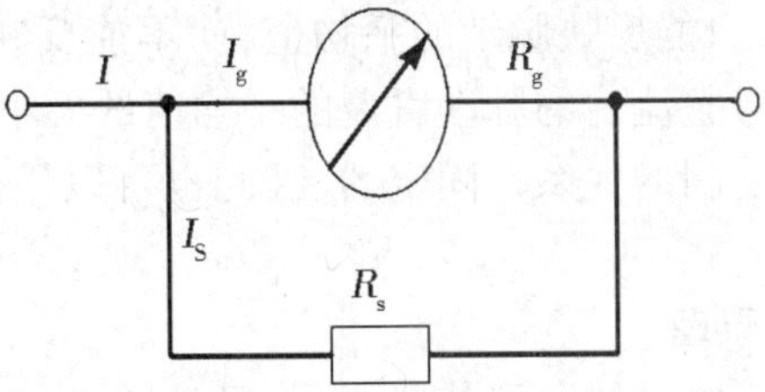

图1.2.2　并联电阻扩展表头的电流量程

其中 Rs 为分流电阻,阻值的大小可按下式计算:

$$R_s = R_g/(n-1) \tag{1.2.1}$$

式中,$n = I/I_g$ 称为分流系数,它表示表头量程扩大的倍数。当 Rs 为定值时,被测电流与流过表头的电流大小成一定的比例关系,因此表头指针的偏转角可以反映被测电流的大小。

2. **直流电压测量的基本原理**

用磁电式表头就可测量小于 $U_g(u_g = I_g \times R_g)$ 的直流电压,若要测量较大的电压时,根据串联电阻可以分压的原理,在表头上串联一个适当阻值的电阻即可,如图1.2.3所示。

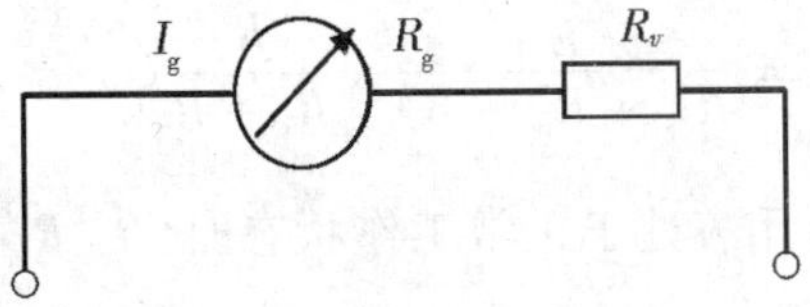

图1.2.3　串联电阻扩展表头的电压量程

图中 Rv 称为分压电阻,阻值大小按下式计算:

$$R_v = (U - I_g \times R_g) \tag{1.2.2}$$

3. **交流电流测量的基本原理**

磁电式表头不能直接用来测量交流电参数,因为其可动部分的惯性较大,跟不上交流电流流过表头线圈所产生的转动力矩的变化,因而不能指示交流电的大小。若把交流电转换成单方向的直流电,让直流电流流过表头,则表针偏转角的大小就间接反映了交流电的大小。把交流电转变为直流电的过程称为整流。整流分为半波整流和全波整流。其原理分别如图1.2.4和图1.2.5所示。

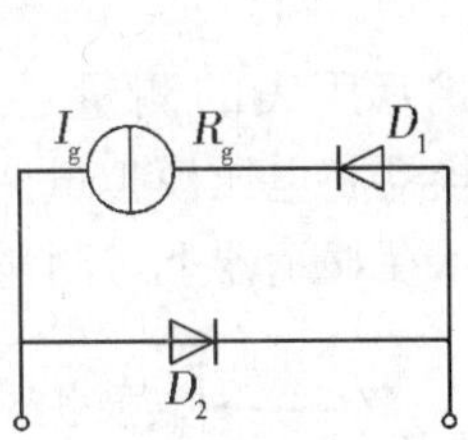

图1.2.4　半波整流式表头原理

它们都是利用二极管的单向导电性,把交流电流转化为直流电流。由于磁电式有表头可

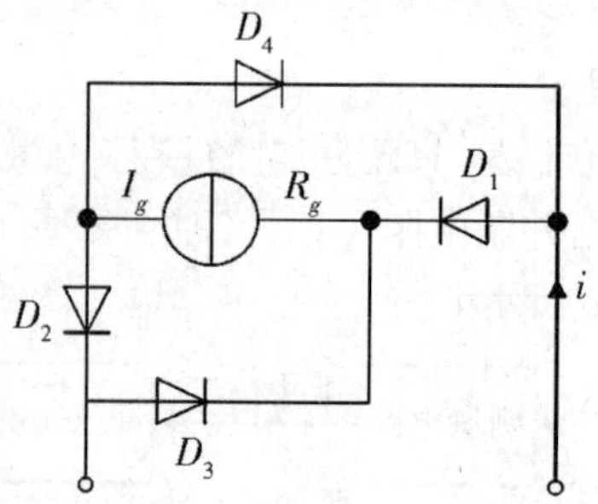

图 1.2.5　全波整流式表头原理

动部分的惯性作用,表头指针只能反映脉动的平均值,而不能反映脉动的瞬时值,所以仪表指针的偏转角只能指示交流信号整流后的脉动直流的平均值的大小。但是由于交流电流整流后的平均值与交流电流有效值之间的关系是固定的,因此也可以用磁电式表头测量交流电流的有效值的大小。

4. 交流电压测量的基本原理

交流电压测量与直流电压测量的原理基本相同,只是图 1.2.4 中的电流表为交流电流测量时加了二极管后把交流电流变为直流电流的表头。

5. 欧姆测量的基本原理

欧姆表用于测量电阻的电路原理,如图 1.2.6 所示。

图中 R_s 为调零电位器,R_m 为限流电阻,R_x 为被测电阻。

表头中流过的电流受调零电位器 R_s、限流电阻 R_m、表头内阻 R_g 以及被测电阻 R_x 的控制,根据对上述电路进行分析,可以得出:

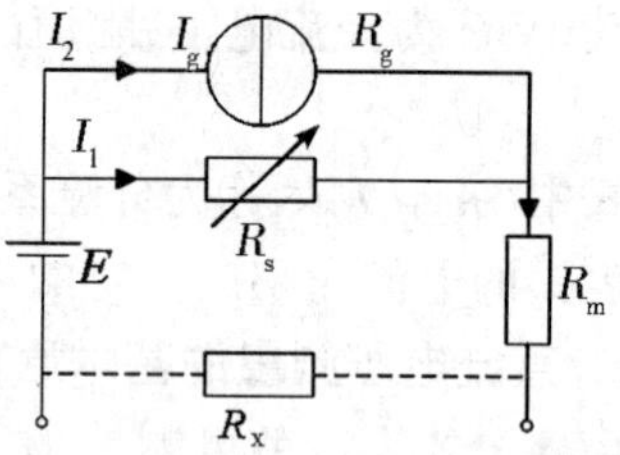

图 1.2.6　磁电式欧姆表电路原理图

$$I_2 = \frac{E}{R'_g + R_m + R_x} \times \frac{R_s}{R_s + R_g} \tag{1.2.3}$$

其中 $R'_g = \dfrac{R_g \times R_s}{R_g + R_s}$,当万用表处于正常工作状态时,$R_s$、$R_m$ 和 R_g 都是常数,所以流过表头的电流只与 R_x 有关。

二、数字式万用表

数字式万用表的测量过程是先由转换电路将被测量转换成直流电压信号,由模/数(A/D)转换器将电压模拟量变换成数字量,然后通过电子计数器计数,最后把测量结果用数字直接显示在显示器上。测量原理如图 1.2.7 所示。

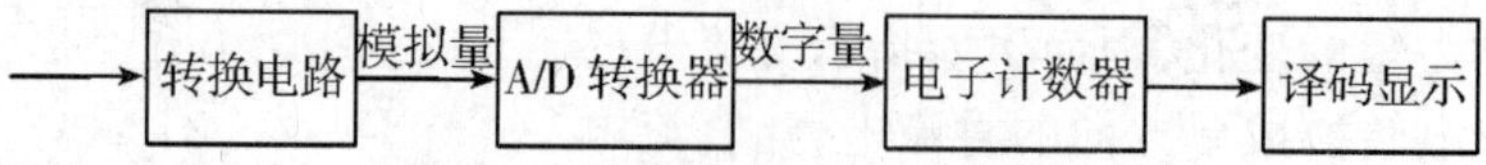

图 1.2.7　数字式万用表的测量原理

1. 数字式直流电压表

数字式万用表内部主要是由一个双斜积分式数字直流电压表组成的。如图 1.2.8 所示。

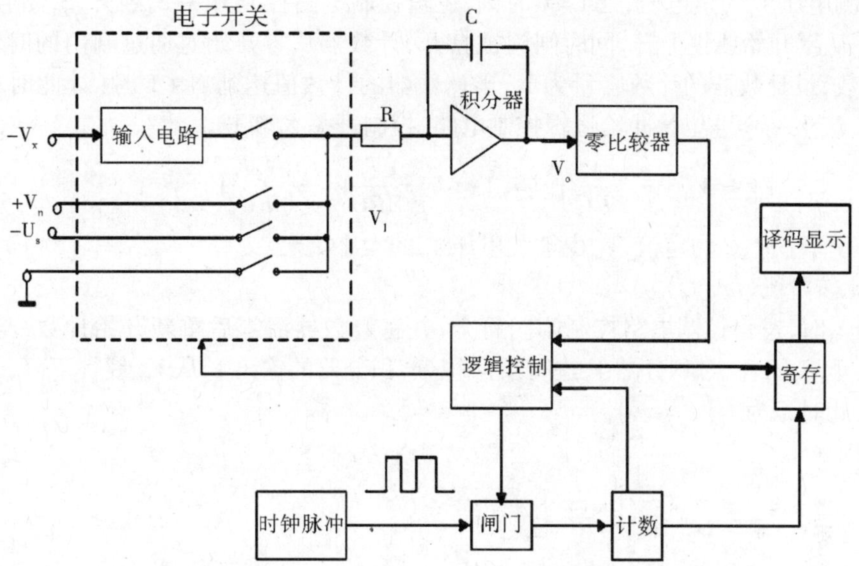

图 1.2.8　双斜积分式数字直流电压表的组成

图中 V_x 为被测电压,V_n 为基准电压,逻辑控制电路控制测量顺序进行。双斜积分式数字直流电压表的测量过程分以下三个阶段。如图 1.2.9 所示。

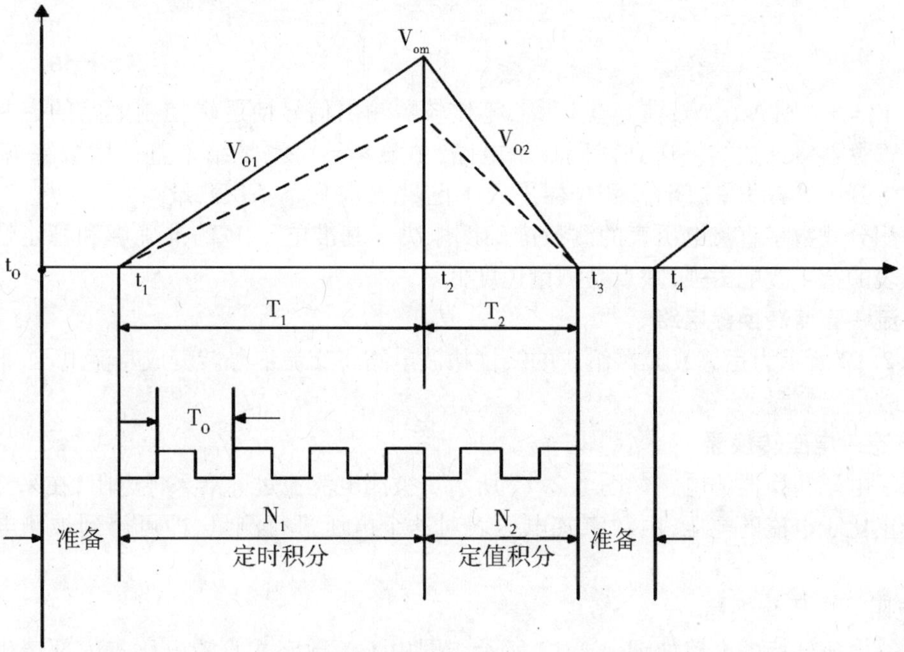

图 1.2.9　双斜积分式数字直流电压表的工作波形

(1)准备阶段($t_0 \sim t_1$)

在此阶段,逻辑控制电路将可控开关中的 S_4 闭合,其余开关均断开,使积分器的输出为零,即 $V_0 = 0$。

(2)采样阶段($t_1 \sim t_2$)

设被测电压 V_x 为负电压,在 $t=t_1$ 时刻,逻辑控制电路控制开关 S_4 断开,S_1 闭合,积分器对 V_x 积分,V_0 从零开始线性上升,同时闸门被打开,计数器从零开始对通过闸门的时钟脉冲的个数进行计数,设计数器的计数容量为 N,当计数器的计数值达到 N+1 时(计此时刻为 t_2),计数器溢出,产生一个进位脉冲给逻辑控制电路,控制开关 S_1 断开。

$$V_o = V_{om} = -\frac{1}{RC}\int_{t_1}^{t_2}(-Vx)\,dt = \frac{T_1}{RC}V_x = \frac{N_1 T_o}{RC}V_x \tag{1.2.4}$$

其中 N_1、T_o、R、C 为定值,V_{so} 由被测电压 V_x 的大小决定。

(3)比较阶段($t_2 \sim t_3$)

在 $t=t_3$ 时,逻辑控制电路控制闸门打开,并将计数器清零后重新开始计数,与此同时,将开关 S_1 断开,S_2 闭合,对积分器 V_n 进行反向积分,积分器的输出 V_o 从 V_{om} 线性下降,一直降到 $V_o=0$ 为止,此时记为 t_3。

$t=t_3$ 时:

$$V_{\text{o}} = V_{\text{om}} + \left(-\frac{1}{RC}\int_{t2}^{t3}V_{\text{n}}\text{dt}\right) = 0 \tag{1.2.5}$$

$$V_{\text{om}} - \frac{V_{\text{n}}}{RC}T_2 = 0 \tag{1.2.6}$$

代入 V_{om} 的表达式中

$$\frac{N_1 T_0}{RC}V_{\text{x}} - \frac{N_2 T_0}{RC}V_{\text{n}} = 0 \tag{1.2.7}$$

$$V_{\text{x}} = \frac{N_2}{N_1}V_n \tag{1.2.8}$$

若取 $V_x=V_n$,则 $N_1=N_2$,在 $t=t_3$ 时刻,零比较器输出信号使逻辑控制电路的控制闸门关闭并控制寄存器将计数结果送到译码显示电路,由显示器将测量结果直接用数字 N_2 显示出来。同时将开关 S_2 断开,S_4 闭合,积分器进入休止期,准备做下一次测量。

双斜积分式数字直流电压表的测量准确度取决于基准电压 V_0 的准确度和稳定性。这种数字电压表的抗干扰能力强,缺点是测量速度低。

2. 交流-直流转换器电路

图 1.2.10 所示为运算放大器组成的线性检波电路将交流信号转变成直流电压,再由数字直流电压表进行测量。

3. 电流-电压转换器

电流-电压转换器的电路如图 1.2.11 所示。被测电流流过标准采样电阻,在采样电阻上产生一个正比于电流的电压,由数字式电压表对这个电压进行测量,即可得到被测电流的大小。

4. 电阻-电压转换器

电阻-电压转换器电路如图 1.2.12 所示。图中 I_o 为数字式直流电压表内部产生的测试电流,此电流流过被测电阻 R_x,在 R_x 两端就会产生正比于被测电阻的电压降,由数字式电压表测出这个压降 V 即可得到被测电阻 R_x 的大小,$R_x = V/I_o$。

三、VC890D 数字万用表的使用实例

VC890D 数字万用表是一种性能稳定、用电池驱动的高可靠性数字万用表,采用 LCD 液晶

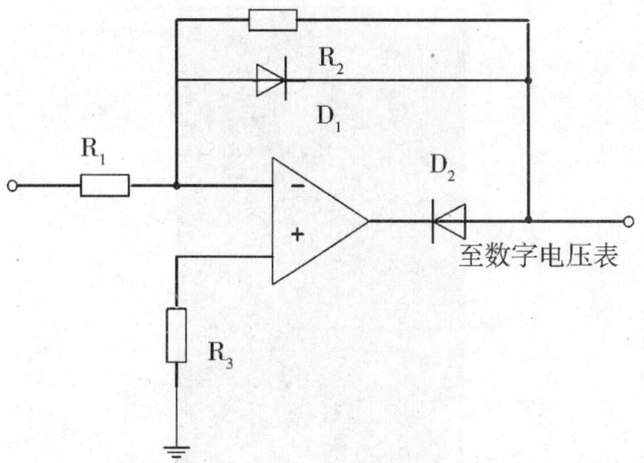

图 1.2.10　交流 - 直流转换器电路

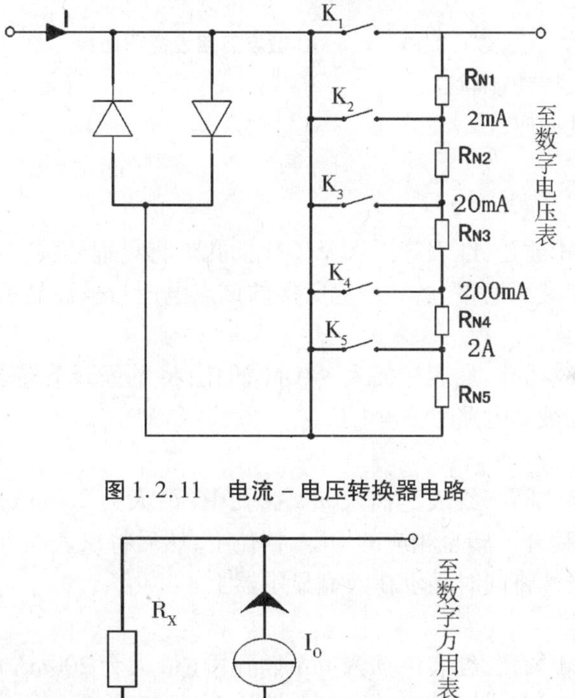

图 1.2.11　电流 - 电压转换器电路

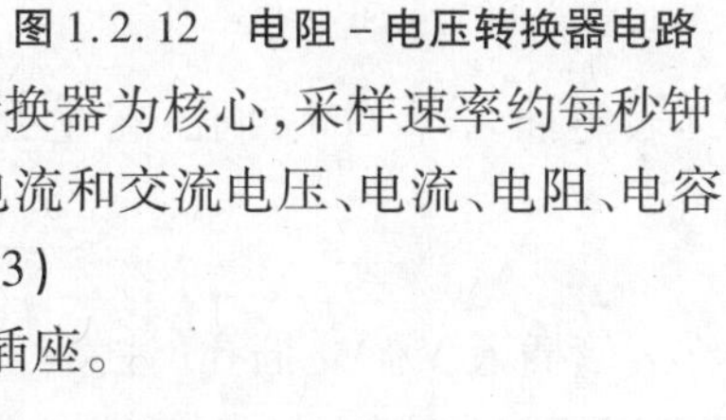

图 1.2.12　电阻 - 电压转换器电路

显示，整机以双积分式的 AD 转换器为核心，采样速率约每秒钟 3 次。最大显示为 1999。自动极性显示。可测量直流电压、电流和交流电压、电流、电阻、电容、二极管等参数。

1. 操作面板说明（图 1.2.13）

1 - 小于 200mA 电流测试插座。

2 - 10A 电流测试插座。

3 - 液晶显示器：显示仪表测量的数值。

4 - 旋钮开关：用于改变测量功能及量程。

5 - 保持开关：按下此功能仪表当前所测数值被保持，显示器上并出现‘H’符号。再次按

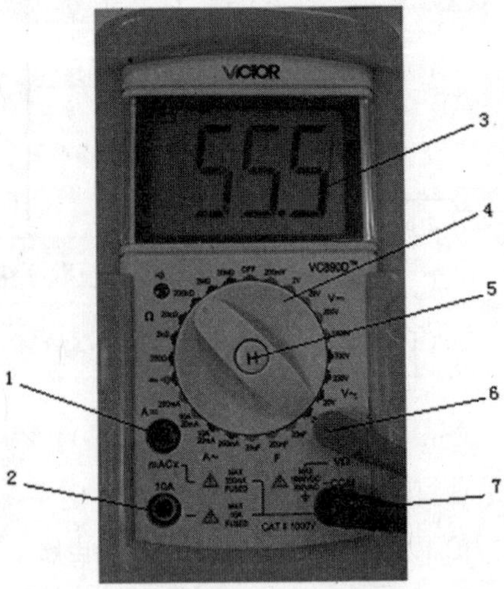

图 1.2.13　VC890D 数字万用表操作面板

下，H 符号消失，退出保持功能状态。

6－电压、电阻测试插座。

7－公共地。

2. 直流电压测量

将黑表笔插入 COM 插孔，红表笔插入 V/OM 插孔。将量程开关转至相应的 DCV 量程上，然后将测试表笔跨接在被测电路上，红表笔所接的该点电压与极性显示在屏幕上。

3. 交流电压测量

将黑表笔插入 COM 插孔，红表笔插入 V/OM 插孔；将量程开关转至相应的 ACV 量程上，然后将测试表笔跨接在被测电路上。

4. 直流电流测量

将黑表笔插入 COM 插孔，红表笔插入 mA 插孔中（最大为 200mA）或红表笔插入 10A 插孔（最大为 10A）；将量程开关转至相应的 DCA 档位上，然后将仪表串入被测电路中，被测电流值及红表笔点的电流极性将同时显示在液晶显示器上。

5. 交流电流测量

将黑表笔插入 COM 插孔，红表笔插入 mA 插孔中（最大为 200mA）或红表笔插入 10A 插孔（最大为 10A）；将量程开关转至相应的 ACA 档位上，然后将仪表串入被测电路中，被测电流值将显示在液晶显示器上。

6. 电阻测量

将黑表笔插入 COM 插孔，红表笔插入 V/OM 插孔；将量程开关转至相应的电阻量程上，将表笔跨接在被测电阻上。

7. 二极管及通断测试

将黑表笔插入 COM 插孔，红表笔插入 V/OM 插孔（注意红表笔极性为“＋”）；将量程开关置于 →|— 档，并将表笔连接到待测试二极管，读数为二极管正向压降的近似值；将表笔连接到待测线路的两点，如果内置蜂鸣器发声，则两点之间电阻值低于约 70Ω。

8. 万用表使用的注意事项

万用表是电子测量中最基本、最常用的仪表。虽然结构比较简单，但用途却十分广泛，应当熟练掌握其应用。如果在使用过程中稍有不慎,不但会导致测量错误,还可能造成仪表损坏,甚至危及操作者安全。因此,正确使用万用表是进行各种测量的前提条件。

其注意事项主要有以下几个方面:

(1)应当熟悉万用表的各转换开关、旋钮(或按键)、专用插口、测量插孔(或接线柱)以及仪表附件(高压探头等)的作用,了解每条刻度线所对应的被测电量。测量前首先明确"要测什么"和"怎样测法",然后拨至相应的测量项目和量程档。如果预先无法估计被测量大小,则应先拨至最高量程档,再根据显示情况逐渐降低量程至合适位置。应该规范操作并养成良好的测量习惯。每次测量时,务必再核对一下测量种类及量程选择开关是否拨对位置,以避免对万用表造成损坏。

(2)对于模拟式万用表,使用中一般应水平放置,否则会引起倾斜误差。若发现指针不指在机械零点处,需用螺丝刀进行机械调零,以消除零点误差。读数时视线要正对着万用表和指针,以免产生视差。若表盘上装有反射镜,则眼睛看到的指针应与镜子中的影子重合。

(3)应在干燥、无震动、无强磁场、环境温度适宜的条件下使用和存放万用表,以避免灵敏度下降,出现指示误差或产生附加误差。

(4)测量完毕应将量程选择开关拨至最高电压档,防止下次使用时不慎烧表。有的万用表设置了 OFF 档,使用完毕应将功能选择开关拨于此档。

(5)严禁在测较高电压(如 220V)或较大电流(如 0.5A 以上)时拨动量程选择开关,以免产生电弧烧坏开关触点。

(6)被测电压高于 100V 时务必小心谨慎,应当养成单手操作的习惯。即预先把一支笔固定在被测电路的公共地端,再拿另一表笔去碰触测试点。

(7)严禁在被测电路带电的情况下测量电阻(即不允许在量程开关为 Ω 位置时,去测量电压值),也不允许用电阻档检查电池的内阻。因为这会使测量结果不准确,而且易损坏表,甚至危及人身安全。

(8)用万用表对电容容量进行测量之前,对电容应充分放电,以防止损坏万用表。

(9)万用表在使用完后,一定要关闭,以延长万用表内的电池使用时间和寿命。

1.2.2　信号发生器的原理与使用

信号发生器是为电子测量提供所需电信号的仪器。它可以产生不同波形、频率和幅度的信号,用来测量放大器的放大倍数、频率特性以及元器件的参数等,还可以用来校准仪表以及为各种电路提供交流电压。

信号发生器的用途广泛、种类繁多。根据模拟电子技术的特点,本书以函数信号发生器进行讲解。

函数信号发生器能够输出正弦波、方波、三角渡、锯齿波以及各种脉冲信号,对于模拟式的函数发生器,它的输出信号的频率范围为 0.1Hz 至 5MHz。对于数字式的函数发生器,它的输出信号的频率范围可达 0.0005Hz 至 50MHz。同时,一般的函数信号发生器都具有频率计数和显示功能,既能显示自身输出信号的频率也能测量外来信号的频率。有些函数信号发生器还具备调制和扫频功能。

一、模拟式函数信号发生器的基本原理

1. 原理框图

如图 1.2.14 所示为函数信号发生器的简化原理框图。电路主要由 V/I 变换、三角波方波发生器、正弦波发生器、频率计数器以及功率放大器等电路组成。通过频率调节改变 V/I 变换的电流输出大小,进而控制三角波方波发生器的输出频率,正弦波是三角波通过正弦波形成电路变换而来的,所需波形经过选取、放大后经衰减器输出。

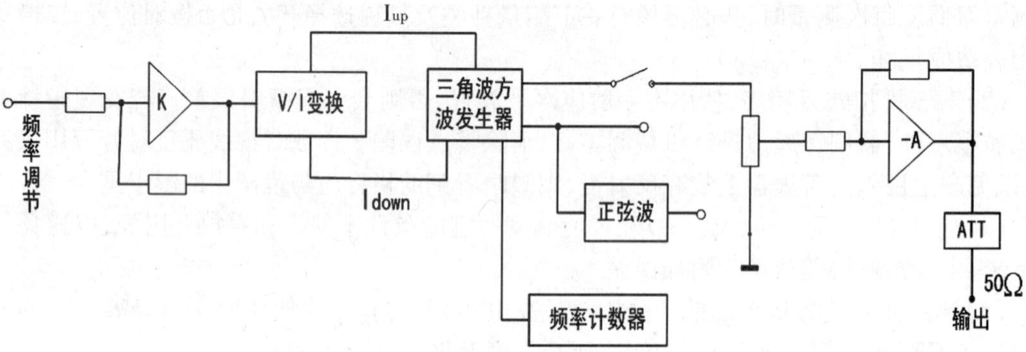

图 1.2.14　函数信号发生器的简化原理框图

2. 方波、三角波产生电路

这是个恒流源控制的三角波 - 方波发生器,如图 1.2.16 所示,其中恒流源控制电路如图 1.2.15 所示,晶体管正向 V_{be} 由于在集成电路闭环内而抵消,若忽略集成电路的失调电压则 $I_{up} = I_{down} = V_c/R$ 。

二极管组成的电路控制积分电容 C 充放电,由高速比较器控制二极管开关($D_1 \sim D_2$)的开通与关闭。当比较器 B 点是高电平时,D_2、D_3 导通,D_1、D_4 截止,恒流源对积分电容 C 正向充电,当比较器 B 点是低电平时 D_1、D_4 导通,D_2、D_3 截止,积分电容 C 放电,如此周而复始,A 点输出为三角波,B 点输出为方波,同时改变 I_{up} 和 I_{down} 时,三角波、方波的振荡频率即发生变化,改变积分电容也能改变仪器的频率。

3. 正弦波形成电路

三角波从 A 点输入,正弦波从 B 点输出,设开始时,三角波输入电压为零值,图 1.2.17 中各二极管均截止。当三角波自零值向正值方向增大到"1"点电压 V_1 时,二极管 V_{D1A} 导通,使得由电阻 R_A、R_A 和 R_{1A} 组成的分压器被接通,输入三角波通过该分压器分压后,再传选到输出端 B 端,使得 B 端电位下降,输出波形自"1"点下降至"1′"点。当三角波计算值大到"2"点电压 V_2 时,二极管 V_{D2A} 也导通,电阻 R_B、R_A 被接入分压,使得分压器的分压比减小,而 B 端的电位比 A 端的电位下降更多,输出波形自"2"点下降至"2′"点,下降幅度大于"1"点至"1′"点的下降幅度。随着输入三角渡的不断增大,二极管 V_{D3A} 至 V_{D6A} 将依次导通,使得分压器的分压比逐渐减小,B 端电位依次从"3"至"6"点下降至"3′"至"6′"点,使三角波趋向于正弦波。同理,当三角波自正峰值逐渐减小时,二极管 $D_{V6A} \sim V_{D1A}$ 依次截止,分压器的分压比又逐渐增大,B 端电位依次从"7" -"11"点分别下降到"7′" -"11′"点,如图 1.2.18 所示。由此,将正半周的三角波变换成了近似的正半周正弦波。同理,在三角波的负半周,对应的二极管 $V_{D1B} \sim V_{D6B}$ 依次导通和截止,在 B 端形成近似的负半周正弦波,如图 1.2.18 所示。由图 1.2.18 可见正弦波形成

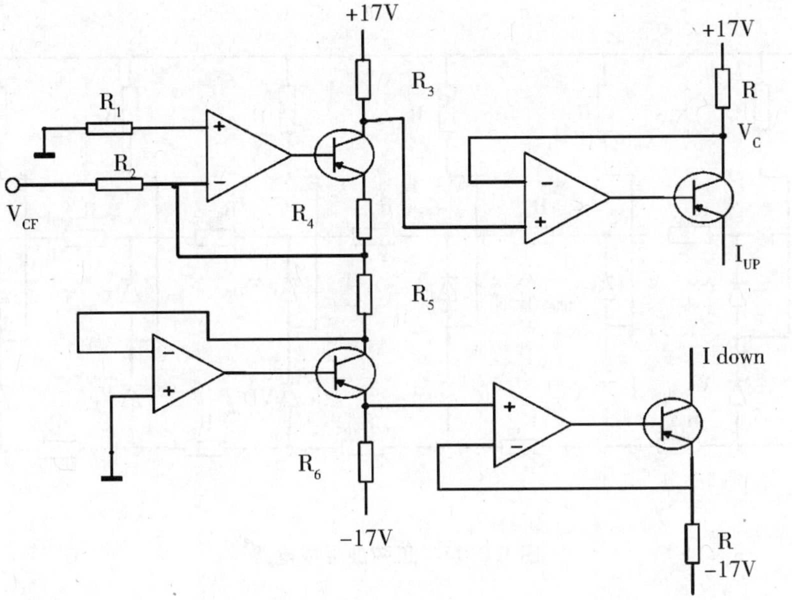

图 1.2.15　恒流源控制电路

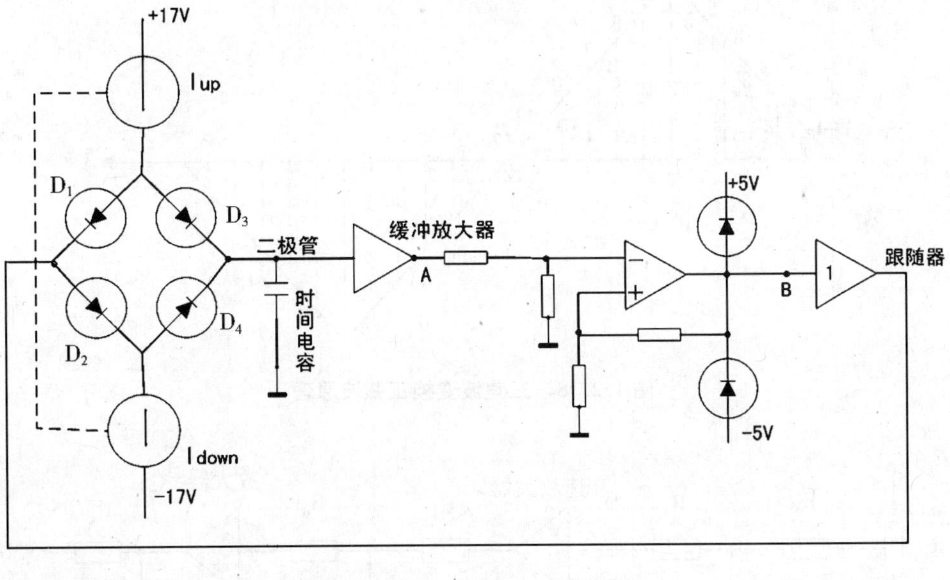

图 1.2.16　三角波 - 方波发生器

电路得到的正弦波的频率与三角波的频率相等。

4. 功率放大器

为了同时保证非常高的压摆率和良好的稳定性,功放电路采用双通道的放大电路。如图 1.2.19 所示。

5. 数字频率计

本电路主要由宽带放大器、方波整形器、单片机、LED 显示器等组成,如图 1.2.20 所示。当频率计工作于“外侧”状态时,外来信号经放大整形后输入计数器计数。

最后显示在 LED 数码管上,频率计内测时,信号直接输入计数器,计数闸门时间、LED 中

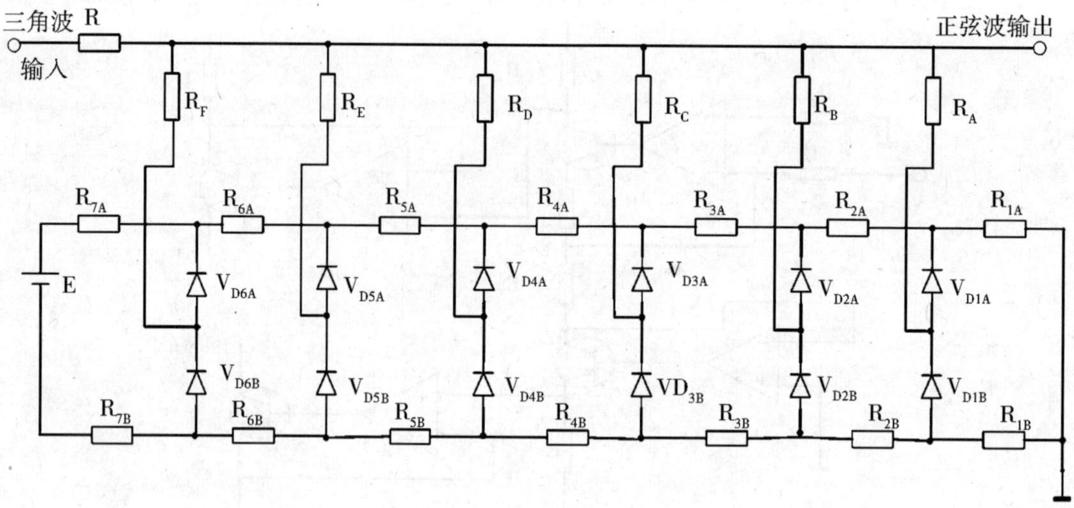

图 1.2.17　正弦波形成电路

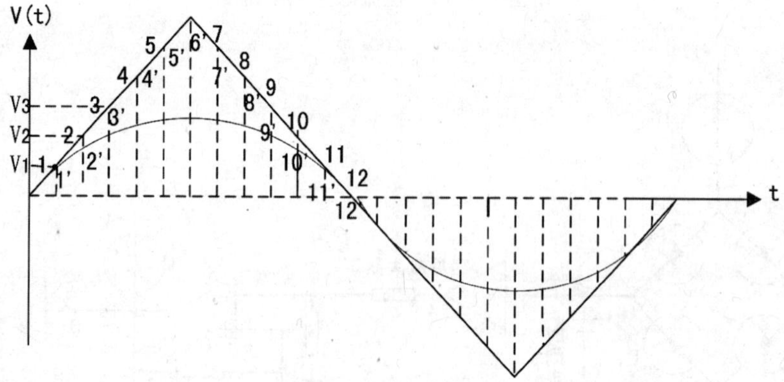

图 1.2.18　三角波变换正弦波原理

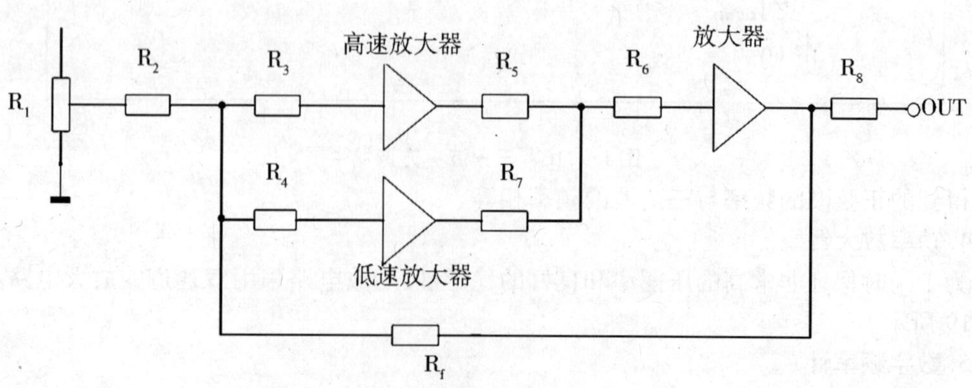

图 1.2.19　信号输出功率放大电路

小数点位置及“Hz”或“KHz”的选择由 CPU 确定。

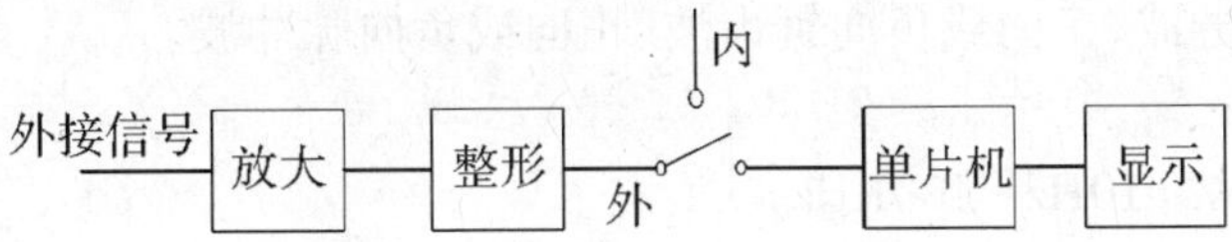

图 1.2.20　数字频率计的组成

二、数字式函数信号发生器的基本原理

采用直接数字合成技术，具有多功能、高精度、高稳定性的特点，是传统模拟式函数发生器的更新换代产品。

传统的模拟信号源采用电子元器件以各种不同的方式来组成振荡器，其频率精度和稳定度都不高，而且工艺复杂，分辨率较低，频率设置和计算机程控也不方便。直接数字合成技术（DDS）是最新发展起来的一种信号产生方法，它完全没有振荡器元件，而是用数字合成方法产生一连串数据流，再经过转换器产生预先设定的模拟信号。例如，要合成一个正弦波信号，首先将函数 $y = sinx$ 进行数字量化，然后以 X 为地址，以 Y 为量化数据，依次存入波形存储器。DDS 使用了相位累加技术来控制波形存储器的地址，在每一个采样时钟周期中，都把一个相位增量累加到相位累加器的当前结果上，通过改变相位增量，即可以改变 DDS 的输出频率值。根据相位累加器输出的地址，由波形存储器取出波形量化数据，经过 D/A 转换器和运算放大器转换成模拟电压。由于波形数据是间断的取样数据，所以 DDS 发生器输出的是一个阶梯正弦波形，必须经过低通滤波器将波形中所含的高次谐波滤除掉，输出即为连续的正弦波。D/A 转换器内部带有高精度的基准电压源，因而保证了输出波形具有很高的幅度精度和幅度稳定性。

幅度控制器实质是数控衰减器，它将低通滤波器送来的满幅度信号按照设定的幅度数据进行比例衰减，使输出信号的幅度等于操作者设定的幅度。偏移控制器也是数控衰减器，将基准电压按照设定的偏移数据进行比例衰减，然后迭加到输出信号上，使输出信号产生一个设定的直流偏移，经过幅度偏移控制器的合成信号再经过功率放大器进行功率放大，最后由输出端口输出。

微处理器通过接口电路控制键盘及显示部分，当有按键按下时，微处理器识别出被按键的编码，然后转去执行该键的命令程序。显示电路通过汉字和字符将仪器工作过程中的各种参数和状态显示出来。

三、SM－1641 多功能函数发生器的使用实例

SM－1641 多功能函数发生器是模拟式的信号发生器，它能直接产生正弦波、三角波、方波、斜波、脉冲波。它还具有 VCF 输入控制功能，TTL/CMOS 可与 OUTPUT 作同步输出，波形对称可调及反向输出，直流电平可连续调节等功能。它的频率计可作内部频率显示，也可外测频率。

1. 主要技术指标

（1）频率范围

0.1Hz～2MHz 分七档。

(2)波形

正弦波、三角波、方波、正向或负向锯齿波、正向或负向脉冲波。

(3)正弦波

①失真度:小于 1%(10Hz ~ 100KHz)

②频率响应:0.1Hz ~ 100KHz 不大于 ±0.5dB

100KHz ~ 2MHz 不大于 ±1dB

(4)TTL/CMOS 输出

电平:TTL 脉冲低电平不大于 0.4V,高电平不小于 3.5V。

COMS 脉冲低电平不大于 0.5V,高电平 5V ~ 14V 连续可调,且上升时间不大于 100ns。

(5)输出

①阻抗:50Ω ~ 10%

②幅度:不小于 20*Vpp*(空载)

③衰减:20dB、40dB

④直流偏置:0 ~ ±10V,连续可调

(6)对称度调节范围:90∶10 ~ 10∶90

(7)VCF 输入

①输入电压:-5V ~ 0V ±10%

②最大压控比:1000∶1

③输入信号:DC ~ 1KHz

(8)频率计

①测量范围:1Hz ~ 10MHz

②输入阻抗:不小于 1MΩ/pF

③灵敏度:100mV/ms

④最大输入:150V(AC + DC)(带衰减器)

⑤输入衰减:20dB

2. 面板标志以及功能说明

见图 1.2.21 和表 1.2.1。

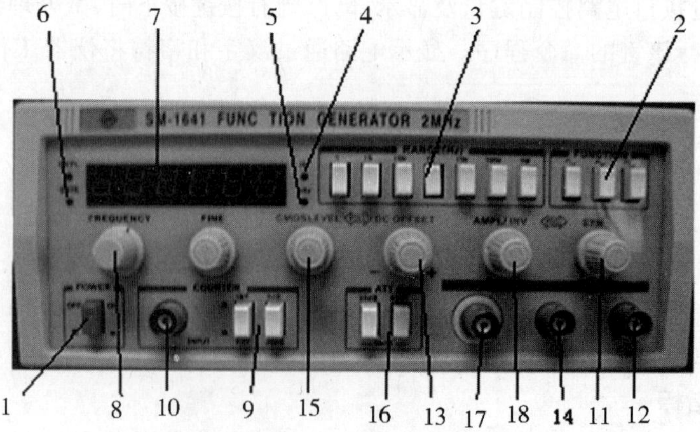

图 1.2.21　面板标志

表 1.2.1　面板标志的功能说明

序号	面板标志	名　称	作　　用
1	POWER	电源开关	按下开关,电源接通
2	FUNCTION	波形选择	①输出波形选择 ②与 SYM、INV 配合,可得到正、负锯齿波和脉冲波
3	RANGE	频率选择开关	频率选择开关与“8”配合选择工作频率
4	Hz	频率单位	指示频率单位,灯亮有效
5	KHz	频率单位	频率单位,灯亮有效
6	GATE	闸门显示	此灯闪烁,说明频率计正在工作
7		数字 LED	所有内部产生频率或外测时的频率均由 6 个 LED 显示
8	FREQ	频率调节	内测和外测频率(按下)信号选择
9	EXT -20dB	外接输入衰减 20dB 与“3”配合选择工作频率	外测频率信号衰减选择,按下时信号衰减 20dB
10	COUNTER	计数器输入	外测频率时,信号从此输入
11	PULL TO VAR RAMP/PULSE	斜波、脉冲波调节按钮	拉出此旋钮,可以改变输出波形的对称性,产生斜波、脉冲波且占空间比可调,将此旋钮推进则为对称波形
12	VCF IN	VCF 输入	外接电压控制频率输出端
13	PULL TO VAR RAMP/PULSE	直流偏置调节按钮	拉出旋钮可设定任何波形的直流工作点,顺时针方向为正,逆时针分析为负,将此旋钮推进则直流电位为零
14	TTL/CMOS OUT	TTL/CMOS 输出	输出波形为 TTL/CMOS 脉冲可作为同步信号
15	PULL TO TTL CMOS LEVEL	TTL/CMOS 调节	拉出此旋钮可得 TTL 脉冲波将此推进为 CMOS 脉冲波并且其幅度可调
16	OUTPUT	信号输出	输出波形,阻抗 50Ω
17	ATTENUATOR	输出衰减	按下按钮可产生 -20dB 或 -40dB 衰减
18	PULL TO INV AMPLITUDE	斜波倒置开关幅度调节旋钮	①与“11”配合使用,拉出时波形反向 ②调节输出幅度大小

3. 函数发生器的使用

(1)正弦波的产生

①通过 FUNCTION 波形选择按钮,选择正弦波。

②根据输出信号的频率大小,选择频率选择开关,设置输出频率范围。

③通过频率调节来微调输出信号的频率。

④通过幅度调节来调节输出信号的频率。

(2)三角波的产生

①通过 FUNCTION 波形选择按钮,选择三角波。

②根据输出信号的频率大小,选择频率选择开关,设置输出频率范围。

③通过频率调节来微调输出信号的频率。

④通过幅度调节来调节输出信号的频率。

(3)方波的产生

①通过 FUNCTION 波形选择按钮,选择方波。

②根据输出信号的频率大小,选择频率选择开关,设置输出频率范围。

③通过频率调节来微调输出信号的频率。

④通过幅度调节来调节输出信号的频率。

(4)外部输入信号频率的测量

①通过外接输入按钮进行选择。

②根据输入信号的频率大小,选择频率选择开关,设置输入频率范围。

1.2.3 晶体管毫伏表的原理与使用

晶体管毫伏表是用来测量交流电压大小的交流电子电压表。它具有测量灵敏度高、测量频率范围宽、输入阻抗高等特点,在电子电路中常用来测量微弱信号。有些毫伏表还可以进行电平的测量。

一、晶体管毫伏表的基本工作原理简介

毫伏表由指示电路、放大电路和检波电路三部分组成。其中指示电路由磁电式电流表组成。磁电式电流表具有灵敏度准确度高、刻度呈线性、受外磁场及温度的影响小等优点,用于指示测量结果。放大电路用于提高毫伏表的灵敏度,使毫伏表能够测量微弱信号。毫伏表中所用到的放大电路有直流放大电路和交流放大电路两种,分别用于毫伏表的两种不同电路结构中。检波电路用于将被测交流信号变换成直流信号,以供放大电路或指示电路使用。

根据毫伏表的电路结构的不同,毫伏表分为检波-放大式和放大-检波式两种。前者在检波电路之后加入直流放大电路,后者在检波电路之前加入交流放大电路,其结构原理图如图1.2.22 所示。

图 1.2.22 检波-放大式毫伏表结构原理图

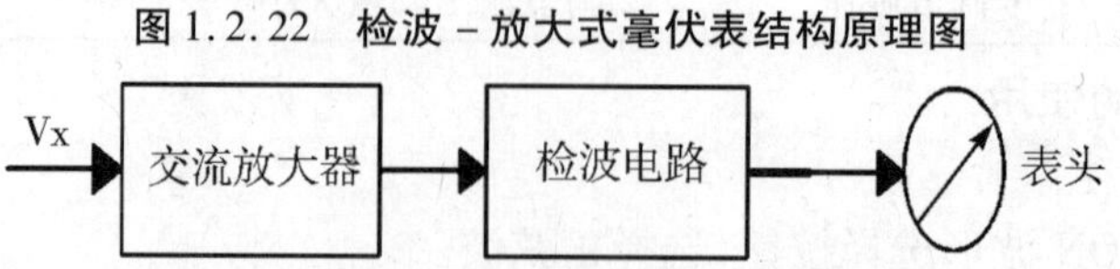

图 1.2.23 放大-检波式毫伏表结构原理图

由图 1.2.22 可见,检波-放大式毫伏表先将被测交流信号电压经过检波电路检波,转换成相应大小的直流电压,再经过直流放大器放大推动指示电路(直流微安表头),作出相应的偏转指示。这种毫伏表所能测量电压的频率范围由检波器的频率响应决定。如果把特殊的高

频检波二极管置于探极，并减小连接线分布电容的影响，测量频率可达几百兆赫。由于检波二极管伏安特性的非线性，因而刻度也是非线性的，且输入阻抗低，采用普通的直流放大电路又有零点漂移问题，所以这种毫伏表的灵敏度不高。如果采用斩波式直流放大器，可以把灵敏度提高到 *mV* 级，这种毫伏表常称为超高频毫伏表。

从图 1.2.23 可见，放大 - 检波式毫伏表先将被测交流信号电压，经交流放大器放大后，送入检波电路，检波电路把放大后的被测交流信号电压转换成相应大小的直流电压去推动指示电路（直流微安表头），作出相应的偏转指示。由于放大电路放大的是交流信号，可以采用高增益放大器来提高毫伏表的灵敏度，可达毫伏级。但是被测电压的频率范围受放大电路频带宽度的限制，一般上限频率为几百千赫到兆赫。

检波 - 放大式毫伏表由于具有较宽的频率响应而广泛应用于超高频毫伏表。放大一检波式毫伏表由于具有较高的灵敏度和稳定度，因此在电子电路实验中得到了广泛应用。

二、EM2172 双通道晶体管毫伏表使用实例

EM2172 双通道晶体管毫伏表是一种高灵敏度的交流电压测量仪器，能测量 100uV ~ 300V，频率为 5Hz ~ 2MHz 的正弦电压，且使用方便、稳定可靠。

1. 主要技术指标

（1）电压测量范围：l00uV ~ 300V（共 12 挡）；量程 1mV、3mV、10mV、30mV、100mV、300mV、1V、3V、10V、30V、100V、300V。

（2）电平测量范围：-60dB ~ +50dB（共 12 档）-60dB、-50dB、-40dB，-30dB、-20dB、-10dB、0dB、+10dB、+20dB、+30dB、+40dB、+50dB。

（3）频率范围：5Hz ~ 2MHz。

（4）基本精度：≤ ±3%，以 1KHz 为基准。

（5）频率响应特性（以 lkHz 为基准）30Hz ~ 100kHz ±3%；20Hz ~ 200kHz ±5%。

（6）输入电阻：10MΩ ± 10%

（7）输入电容：<45pF（1mV - 300mV）、<25pF（1V - 300V）；

2. 面板说明

面板示意图见图 1.2.24。

3. 信号的测量

首先根据信号大小调节量程开关，如果不能确定信号的大小，应将量程调节到最大量程。接下来接上被测信号，通过指示器上的刻度，再与量程一起算出信号的测量值。

（1）电平测量

毫伏表可以测量电平，其刻度上有分贝刻度，测量电平时被测点的实际电平数等于表头指示的分贝数与量程选择开关所指示的电平数的代数和。

（2）增益的测量

毫伏表是由两个电压表组成的，因此在异步工作时是两个独立的电压表，也就是可作两台单独电压表使用；也可两通道一起测量放大器增益，被测放大器的输入信号分别加至两通道输入端，从两个不同的量程开关及表针指示的电压值或 dB 值，就直接读出（算出）放大器的增益（或放大倍数）。如输入 I 通道指示为 10mV（-40dB）；输出 II 通道指示为 0.5V（-6dB）；即放大倍数为 0.5V/10mV = 50 倍；直接读取 dB 值为 -6dB -（-40dB）= 34dB（增益 dB 值）。

图 1.2.24　毫伏表面板示意图

1－表头　2－表头机械零调节螺丝　3－电源开关　4－输入信号端
5－输出信号端　6－量程开关　7－电源指示灯

4. 使用中的注意事项

（1）仪器开机前，先检查电表指针是否在零上。如果不在零位，用绝缘起子调节机械零位使指针指示零。

（2）预先把量程开关置于 300V 量程。

（3）开电源后，电源指示灯应亮，表头指针约有 5 秒钟不规则的摆动，这是正常现象，不会损坏表头。

（4）被测电压应从输入端加入，不能从输出端加入。

（5）在小信号测量时使用尽量短的电缆线，以保证测量精度。

1.2.4　示波器的原理与使用

电子示波器是最常用的一种电子测量仪器。使用示波器可以直接观察和分析电信号的动态变化波形，还可以定量测量信号的电压、电流、频率、周期、相位差、调幅度、脉冲宽度、上升时间及下降时间等参数。若配上传感器，能够对温度、压力、声、光、热、振动、密度及磁效应等非电量进行测量。示波器现已广泛应用于工业、农业、医学、通信、国防科学及宇航等领域。

一、示波管的结构与原理

示波管采用阴极射线示波管进行显示。示波管由电子枪、偏转系统和荧光屏三部分组成。其基本结构如图 1.2.25 所示。示波管工作时，电子枪产生并向荧光屏发射聚焦良好的高速电子束，荧光物质被电子束击中会发出荧光。偏转系统在被测信号的作用下控制电子束的上下左右移动，从而控制电子束打击到荧光屏上的位置。

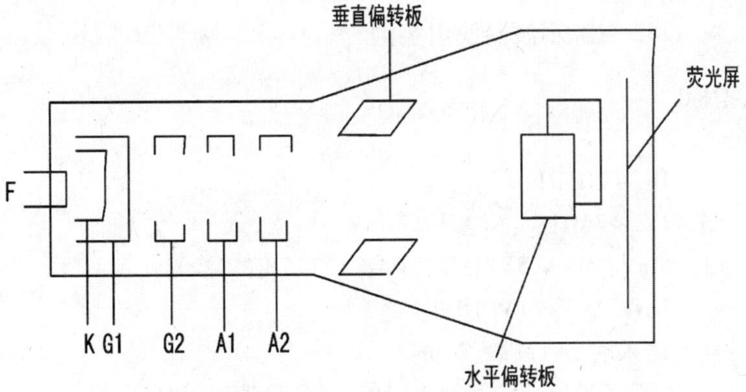

图 1.2.25　阴极射线示波管

1. 示波管的电子枪

电子枪由灯丝 F、阴极 K、栅极 G、第一阳极 A_1 和第二阳极 A_2 等组成。当灯丝加热阴极后，涂有氧化物的阴极发射大量电子。控制栅极 G 包围着阴极，在面向荧光屏方向开一小孔，让电子得以通过并射向荧光屏。G 对 K 的负电位是可变的，通过电位控制可以改变通过的电子数目，从而可以调节荧光屏上光点的亮度。A_1 的电位越负，通过小孔打到荧光屏上的电子数越少，光点越暗。调节 A_1 电位的电位器在示波器面板上称为"辉度"（或亮度旋钮）。聚焦系统对电子束进行聚焦和加速，使得高速运动的电子打击到荧光屏上时恰好能聚成很细的一束。即电子束的焦点恰好落在荧光屏上。焦点位置的调节通过调节第一阳极 A_1 的电位来实现，所对应的调节电位器在示波器面板上称为"聚焦"旋钮。

2. 示波管的偏转系统

示波器的偏转系统由水平偏转板（V 偏转板）和垂直偏转板（Y 偏转板）构成，这是两对相互垂直的偏转板。每对偏转板包括两块基本平行的金属板，每对偏转板的两板间相对电压的变化将影响电子运动的轨迹。当两对偏转板上的电压差都为零时，电子束打到荧光屏的正中，Y 偏转板上的电位相对变化影响电子在垂直方向的运动，控制光点在荧光屏上的垂直位置。而 V 偏转板则只能控制光点的水平位置。这两对偏转板的共同作用决定了任一瞬间光点在荧光屏上的位置。

3. 示波管的荧光屏

示波管的荧光屏（通常为矩形）位于示波管的终端用于显示波形。其内壁涂有一层荧光物质，因而受到高速电子冲击的点就会显出荧光。光点的亮度取决于电子束的电子数目、密度和速度。当电子束从荧光屏上移去后，光点仍能保持一定的时间才消失。从电子束移去到光点亮度下降为原始值的 10% 所延续的时间称为余辉时间，用符号 Ts 表示。人们是利用余辉时间和人眼的视觉暂留特性，才能在荧光屏上观察光点的移动轨迹。

荧光屏余辉时间的长短也和各种荧光物质材料有关。余辉时间的长短分为：

(1) 短余辉：适用于观察高频信号的高频示波器，$Ts = 10\text{us} \sim 10\text{ms}$。

(2) 中余辉：适用于一般用途的普通示波器，$Ts = 1\text{ms} \sim 0.1\text{s}$。

(3) 长余辉：适用于观察低频或非重复慢变化信号的示波器，$Ts = 0.1 \sim 1\text{s}$。

(4) 极长余辉：适用于观察极缓慢变化信号的示波器，$Ts > 1\text{s}$。

二、MODEL　V－252 二踪示波器使用实例

1. 主要技术指标

(1) Y 轴部分

①频带宽度：×1　DC～20MHz

×5　DC～7MHz

②灵敏度：×1　5mV/DIV～5V/DIV(10 级 1、2、5 倍切换)

×5　1mV/DIV～1V/DIV

③输入阻抗：直接输入时约 1MΩ，25pF

④最高允许输入电压：$500V_{P-P}$，或 300V(DC＋AC 峰值≤1kHz)

(2) X 轴部分

①扫描时间范围：0.2ms/DIV～0.2s/DIV(19 级 1、2、5 倍切换)

最高扫描速度：100ns/DIV

②X 外接信号：输入阻抗约 1MΩ，25pF

输入电压 300V(DC＋AC 峰值≤1kHz)

③校准信号：频率 1kHz、幅度 0.5V 矩形波

④X－Y 功能

X 输入 CH1

Y 输入 CH2

灵敏度与 Y 轴相同

X 带宽 DC～500kHz

相位误差 3 以内

2. 面板图

V－252 型示波器的前面板和后面板图分别如图 1.2.26 和图 1.2.27 所示。

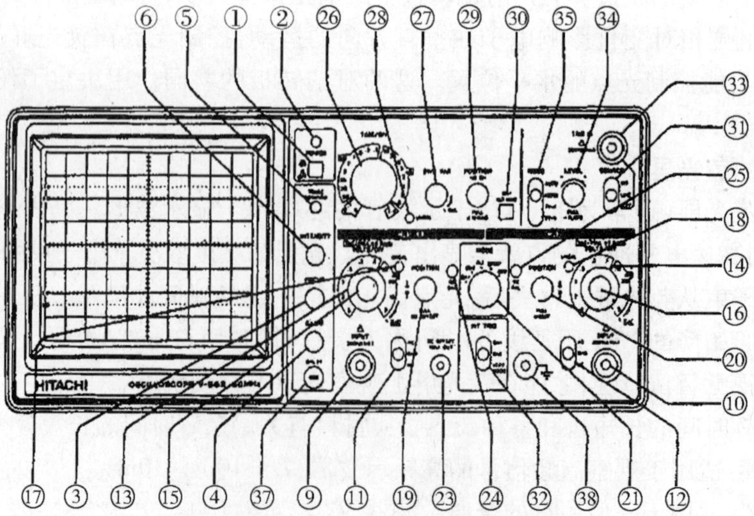

图 1.2.26　V－252 型示波器前面板图

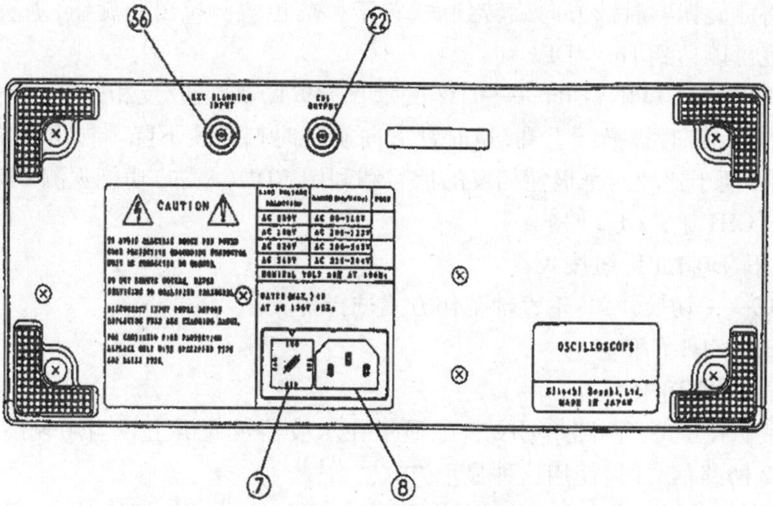

图 1.2.27　V－252 型示波器后面板图

(1)电源、示波管部分

1－POWER——电源开关:按入(□)状态电源接通,弹出(⊥)状态电源切断。

2－电源指示灯:电源接通时,此指示灯发光。

3－FOCUS——聚焦调整旋钮:调整 INTEN 旋钮使扫描线的亮度合适后,用此旋钮进行聚焦调整。

4－SCALEILLUM——标尺亮度:在黑暗的地方或者拍照时可以使用。

5－TRACEROTATION——扫描线旋转旋钮:调节此旋钮可使扫描线旋转。

6－INTENSITY——扫描线亮度旋钮:顺时针旋转时,扫描线的亮度增大。接通电源之前,应将此旋钮逆时针方向旋转到底。

7－保险丝盒/电源电压切换器(后面板),保险丝盒兼做电源电压选择切换器。

8－AC 电源插座(后面板)——电源线连接插座。

(2)垂直偏转系统

9－CH1INPUT——通道 1(CH1):垂直放大器信号输入 BNC 插座。当示波器工作于X－Y模式时作为 X 信号的输入端。

10－CH2INPUT——通道 2(CH2):垂直放大器信号输入 BNC 插座。当示波器工作于X－Y模式时作为 Y 信号的输入端。

11、12－AC－GND－DC 开关——垂直放大器输入耦合方式切换开关。

AC:经电容器耦合后,输入信号的直流分量被抑制,只显示其交流分量。

GND:垂直放大器的输入端接地。

DC:直接耦合,输入信号的直流分量和交流分量同时显示。

13、14－VOLTS/DIV——垂直轴电压灵敏度切换阶梯衰减器开关。

根据输入信号的幅度进行设定。使用 10:1 探头时,请将测量结果进行510 的换算。

15、16－VAR,PULL55GAIN——可变衰减器旋钮/增益 55 开关。

可连续调整垂直灵敏度,逆时针方向旋转,可以使显示波形的幅度连续减小,直至原来幅度的 1/2.5 以下。进行双波形比较和测量脉冲的上升时间时,用此旋钮改变波形的幅度。通常情况下,应将此旋钮顺时针方向旋转到底,置于校准位置。拉出此旋钮,垂直增益将增大5倍,最高灵敏度可以达到1mV/DIV。

20-POSITION,PULLINVERT——CH2的垂直位置调整旋钮/反相开关。

顺时针方向旋转时扫描线上升,逆时针方向旋转时扫描线下降。拉出此旋钮时,CH2的信号将被反相。便于比较两个极性相反的信号和利用ADD(叠加)功能观测CH1与CH2两路信号的差信号[CH1]—[CH2]。

通常情况下,应将此旋钮按入。

21-MODE——切换开关:垂直轴工作方式选择开关。

CH1:只显示CH1的信号。

CH2:只显示CH2的信号。

ALT:交替显示方式。两路信号交替地显示在示波器荧光屏上。当用较高的扫描速度观测CH1和CH2两路信号时,使用这种显示方式。

CHOP:切换显示方式。以约250KHz的频率对两路信号进行切换,同时显示在示波器荧光屏上。当用较低的扫描速度观测CH1和CH2两路信号时,使用这种显示方式。

ADD:叠加显示方式。此时显示的波形为CH1和CH2两路信号的代数和。

22-CH1OUTPUT(后面板)——CH1信号的输出端子。

可为频率计等设备提供信号。CH1的信号以约20mV/DIV的幅度输出(50 Ω终端时)。

24、25-DCBAL——衰减器平衡调整旋钮。

(3)水平偏转系统

26-TIME/DIV——扫描速度切换开关。

分为19段,对扫描速度从0.2 μs/DIV到0.2s/DIV进行切换。

此开关置于X-Y位置时,示波器成为X-Y工作方式。CH1为X信号通道,CH2为Y信号通道。此时,垂直轴灵敏度用CH2的VOLTS/DIV开关,水平轴灵敏度用CH1的VOLTS/DIV开关调整。垂直位置用CH2的POSITION旋钮,水平位置用CH1的POSITION旋钮调整。

27-SWPVAR——扫描速度可变旋钮。

按箭头方向顺时针旋钮到尽时,扫描速度校准于TIME/DIV开关的设定值。逆时针方向旋转时,可以降低扫描速度直至设定值的1/2.5以下。通常情况下,将此旋钮置于CAL(校准)位置。

29-POSITION,PULL510MAG——水平位移旋钮/扫描扩展开关。

顺时针方向旋转此旋钮时,扫描线向右移动,逆时针方向旋转此旋钮时,扫描线向左移动。拉出此旋钮,扫描速度可被扩展10倍。此时的扫描时间是旋钮拉出前的1/10。

(4)触发系统

31-SOURCE——触发信号源选择开关。

INT以CH1或CH2的输入信号作为触发信号源。

LINE以交流电源信号作为触发信号源。用于观测与交流电源信号具有固定相位关系的信号。

EXT以TRIGINPUT的输入信号作为触发信号源。可以用于被测信号有同步关系的特殊信号作为触发信号源进行观测。

32 - INTTRIG——内部触发信号源选择开关。

当 SOURCE 开关置于 INT 时,用此开关选择具体的触发信号源。

CH1:以 CH1 的输入信号作为触发信号源。

CH2:以 CH2 的输入信号作为触发信号源。

VERT MODE:交替地分别以 CH1 和 CH2 两路信号作为触发信号源。在观测两个通道的波形时,触发信号源也交替地切换到相应的通道上。

33 - TRIGINPUT——外触发信号的输入端子。

34 - TRIG LEVEL——触发电平调整旋钮/触发极性选择开关。

调整触发电平可以改变波形上扫描开始的位置。这个旋钮同时作为 SLOPE(触发极性)切换开关。位于推入位置(正常位置)时触发极性为正;位于拉出位置时触发极性为负。

35 - TRIGGER MODE——触发方式选择开关。

AUTO:自动方式,在此方式下,任何情况都有扫描线。有触发信号时,进行同步扫描,波形静止;无信号输入时,也能自动进行扫描。使用这种方式比较方便。

NORM:正常方式,只在有触发信号时才进行扫描。无信号输入时,无扫描线出现。观测用超低频信号(低于 25Hz)调整触发电平时,使用这种触发方式。

TV - H:视频 - 行方式。用来观测视频行信号。

TV - V:视频 - 场方式。用来观测视频场信号。

其中,TV - V 和 TV - H 两种触发方式仅在视频信号的同步极性为负时才起作用。

36 - EXT BLANKING(后面板)——辉度调制信号输入插座。

直流耦合,输入信号为正时,扫描线亮度减弱,输入信号为负时,扫描线亮度增强。

37 - CAL 端子——校正信号的输出端子。输出 0.5V/1kHz 的方波信号。

38 - GND——接地端子。

3. 使用说明

(1)扫描线调整

电源开关接通前,要确认交流电源电压应该在电源电压切换器所设定的额定工作电压范围之内。然后,将电源线与交流电源联接,再按照下述步骤进行设置和操作。

①POWER 开关:弹出的关断状态

②INTENSITY 旋钮:逆时针方向旋转到头

③FOCUS 旋钮:中心位置

④AC - GND - DC 开关:GND

⑤垂直 POSITION 旋钮:中心位置(旋钮推入状态)

⑥垂直 MODE 开关:CH1

⑦触发 MODE 开关:AUTO

⑧触发 SOURCE 开关:INT

⑨INT TRIG 开关:CH1

⑩触发 LEVEL 旋钮:中心位置

⑪TIME/DIV 开关:0.5ms/DIV

⑫水平 POSITION 旋钮:中心位置(旋钮推入状态)

进行以上的设置后,接通电源开关。等待约 15 秒钟后顺时针方向旋转 INTEN 旋钮,就能显示出扫描线。

此时如果想立即进行测量，先调整 FOCUS 旋钮使扫描线的聚焦效果达到最佳。如果在通电状态下暂时不使用，请逆时针方向旋转 INTEN 旋钮降低扫描线的亮度。

注意：

通常情况下，请将下列非校准功能全部置于校准(CAL)位置。

a)将垂直 VAR 旋钮顺时针方向旋转至校准位置，则 VOLTS/DIV 将被校准于设定值。

b)将 SWP VAR 旋钮顺时针方向旋转至校准位置，则 TIME/DIV 将被校准于设定值。

c)调整 CH1 的 POSITION 旋钮将扫描线移至显示屏的中心刻度线上，由于地磁等外界因素的影响，可能会出现扫描线与水平刻度线形成夹角不能完全重合的情况。这时应调整位于操作面板上的扫描线旋转 TRACE ROTATION 进行校准。

(2)观测波形

1)观测一个波形

若只是观测一个波形，则可使用 CH1 或 CH2。使用 CH1 时，请按下述步骤进行设置和操作。

垂直 MODE 开关：CH1

触发 MODE 开关：AUTO

触发 SOURCE 开关：INT

INT TRIG 开关：CH1

在此状态下，对于输入到 CH1 的 25Hz 以上的周期性信号，可以通过调整 TRIG LEVEL(触发电平)旋钮取得扫描同步。由于触发 MODE 设于 AUTO 状态，即使是在无信号输入或 AC－GND－DC开关置于 GND 等情况下，也会自动进行扫描，便于对直流电压进行测量。

观测 25Hz 以下的超低频信号时，需要改变触发方式的设置。

触发 MODE 开关：NORM

此时通过调整触发电平，可以得到扫描同步。

仅使用 CH2 时，请进行如下设置：

垂直 MODE 开关：CH2

触发 SOURCE 开关：INT

INT TRIG 开关：CH2

2)观测两个波形

将垂直 MODE 开关设为 ALT 或 CHOP，就能方便地对两个波形进行观测。被观测的两路信号频率较高时，应将开关置于 ALT，频率较低时，应将开关置于 CHOP。测量两个信号的相位差时，请选择相位超前的一路信号作为触发信号源。

3)使用 X－Y 功能观测波形

将 TIME/DIV 开关设置于 X－Y 位置，就可以作为 X－Y 示波器使用。此时 X 轴(水平轴)信号：CH1 INPUT

Y 轴(垂直轴)信号：CH2 INPUT

扫描扩展开关(PULL510MAG)置于正常的推入位置。

4)ADD 功能的使用方法

将垂直 MODE 开关置于 ADD 位置，就可以观测到两路信号相加的波形。

(3)信号联接

为了保证高精度地测试高频信号,要使用本机所附带的探头。但应注意,本机所附带的10∶1 衰减探头将信号衰减到1/10 之后才送入示波器,不利于测试微弱信号,但能扩大对大信号的测量范围。

注意:

不要测量超过400V(DC + Acpeak≤1kHz)的信号。

测量上升时间短的脉冲信号和高频信号时,应尽量将探头的接地导线接于邻近被测点的位置。接地导线过长,可能会引起振铃或过冲等波形失真。

当使用10∶1 衰减探头测量时,应将VOLTS/DIV 开关的设定值进行乘10 的换算。例如,测量时VOLTS/DIV 开关设置于50mV/DIV,读数时要按照这个设定值的10 倍,即500mV/DIV 读取测量结果。

为了避免测量误差,务必在测量前按照下列方法对探头进行检验和校准。将探头与探头校准用的1kHz 方波信号输出端子CAL 0.5V 相联接。荧光屏上所显示的波形不是标准的方波时,应用小螺丝调整探头上的频率补偿微调电容器进行校准,使荧光屏上显示出标准的方波。

(4)测试方法

1)直流电压的测试

将AC - GND - DC 开关置于GND 位置,将零电平扫描线移至屏幕上便于观测的位置。适当设置VOLTS/DIV 开关的位置,将AC - GND - DC 开关置于DC 位置,此时被测信号的直流分量将使扫描线产生位移。位移的距离乘以VOLTS/DIV 的设定值就是被测信号的直流电压。例如,在图1.2.28 中如果VOLTS/DIV 开关设置50mV/DIV,则结果为210mV。

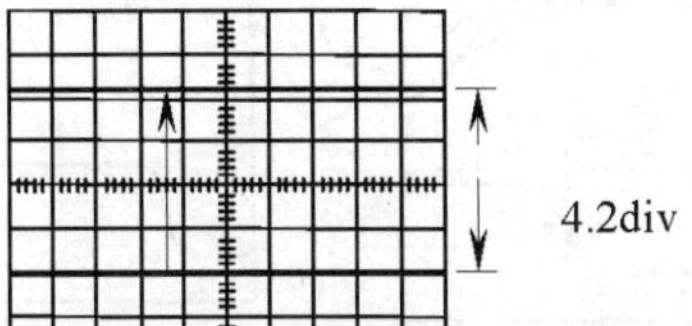

图1.2.28　直流电压测试

2)交流电压的测试

与直流电压测试相同,先将零电平置于荧光屏上便于测试的任何位置。

在图1.2.29 中,若VOLTS/DIV 为1V/DIV,则结果为4.2V_{P-P},如果使用了10∶1 的探头,则应为42V_{P-P}。另外,测量叠加在较高直流电平上的振幅较小的交流信号时,可将AC - GND - DC 开关置于AC 位置,滤除其直流分量,便可使用更高的灵敏度进行观测。

图1.2.29　交流电压测试

3)频率、周期的测定

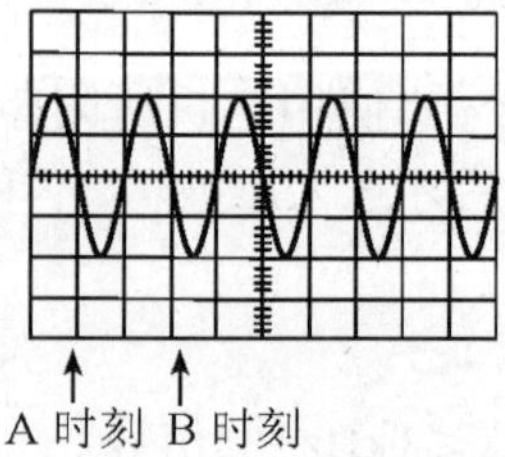

图 1.2.30　频率、周期测定

以图 1.2.30 为例说明。从 A 时刻到 B 时刻为一个周期,在屏幕上是 2.0DIV。若扫描速度为 1ms/DIV,则信号的周期为 1ms/DIV × 2.0DIV = 2.0ms(2.0×10^{-3}S)。因此,频率为 1/2.0ms = 500Hz(当用扫描扩展时,扫描时间变为 TIME/DIV 设定值的 1/10,这时信号的周期应是 2.0 × 10 = 20ms,频率则为 50Hz)。

4)时间差的测定

测量两路信号的时间差时,应以作为基准的一路信号作为触发信号源。

例如,在测量图 1.2.31(a)所示的两路信号时,以 CH1 作为触发信号源的情况示于图(b),以 CH2 作为触发信号源的情况示于图(c)。因此,在测量 CH2 信号滞后于 CH1 信号的时间时,应以 CH1 作为触发信号源,反之则应以 CH2 作为触发信号源。也就是说,应以相位超前的信号作为触发信号源,否则需要观测的部分有时不能显示于屏幕上。

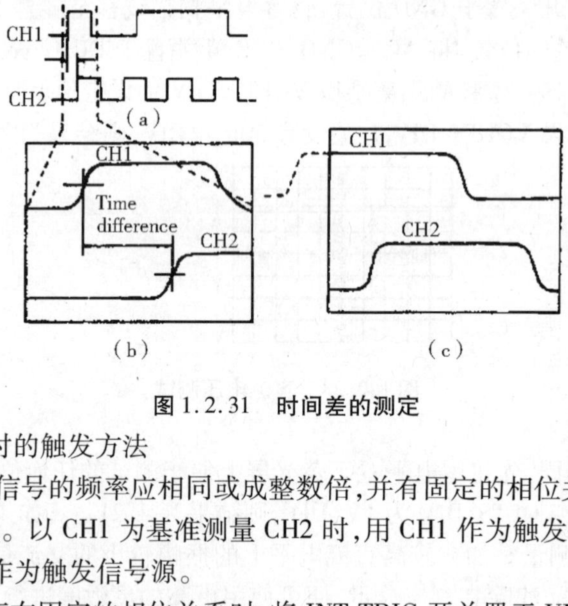

图 1.2.31　时间差的测定

5)观测两个波形时的触发方法

CH1 与 CH2 两路信号的频率应相同或成整数倍,并有固定的相位关系,将 INT TRIG 开关置于 CH1 或 CH2 位置。以 CH1 为基准测量 CH2 时,用 CH1 作为触发信号源;以 CH2 为基准测量 CH1 时,用 CH2 作为触发信号源。

两路信号之间不存在固定的相位关系时,将 INT TRIG 开关置于 VERT MODE 位置。交替扫描时,触发信号源也被交替地更换,每个通道都能得到稳定的同步扫描。

使用 VERT MODE 触发方式时的注意事项:

①将触发信号源选择开关 SOURCE 置于 INT,INT TRIG 开关置于 VERT MODE,此时将根据垂直轴 MODE 开关的设定自动选择触发信号源。

②SOURCE 开关置于 INT,INT TRIG 开关置于 VERT MODE,MODE 开关置于 ALT 时,两路信号自动交替地作为自身的触发信号源,即使 CH1 与 CH2 两路信号之间没有固定的相位

关系也能同时地稳定显示。

③为了扩大触发电平范围,可将 CH2 的耦合方式设置为 AC 耦合。

④使用 VERT MODE 触发方式对触发电平的要求比用其他触发方式(CH1,CH2 方式)的高 1.5V。

⑤当 GAIN 旋钮处于拉出状态时,不要使用 VERT MODE 触发方式。

6)关于交替触发

当 INT TRIG 开关置于 VERT MODE,MODE 开关置于 ALT 时,被显示的波形在触发点附近的斜率较小(相当于显示少于 10 个周期的正弦波波形)时,可能会产生水平方向上的抖动。此时为了仔细观测每个波形,应将 MODE 开关从 ALT 切换到 CH1 或 CH2,分别观测每个波形。

1.3　常用电子元器件介绍

1.3.1　电阻器

电阻器简称电阻,它是电子设备中最常用的电子元件之一。根据用途不同和性能特点,一般将电阻器划分为固定电阻器、可变电阻器(电位器)和敏感电阻器三大类。

选用电阻器时主要考虑电阻器的类型、阻值、精确度和额定功率。对于电阻器的类型选用主要是根据电路中电阻的安装以及精度考虑和额定功率来决定。对于阻值的选用是尽量选用标称阻值。非特殊情况不要选用标称值以外的阻值。对于精度的选择要根据电路的实际需要来决定,不是精度越高越好。大部分情况下是合理地设计电阻比选择高精度的电阻对电路性能的影响更大。对于电阻功率的选择,实际应用中,所选用的电阻的额定功率应大于电路中耗散功率的二倍。

一、电阻器的主要技术指标

1. 标称阻值

阻值是电阻的主要参数之一。不同类型的电阻,阻值范围不同,不同精度的电阻其阻值系列亦不同。根据国家标准,常用的标称电阻值系列如表 1.3.1 所示。E24、E12 和 E6 系列也适用于电位器和电容器。

表 1.3.1　标称值系列

标称值系列	精度	电阻器(w)、电位器(w)、电容器标称值(PF)							
E24	±5%	1.0	1.1	1.2	1.3	1.5	1.6	1.8	2.0
		2.2	2.4	2.7	3.0	3.3	3.6	3.9	4.3
		4.7	5.1	5.6	6.2	6.8	7.5	8.2	9.1
E12	±10%	1.0	1.2	1.5	1.8	2.2	2.7		
		3.3	3.9	4.7	5.6	6.8	8.2	–	–
E6	±20%	1.0	1.5	2.2	3.3	4.7	6.8	8.2	–

表中数值再乘以 10^n,其中 n 为正整数或负整数。

2. 允许误差等级

电阻的精度等级见表 1.3.2。

表 1.3.2 电阻的精度等级

允许误差(%)	±0.001	±0.002	±0.005	±0.01	±0.02	±0.05	±0.1
等级符号	E	X	Y	H	U	W	B
允许误差(%)	±0.2	±0.5	±1	±2	±5	±10	±20
等级符号	C	D	F	G	J(Ⅰ)	K(Ⅱ)	M(Ⅲ)

3. 额定功率

电阻器在电路中长时间连续工作不损坏,或不显著改变其性能所允许消耗的最大功率称为电阻器的额定功率。电阻器的额定功率并不是电阻器在电路中工作时一定要消耗的功率,而是电阻器在电路工作中所允许消耗的最大功率。不同类型的电阻具有不同系列的额定功率,如表 1.3.3 所示。

表 1.3.3 电阻器的功率等级

名称	额定功率(W)				
实芯电阻器	0.25(1/4)	0.5(1/2)	1	2	5
线绕电阻器	0.5(1/2) 25	1 35	2 50	6 75	10 100
薄膜电阻器	0.025 2	0.05 5	0.125(1/8) 10	0.25(1/4) 25	0.5(1/2) 50

二、电阻器的标志内容及方法

1. 文字符号直标法

用阿拉伯数字和文字符号两者有规律的组合来表示标称阻值、额定功率、允许误差等级等。符号前面的数字表示整数阻值,后面的数字依次表示第一位小数阻值和第二位小数阻值,其文字符号所表示的单位如表 1.3.4 所示。如 1R5 表示 1.5 Ω,2K7 表示2.7k Ω。

表 1.3.4 电阻文字符号

文字符号	R	K	M	G	T
表示单位	欧姆(Ω)	千欧姆 (10^3Ω)	兆欧姆 (10^6Ω)	千兆欧姆 (10^9Ω)	兆兆欧姆 (10^{12}Ω)

例如:

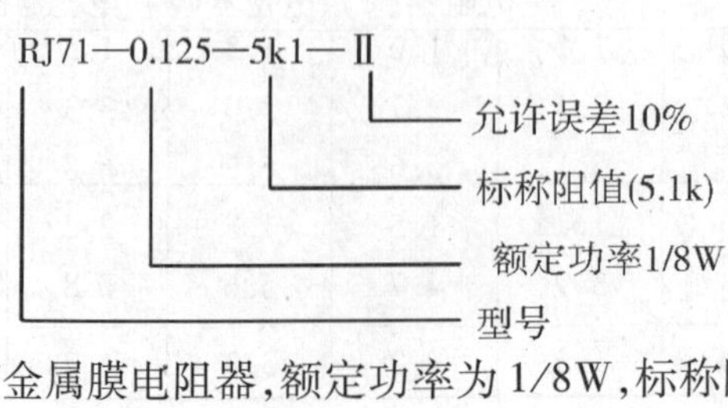

由标号可知,它是精密金属膜电阻器,额定功率为 1/8W,标称阻值为 5.1k Ω,允许误差为±10%。

2. 色标法

色标法是将电阻器的类别及主要技术参数的数值用颜色(色环或色点)标注在它的外表面上。色标电阻(色环电阻)器可分为三环、四环、五环三种标法。两位有效数字阻值的色环表示法见表1.3.5。

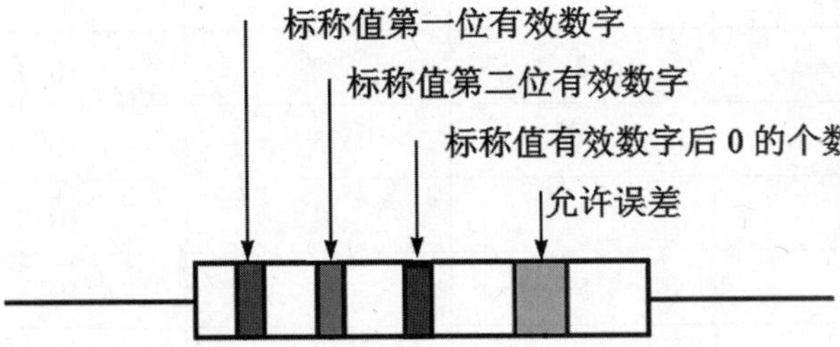

表1.3.5　两位有效数字阻值的色环表示法

颜　色	第一位有效值	第二位有效值	倍　率	允　许　偏　差
黑	0	0	10^0	
棕	1	1	10^1	
红	2	2	10^2	
橙	3	3	10^3	
黄	4	4	10^4	
绿	5	5	10^5	
蓝	6	6	10^6	
紫	7	7	10^7	
灰	8	8	10^8	
白	9	9	10^9	-20% ~ +50%
金			10^{-1}	±5%
银			10^{-2}	±10%
无色				±20%

三色环电阻器的色环表示标称电阻值(允许误差均为±20%)。例如,色环为棕黑红,表示$10\times10^2=1.0\text{k}\ \Omega\pm20\%$的电阻器。

四色环电阻器的色环表示标称值(二位有效数字)及精度。例如,色环为棕绿橙金,表示$15\times10^3=15\text{k}\ \Omega\pm5\%$的电阻器。

五色环电阻器的色环表示标称值(三位有效数字)及精度。例如,色环为红紫绿黄棕,表示$275\times10^4=2.75\text{M}\ \Omega\pm1\%$的电阻器。

一般四色环和五色环电阻器表示允许误差的色环的特点是该环离其他环的距离较远。较标准的表示应是表示允许误差的色环的宽度是其他色环的1.5~2倍。有些色环电阻器由于厂家生产不规范,无法用上面的特征判断,这时只能借助万用表判断。

三位有效数字阻值的色环表示法见表1.3.6。

表 1.3.6　三位有效数字阻值的色环表示法

颜色	第一位有效值	第二位有效值	第三位有效值	倍率	允许偏差
黑	0	0	0	10^0	
棕	1	1	1	10^1	±1%
红	2	2	2	10^2	±2%
橙	3	3	3	10^3	
黄	4	4	4	10^4	
绿	5	5	5	10^5	±0.5%
蓝	6	6	6	10^6	±0.25
紫	7	7	7	10^7	±0.1%
灰	8	8	8	10^8	
白	9	9	9	10^9	
金				10^{-1}	
银				10^{-2}	

三、电位器的主要技术指标

1. 额定功率

电位器的两个固定端上允许耗散的最大功率为电位器的额定功率。使用中应注意额定功率不等于中心抽头与固定端的功率。

2. 标称阻值

标在产品上的名义阻值。

3. 允许误差等级

实测阻值与标称阻值误差范围根据不同精度等级可允许±20%、±10%、±5%、±2%、±1%的误差。精密电位器的精度可达 ±0.1%。

4. 阻值变化规律

指阻值随滑动片触点旋转角度(或滑动行程)之间的变化关系,这种变化关系可以是任何函数形式,常用的有直线式、对数式和反转对数式(指数式)。在使用中,直线式电位器适合于作分压器;反转对数式(指数式)电位器适合于作收音机、录音机、电唱机、电视机中的音量控制器。维修时若找不到同类品,可用直线式代替,但不宜用对数式代替。对数式电位器只适合于作音调控制等。

四、电位器的标志内容及方法

1. 标志内容

电阻器的标志内容说明如图 1.3.1 所示。

2. 电阻器的命名规则

电阻器的命名规则如表 1.3.7 所示。

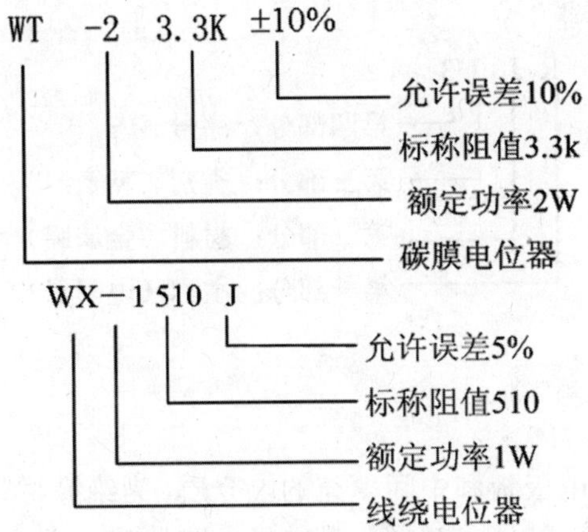

图 1.3.1 电阻器标志内容说明

表 1.3.7 电阻器型号命名方法

第一部分:主称		第二部分:材料		第三部分:特征分类			第四部分:序号
					意义		
符号	意义	符号	意义	符号	电阻器	电位器	
R	电阻器	T	碳膜	1	普通	普通	
W	电位器	H	合成膜	2	普通	普通	
		S	有机实芯	3	超高频	——	
		N	无机实芯	4	高阻	——	
		J	金属膜	5	高温	——	
		Y	氧化膜	6	——	——	
		C	沉积膜	7	精密	精密	
		I	玻璃釉膜	8	高压	特殊函数	
		P	硼碳膜	9	特殊	特殊	
		U	硅碳膜	G	高功率	——	对主称、材料相同,仅性能指标、尺寸大小有差别,但基本不影响互换使用的产品,给予同一序号;若性能指标、尺寸大小明显影响互换时,则在序号后面用大写字母作为区别代号
		X	线绕	T	可调	——	
		M	压敏	W	——	微调	
		G	光敏	D	——	多圈	
		R	热敏	B	温度补偿用	——	
				C	温度测量用	——	
				P	旁热式	——	
				W	稳压式	——	
				Z	正温度系数	——	

示例:精密金属膜电阻器

R J 7 3

第四部分：序号

第三部分：类别（精密）

第二部分：材料（金属膜）

第一部分：主称（电阻器）

1.3.2 电容器

电容器是由其上、下导电极板和中间填充的电介质(为绝缘材料)所构成。电容器在电路中可以用做耦合、滤波、振荡、补偿、定时等,是电子电路的基本元件之一。

一、电容器的主要技术指标

1. 电容器的耐压

常用固定式电容的直流工作电压系列为:

6.3V,10V,16V,25V,40V,63V,100V,160V,250V,400V。

2. 电容器容许误差等级

常见的有七个等级如表 1.3.8 所示。

表 1.3.8 容许误差等级

容许误差	±2%	±5%	±10%	±20%	+20% -30%	+50% -20%	+100% -10%
级别	0.2	Ⅰ	Ⅱ	Ⅲ	Ⅳ	Ⅴ	Ⅵ

3. 标称电容量

见表 1.3.9。

表 1.3.9 电容器标称容量系列和容许误差

系列代号	E24	E12	E6
容许误差	±5%(Ⅰ)或(J)	±10%(Ⅱ)或(K)	±20%(Ⅲ)或(m)
标称容量对应值	10,11,12,13,15,16,18,20,22,24,27,30,33,36,39,43,47,51,56,62,68,75,82,90	10,12,15,18,22,27,33,39,47,56,68,82	10,15,22,23,47,68

注:标称电容量为表中数值或表中数值再乘以 10^n,其中 n 为正整数或负整数,单位为 pF。

二、电容器的表示方法

1. 直标法

容量单位:F(法拉)、μF(微法)、nF(纳法)、pF(皮法或微微法)。

1 法拉 = 10^6 微法 = 10^{12} 微微法;

1 微法 = 10^3 纳法 = 10^6 微微法;

1 纳法 = 10^3 微微法。

例如:4n7 表示 4.7nF 或 4700pF,0.22 表示 0.22 μF,51 表示 51pF。

有时用大于 1 的两位以上的数字表示单位为 pF 的电容,如 101 表示 100pF;用小于 1 的数字表示单位为μF 的电容,如 0.1 表示 0.1 μF。

2. 数码表示法

一般用三位数字来表示容量的大小,单位为 pF。前两位为有效数字,后一位表示位率。即乘以 10^i,i 为第三位数字,若第三位数字为 9,则乘 10^{-1}。如 223J 代表 22×10^3pF = 22000pF = 0.22 μF,允许误差为±5%;又如 479K 代表 47×10^{-1}pF,允许误差为±5%的电容。这种表示方法最为常见。

3. 色码表示法

这种表示法与电阻器的色环表示法类似,颜色涂于电容器的一端或从顶端向引线排列。色码一般只有三种颜色,前两环为有效数字,第三环为位率,单位为 pF。有时色环较宽,如红红橙,两个红色环涂成一个宽的,表示 22000pF。

4. 电容器型号命名法

见表 1.3.10。

表 1.3.10　电容器型号命名法

第一部分:主称		第二部分:材料		第三部分:特征、分类						第四部分:序号
符号	意义	符号	意义	符号	意义					
					瓷介	云母	玻璃	电解	其他	
	电容器	C	瓷介	1	圆片	非密封	–	箔式	非密封	对主称、材料相同,仅尺寸、性能指标略有不同,但基本不影响互换使用的产品,给予同一序号;若尺寸性能指标的差别明显;影响互换使用时,则在序号后面用大写字母作为区别代号
		Y	云母	2	管形	非密封	–	箔式	非密封	
		I	玻璃釉	3	迭片	密封	–	烧结粉固体	密封	
		O	玻璃膜	4	独石	密封	–	烧结粉固体	密封	
		Z	纸介	5	穿心	–	–	–	穿心	
		J	金属化纸	6	支柱	–	–	–	–	
		B	聚苯乙烯	7	–	–	–	无极性	–	
		L	涤纶	8	高压	高压	–	–	高压	
		Q	漆膜	9	–	–	–	特殊	特殊	
		S	聚碳酸酯	J	金属膜					
		H	复合介质	W	微调					
		D	铝							
		A	钽							
		N	铌							
		G	合金							
		T	钛							
		E	其他							

电容器命名示例如下：

(1)铝电解电容器

C D 1 1

- 第四部分：序号
- 第三部分：特征分类（箔式）
- 第二部分：材料（铝）
- 第一部分：主称（电容器）

(2)圆片形瓷介电容器

C C 1 -1

- 第四部分：序号
- 第三部分：特征分类（箔式）
- 第二部分：材料（瓷介质）
- 第一部分：主称（电容器）

(3)纸介金属膜电容器

C Z J X

- 第四部分：序号
- 第三部分：特征分类（金属膜）
- 第二部分：材料（纸介）
- 第一部分：主称（电容器）

三、常用电容器简介

电容器的种类很多,部分常用电容器有：

1. 有机介质电容器

包括纸介电容、金属化电容、塑料薄膜电容。

纸介电容器是一种早期生产的电容,用于直流及低频电路中,缺点是稳定性不高。金属化纸介电容器的最大特点是高压击穿后有自愈作用,当电压恢复正常后仍能工作。涤纶薄膜电容器具有良好的介电性能、机械强度高、耐高温、吸水率低。它的电容量范围和额定电压范围宽,但吸收特性差、耐电性不高,当交流电压高于300V时不如纸介电容器。

聚丙烯电容属于非极性有机介质电容,其高频绝缘性能好,电容量和损耗角正切往很宽范围内与频率的变化无关,受温度的影响小,介电强度随温度上升而有所增加,这是其他介质材料所难以具备的。该电容器性能好、价格中等,多用于交流电路中。

2. 无机介质电容器

无机介质电容器指陶瓷、云母、玻璃膜电容器等。

云母电容器主要特点是:介质损耗小,耐热性好、化学性能稳定,有较高的机械强度,固有电感小,常用于较高频率的电路,但它的价格较高。

瓷介电容器介质损耗小,电容量随温度、频率、电压和时间的变化小,即稳定性高。主要用于高频电路,其容量范围不大。瓷介电容器有低压低功率和高压高功率之分,其结构形式多种多样,有圆片型、穿芯式和管型。其表面涂有颜色标志表示温度系数的大小。正温系数的电容多用于滤波、旁路、隔直,负温系数的电容多用于振荡电路。温度系数很小的电容可用于精密仪表中。

独石电容器是瓷介电容器的一种,它使瓷介电容器进一步小型化。穿芯电容器是管型瓷介电容器的一种变形,多用于高频电路。玻璃釉电容器制造工艺和独石电容器相似,也是独石结构,它具有瓷介电容器的优点。由于玻璃釉的介质常数大,所以体积比同容量的瓷介电容小。其介电常数在很宽的范围内保持不变,并且有很高的品质因数,使用温度高。

玻璃膜电容器的制造工艺和玻璃釉电容相似,发展玻璃膜电容器是为了代替云母电容器。由于玻璃的成分可以根据需要灵活改变,它的使用适应性强。而且按独石结构制造,主防潮性、抗震性、电容稳定性均高于云母电容,可工作于200℃的环境。

3. 电解电容器

电解电容器可分为两大类:铝电解电容和钽、铌电解电容。

电解电容的优点是电容量大,尤其是电压低时尤为突出;在工作过程中可以自动修补氧化膜,具有一定自愈能力;可耐非常高的场强,工作场强高于其他电容器。铝电解电容价格便宜,适于各种用途。而钽电解电容器可靠性高、性能好,但价格较高,适用于高性能指标的电子设备。

电解电容的缺点是:一般电解电容均有极性,使用时接错有损坏的危险。电解电容工作电压有一定的上限值,如铝电解电容的最高额定电压为500V;液体钽电解电容最高可达160V;固体钽电容最高只有63V。电解电容的绝缘质量较差,一般用漏电流的大小来表示,但钽电解电容比铝电解电容要好得多。电解电容的损耗角正切较大,而且当温度和频率改变时,其电性能变化也大一此。

固体钽电容承受冲击大电流的能力差,而铝电解电容在长期搁置后再用,不宜立即施加额定电压。固体钽电解电容比铝电解电容量略高,其体积比铝电解电容要小,其容量和频率特性在电解电容中为最佳。固体钽电解电容的漏电流用微安计算(高压铝电解电容用毫安计算),其电容量和温度特性在电解电容中也是最好的。固体钽电容没有漏液和产生气体导致爆炸的危险,但它的价格较高。

4. 可变电容器

可变电容器是通过改变电极片面积产生电容量值的变化,电极片由定片和动片组成,它所使用的电介质有空气、塑料薄膜、陶瓷、云母等。

空气可变电容器具有制造容易、精度高、性能稳定、高频性能好、旋转摩擦损耗小,无静电噪声等优点。但由于空气介质电容率小,因此带来体积大、重量重、容易引起机震的缺点。为了弥补这个缺点,在定片上敷贴一层塑料薄膜介质,可以制成小型化高性能空气薄膜可变电容器。

塑料薄膜可变电容器以塑料薄膜为介质,主要特点是体积小、重量轻、价格便宜。尤其是用蒸发法形成介质的薄膜可变电容器,适于制成大型大容量电容。该电容的缺点是容易产生静态噪声、温度变化时性能不稳定、电容量精度较差。

5. 微调电容器

微调电容器可分为薄膜微调电容器、陶瓷微调电容器、云母微调电容器以及玻璃微调电容器等。

薄膜微调电容器使用原材料价格便宜、便于大量生产,主要应用于收音机等民用产品。陶瓷微调电容器的特点是体积小、容量大、电容量呈直线变化;调整方便,调整后的电容量漂移小;耐冲击、振动性能好;由温度、湿度变化引起的电容量和特性变化小;长期使用后仍有很高的可靠性。

云母微调电容器的特点是,属于小型大容量电容,耐高温性能良好;密封型云母可变电容的性能不受湿度变化影响,介质损耗小;电容量的稳定性好。

玻璃微调电容器以圆筒形的玻璃为介质,用调节螺钉移动玻璃内部的活塞型电极来改变电容量。广泛应用于对可靠性要求高的卫星通信、航空通信、广播发射机等,尤其适合在环境恶劣的条件下使用。其特点是:玻璃介质和可动电极(活塞)是精密加工而成的零件组合,调节机构具有自锁结构,故调节的精度高、Q 值高、高频特性优异;玻璃管与动电极之间无间隙,使用寿命长;使用温度范围广;在经过温度和湿度试验后,容量恢复特性好;体积小、可变容量范围广、抗冲击\振动性能好。

1.3.3 电感器

电感器是用金属导线(漆包线、纱包线或镀银导线)绕在绝缘管上而制成,在线圈绝缘管芯内装有导磁材料(如铁氧体、硅钢片等)。组成了各种高频扼流圈、低频扼流圈、固定扼流圈、可变扼流圈、变压器、互感器等以适应不同的使用场合。

电感线圈是组成电子电路的基本元件之一,可以在交流电路里做阻流、降压、负载等作用。当电感线圈和电容相配合时,可用做调谐、滤波、选频、分频、退耦等用途。

一、电感器的主要技术指标

1. 电感量

在没有非线性导磁物质存在的条件下,一个载流线圈的磁通量与线圈中的电流成正比,其比例常数称为自感系数,用 L 表示,简称为电感。即:

$$L = \frac{\varphi}{I}$$

式中:φ = 磁通量,I = 电流强度。

2. 固有电容

线圈各层、各匝之间、绕组与底板之间都存在着分布电容。统称为电感器的固有电容。

3. 品质因数

电感线圈的品质因数定义为:

$$Q = \frac{\omega L}{R}$$

式中:ω –工作角频率,L–线圈电感量,R–线圈的总损耗电阻。

4. 额定电流

线圈中允许通过的最大电流。

5. 线圈的损耗电阻

线圈的直流损耗电阻。

二、电感器电感量的标志方法

1. 直标法

单位 H(亨利)、mH(毫亨)、μH(微亨)。

2. 数码表示法

方法与电容器的表示方法相同。

3. 色码表示法

这种表示法也与电阻器的色标法相似，色码一般有四种颜色，前两种颜色为有效数字，第三种颜色为倍率，单位为μH，第四种颜色是误差位。

三、常用电感器简介

常见的电感器包括固定电感器、高频阻流圈、低频阻流圈、天线线圈、振荡线圈、可调磁芯线线圈、磁芯线圈、偏转线圈等。

其中固定电感器的电感量用色环表示，以示与其他电感器的区别，所以也称为色码电感器。虽然目前固定电感器大多是把电感量直接在电感器体上标出，但习惯上还是称为色码电感器。色码电感器具有体积小、重量轻、结构牢固和安装方便等优点，因而广泛应用于电视机、录像机、录音机等电子设备的滤波、陷波、扼流、振荡、延迟等电路中。

固定电感器是将线圈绕制在软磁铁氧体的基体上构成的，这样能获得比空心线圈更大的电感量和较大的 Q 值。固定电感器有卧式和立式两种，电感器的外表涂有环氧树脂或其他的包割材料作为保护层。表 1.3.11 列出一些常见的固定电感器型号及性能。

表 1.3.11　固定电感器型号及性能

型号	外形尺寸系列	电流组别	电感量范围
LG1，LCX（卧式）	Φ5，Φ6，Φ8，Φ10，Φ15	A 组	10uH ~ 10mH
		B 组	1000uH ~ 820mH
		C 组	1uH ~ 820mH
		E 组	0.1uH ~ 560mH
LG400（立式）	Φ13	D 组	10uH ~ 820mH
LG402（立式）	Φ9	A 组	10uH ~ 820mH
LG404（立式）	Φ5，Φ8，Φ18	A 组	10uH ~ 82mH
		D 组	10uH ~ 820mH

表中，A 组，B 组，C 组，D 组，E 组分别表示最大直流工作电流为 50、150、300、700、1600mA。电感量允许用Ⅰ、Ⅱ、Ⅲ表示，分别为 ±5%，±10%，±20%。

1.3.4　二极管

半导体二极管是由 PN 结加上引出线和管壳构成。根据功能的不同，普通二极管主要完成整流、限幅、检波等。稳压管主要进行稳压。发光二极管主要把电信号转化为光信号。光敏二极管主要是把光信号转化为电信号。

一、二极管的主要性能指标

1. 最大整流电流

指管子长期运行时允许通过的最大正向平均电流，因为电流通过 PN 结要引起管子发热，电流太大,发热量超过限度,就会使 PN 结烧坏。例如,2APl 最大整流电流为 16mA。

2. 反向击穿电压

指管子反向击穿时的电压值。击穿时,反向电流剧增,二极管的单向导电性被破坏甚至因过热而烧坏。一般手册上给出的最高反向工作电压约为击穿电压的一半,以确保管子安全运行。例如,2APl 最高反向电压规定为 20V,而反向击穿电压实际上大于 40V。

3. 反向电流

指管子未击穿时的反向电流,其值越小,则管子的单向导电性越好。由于温度增加,反向电流会急剧增加,所以在使用二极管时要注意温度的影响。

4. 极间电容

(1)势垒电容 C_n

PN 结交界处形成的势垒区,是积累空间电荷的区域,当 PN 结两端电压改变时,就会引起积累 PN 结的空间电荷的改变,从而显示出 PN 结的电容效应。所以,PN 结的势垒电容是用来描述垒区的空间电荷变化而产生的电容效应。

(2)扩散电容 C_d

PN 结的正向电流是由 P 区空穴和 N 区电子的相互扩散造成的,为了要使 P 区形成扩散电流,注入的少数载流子电子沿 P 区必须有浓度差,在结的边缘处浓度大,离结远的地方浓度小,也就是在 P 区有电子的积累。同理,在 N 区也有空穴的积累。当 PN 结正向电压加大时,就会有更多的载流子积累。反之,积累在 P 区的电子或 N 区的空穴就要相对减小,这样就相应地要有载流子的"冲入"和"放出"。因此,积累在 P 区的电子或 N 区的空穴随外加电压的变化就构成了 PN 结的扩散电容 C_d,它反应了在外加电压作用下载流子在扩散过程中积累的情况。

二、常用半导体二极管的主要参数

1. 普通的半导体二极管

见表 1.3.12。

表 1.3.12 部分半导体二极管的参数

类型	参数 型号	最大整流电流/mA	正向电流/mA	正向压降(在左栏电流值下)/V	反向击穿电压/V	最高反向工作电压/V	反向电流/μA	零偏压电容/pF	反向恢复时间/ns
普通检波二极管	2AP9	16	2.5	≤1	≥40	20	≤250	≤1	fH(MHz)150
	2AP7		5		≥150	100			
	2AP11	25	10	≤1		≤10	≤250	≤1	fH(MHz)40
	2AP17	15	10			≤100			

续表

类型	参数 型号	最大整流电流/mA	正向电流/mA	正向压降(在左栏电流值下)/V	反向击穿电压/V	最高反向工作电压/V	反向电流/μA	零偏压电容/pF	反向恢复时间/ns
锗开关二极管	2AK1		≥150	≤1	30	10		≤3	≤200
	2AK2				40	20			
	2AK5		≥200	≤0.9	60	40		≤2	≤150
	2AK10		≥10	≤1	70	50		≤2	≤150
	2AK13		≥250	≤0.7	60	40			
	2AK14				70	50			
硅开关二极管	2CK70A～E		≥10	≤0.8	A≥30 B≥45 C≥60 D≥75 E≥90	A≥20 B≥30 C≥40 D≥50 E≥60		≤1.5	≤3
	2CK71A～E		≥20						≤4
	2CK72A～E		≥30						
	2CK73A～E		≥50	≤1					≤5
	2CK74A～D		≥100						
	2CK75A～D		≥150						
	2CK76A～D		≥200						
整流二极管	2CZ52B…H	2	0.1	≤1		25…600			同2AP普通二极管
	2CZ53B…M	6	0.3	≤1		50…1000			
	2CZ54B…M	10	0.5	≤1		50…1000			
整流二极管	2CZ55B…M	20	1	≤1		50…1000			
	2CZ56B…B	65	3	≤0.8		25…1000			
	1N4001…4007	30	1	1.1		50…1000	5		
	1N5391…5399	50	1.5	1.4		50…1000	10		
	1N5400…5408	200	3	1.2		50…1000	10		

2. 常用整流桥的主要参数

见表 1.3.13.

表 1.3.13　几种单相桥式整流器的参数

型号 \ 参数	不重复正向浪涌电流/A	整流电流/A	正向电压降/V	反向漏电/μA	反向工作电压/V	最高工作结温/℃
QL1	1	0.05				
QL2	2	0.1				
QL4	6	0.3		≤10	常见的分档为:25, 50, 100, 200, 400, 500, 600, 700, 800, 900,1000	
QL5	10	0.5	≤1.2≤1.2			130
QL6	20	1				
QL7	40	2		≤15		
QL8	60	3				

3. 常用稳压二极管的主要参数

见表 1.3.14。

表 1.3.14　部分稳压二极管的主要参数

测试条件	工作电流为稳定电流	稳定电压下	环境温度<50℃	未反向击穿条件下	稳定电流下	稳定电流下	环境温度<10℃
型号 \ 参数	稳定电压/V	稳定电流/mA	最大稳定电流/mA	反向漏电流	动态电阻/Ω	电压温度系数/10^-4/℃	最大耗散功率/W
2CW51	2.5~3.5		71	≤5	≤60	≥-9	
2CW52	3.2~4.5		55	≤2	≤70	≥-8	
2CW53	4~5.8		41	≤1	≤50	-6~4	
2CW54	5.5~6.5	10	38		≤30	-3~5	0.25
2CW56	7~8.8		27		≤15	≤7	
2CW57	8.5~9.8		26	≤0.5	≤20	≤8	
2CW59	10~11.8	5	20		≤30	≤9	
2CW60	11.5~12.5		19		≤40	≤9	
2CW103	4~5.8	50	165	≤1	≤20	-6~4	
2CW110	11.5~12.5	20	76	≤0.5	≤20	≤9	1
2CW113	16~19	10	52	≤0.5	≤40	≤11	
2CW1A	5	30	240		≤20		1
2CW6C	15	30	70		≤8		1
2CW7C	6.0~6.5	10	30		≤10	0.05	0.2

1.3.5　晶体管

晶体管的种类与型号较多。根据载流子的不同，分为双极型晶体管和场效应管。它们又分别分为 NPN 型和 PNP 型晶体管或结型场效应管和绝缘栅型场效应管。它们的共同特点都是具有电流放大作用。

一、三极管的主要参数

1. 电流放大系数

三极管的电流放大系数根据工作状态的不同，在直流和交流两种情况下分别用符号 β，$\dot{\beta}$ 表示。三极管集电极的直流电流 I_c 与基极的直流电流 I_B 的比值，就是三极管接共射极电路时的直流电流放大系数，β 有时可用 h_{FE} 来代表。

由于三极管特性曲线的非线性。β 也和工作点有关，只有在特性曲线的线性部分，β 才可以认为是基本恒定的。在三极管的输出特性曲线间距基本相等并忽略 I_{CEO} 的情况下，β 和 $\dot{\beta}$ 是相等的。

由于制造工艺的分散性，即使同型号的管子，它的 β 值也有差异。常用的三极管的 β 值在 10 ~ 100 之间。

2. 极间反向电流

(1) I_{CEO} 指发射极开路时，集电极、基极间的反向饱和电流。

(2) I_{CE} 指基极开路时，集电极、发射极间的穿透电流，它是 I_{CBO} 的 $(1+\beta)$ 倍。选用管子时，一般希望极间反向电流影响小。硅管的反向电流比锗管的小 2。

3. 极限参数

(1) 集电极最大允许功耗 P_{cM}

这个参数决定于管子的温度，使用时不能超过，而且要注意散热条件（管子使用的上限温度硅管约为 150℃，锗管约为 70℃）。

(2) 集电极最大电流 I_{cM}

I_{cM} 是指三极管的参数变化不超过允许值时集电极的最大电流。当电流超过 I_{cM} 时，管子性能将显著下降，甚至有烧坏管子的可能。

(3) 反向击穿电压

三极管的两个 PN 结，如反向电压超过规定值，也就发生击穿，其击穿原理和二极管类似，但三极管的击穿电压不仅与管子本身特性有关，而且还取决于外部电路的接法，常用的有：

① $V_{(BR)EBO}$ 是指集电极开路时发射极 - 基极间的反向击穿电压。在放大状态时，发射结是正偏的。而在某些场合，发射结就有可能受到较大的反向电压，所以要考虑发射结击穿电压的大小，$V_{(BR)EBO}$ 就是发射结本身的击穿电压。

② $V_{(BR)CBO}$ 是指发射极开路时集电极 - 基极间的反向击穿电压，它决定于集电结的雪崩击穿电压，其数值较高。

③ $V_{(BR)CEO}$ 是指基极开路时集电极 - 发射极间的反向击穿电压。这个电压的大小与晶体管的穿透电流 I_{CEO} 直接相联系，当管子的 V_{CE} 增加时，I_{CEO} 明显增大，导致集电结雪崩击穿。

二、场效应管的主要参数

1. 夹断电压 V_P

当 V_{DS} 为某一固定数值，使 I_{DS} 等于某一微小电流时，栅极上所加的偏压 V_{GS} 就是夹断电压 V_P。

2. 饱和漏电流 I_{DSS}

在源、栅极短路条件下，漏源间所加的电压大于 V_P 时的漏极电流称为 I_{DSS}。

3. 击穿电压 V_{DS}

表示漏、源极间所能承受的最大电压，即漏极饱和电流开始上升进入击穿区时对应的 V_{DS}。

4. 直流输入电阻 R_{GS}

在一定的栅源电压下，栅、源之间的直流电阻，这一特性也有以流过栅极的电流来表示的。结型场效应管的 R_{GS} 可达 10^9 欧而绝缘栅场效应管的 R_{GS} 可超过 10^{13} 欧。

5. 低频跨导 g_m

漏极电流的微变量与引起这个变化的栅源电压微变量之比，称为跨导，即 $g_m = \triangle I_D / \triangle V_{GS}$。它是衡量场效应管栅源电压对漏极电流控制能力的一个参数，也是衡量放大作用的重要参数，此参数常以栅源电压变化 1V 时，漏极相应变化多少微安（μA/V）或毫安（mA/V）来表示。

三、常用半导体晶体管的主要技术指标

1. 3AX51（3AX31）型 PNP 型锗低频小功率晶体管

见表 1.3.15。

表 1.3.15　3AX51（3AX31）型半导体晶体管的参数

	原型号	3AX31				测试条件
	新型号	3AX51A	3AX51B	3AX51C	3AX51D	
极限参数	P_{CM}(mW)	100	100	100	100	$T_a = 25℃$
	I_{CM}(mA)	100	100	100	100	
	T_{jM}(℃)	75	75	75	75	
	BV_{CBO}(V)	≥30	≥30	≥30	≥30	$I_C = 1mA$
	BV_{CEO}(V)	≥12	≥12	≥18	≥24	$I_C = 1mA$
直流参数	I_{CBO}(μA)	≤12	≤12	≤12	≤12	$V_{CB} = -10V$
	I_{CEO}(μA)	≤500	≤500	≤300	≤300	$V_{CE} = -6V$
	I_{EBO}(μA)	≤12	≤12	≤12	≤12	$V_{EB} = -6V$
	h_{FE}	40～150	40～150	30～100	25～70	$V_{CE} = -1V$　$I_C = 50mA$

续表

原型号		3AX31				测试条件
新型号		3AX51A	3AX51B	3AX51C	3AX51D	
交流参数	f_{α}(KHz)	≥500	≥500	≥500	≥500	$V_{CB}=-6V$　$I_E=1mA$
	N_F(dB)	–	≤8	–	–	$V_{CB}=-2V$　$I_E=0.5mA$　f = 1kHz
	h_{ie}(kΩ)	0.6 ~ 4.5	0.6 ~ 4.5	0.6 ~ 4.5	0.6 ~ 4.5	$V_{CB}=-6V$　$I_E=1mA$　f = 1kHz
	h_{re}(×10)	≤2.2	≤2.2	≤2.2	≤2.2	
	h_{oe}(μs)	≤80	≤80	≤80	≤80	
	h_{fe}	–	–	–	–	
h_{FE}色标分档		(红)25 ~ 60;(绿)50 ~ 100;(蓝)90 ~ 150				
管　脚		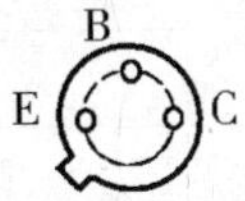				

2.3AX81 型 PNP 型锗低频小功率晶体管

见表 1.3.16。

表 1.3.16　3AX81 型 PNP 型锗低频小功率晶体管的参数

型　号		3AX81A	3AX81B	测试条件
极限参数	P_{CM}(mW)	200	200	
	I_{CM}(mA)	200	200	
	T_{jM}(℃)	75	75	
	BV_{CBO}(V)	−20	−30	$I_C=4mA$
	BV_{CEO}(V)	−10	−15	$I_C=4mA$
	BV_{EBO}(V)	−7	−10	$I_E=4mA$
直流参数	I_{CBO}(μA)	≤30	≤15	$V_{CB}=-6V$
	I_{CEO}(μA)	≤1000	≤700	$V_{CE}=-6V$
	I_{EBO}(μA)	≤30	≤15	$V_{EB}=-6V$
	V_{BES}(V)	≤0.6	≤0.6	$V_{CE}=-1V$　$I_C=175mA$
	V_{CES}(V)	≤0.65	≤0.65	$V_{CE}=V_{BE}$　$V_{CB}=0$　$I_C=200mA$
	h_{FE}	40 ~ 270	40 ~ 270	$V_{CE}=-1V$　$I_C=175mA$
交流参数	f_{β}(KHz)	≥6	≥8	$V_{CB}=-6V$　$I_E=10mA$
h_{FE}色标分档		(黄)40 ~ 55　(绿)55 ~ 80　(蓝)80 ~ 120　(紫)120 ~ 180　(灰)180 ~ 270 (白)270 ~ 400		

续表

型　号	3AX81A	3AX81B	测试条件
管　脚	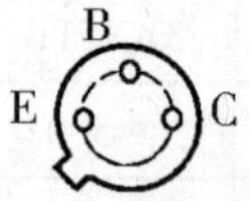		

3. 3BX31 型 NPN 型锗低频小功率晶体管

见表 1.3.17。

表 1.3.17　3BX31 型 NPN 型锗低频小功率晶体管的参数

型　号		3BX31M	3BX31A	3BX31B	3BX31C	测 试 条 件
极限参数	P_{CM}(mW)	125	125	125	125	$T_a=25℃$
	I_{CM}(mA)	125	125	125	125	
	T_{jM}(℃)	75	75	75	75	
	BV_{CBO}(V)	-15	-20	-30	-40	$I_C=1mA$
	BV_{CEO}(V)	-6	-12	-18	-24	$I_C=2mA$
	BV_{EBO}(V)	-6	-10	-10	-10	$I_E=1mA$
直流参数	I_{CBO}(μA)	≤25	≤20	≤12	≤6	$V_{CB}=6V$
	I_{CEO}(μA)	≤1000	≤800	≤600	≤400	$V_{CE}=6V$
	I_{EBO}(μA)	≤25	≤20	≤12	≤6	$V_{EB}=6V$
	V_{BES}(V)	≤0.6	≤0.6	≤0.6	≤0.6	$V_{CE}=6V$ $I_C=100mA$
	V_{CES}(V)	≤0.65	≤0.65	≤0.65	≤0.65	$V_{CE}=V_{BE}$　$V_{CB}=0$ $I_C=125mA$
	h_{FE}	80～400	40～180	40～180	40～180	$V_{CE}=1V$ $I_C=100mA$
交流参数	f_β(KHz)	–	–	≥8	f_α≥465	$V_{CB}=-6V$ $I_E=10mA$
h_{FE}色标分档			(黄)40～55　(绿)55～80　(蓝)80～120　(紫)120～180　(灰)180～270　(白)270～400			
管　脚			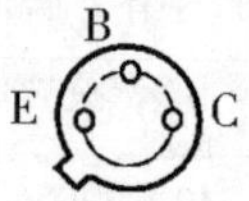			

4. 3DG100(3DG6)型 NPN 型硅高频小功率晶体管

见表 1.3.18。

表 1.3.18　3DG100(3DG6)型 NPN 型硅高频小功率晶体管的参数

原　型　号		3DG6				测　试　条　件
新　型　号		3DG100A	3DG100B	3DG100C	3DG100D	
极限参数	P_{CM}(mW)	100	100	100	100	
	I_{CM}(mA)	20	20	20	20	
	BV_{CBO}(V)	≥30	≥40	≥30	≥40	$I_C = 100\mu A$
	BV_{CEO}(V)	≥20	≥30	≥20	≥30	$I_C = 100\mu A$
	BV_{EBO}(V)	≥4	≥4	≥4	≥4	$I_E = 100\ \mu A$
直流参数	I_{CBO}(μA)	≤0.01	≤0.01	≤0.01	≤0.01	$V_{CB} = 10V$
	I_{CEO}(μA)	≤0.1	≤0.1	≤0.1	≤0.1	$V_{CE} = 10V$
	I_{EBO}(μA)	≤0.01	≤0.01	≤0.01	≤0.01	$V_{EB} = 1.5V$
	V_{BES}(V)	≤1	≤1	≤1	≤1	$I_C = 10mA$ $I_B = 1mA$
	V_{CES}(V)	≤1	≤1	≤1	≤1	$I_C = 10mA$ $I_B = 1mA$
	h_{FE}	≥30	≥30	≥30	≥30	$V_{CE} = 10V$ $I_C = 3mA$
交流参数	f_T(MHz)	≥150	≥150	≥300	≥300	$V_{CB} = 10V$ $I_E = 3mA$ $f = 100MHz$ $R_L = 5\ \Omega$
	K_P(dB)	≥7	≥7	≥7	≥7	$V_{CB} = -6V$ $I_E = 3mA$ $f = 100MHz$
	C_{ob}(pF)	≤4	≤4	≤4	≤4	$V_{CB} = 10V$ $I_E = 0$
h_{FE}色标分档		(红)30～60　(绿)50～110　(蓝)90～160　(白)>150				
管　脚		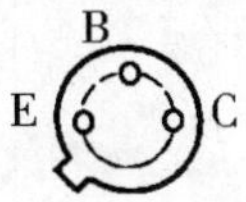				

5. 3DG130(3DG12)型 NPN 型硅高频小功率晶体管

见表 1.3.19。

表 1.3.19　3DG130(3DG12)型 NPN 型硅高频小功率晶体管的参数

原　型　号		3DG12				测　试　条　件
新　型　号		3DG130A	3DG130B	3DG130C	3DG130D	
极限参数	P_{CM}(mW)	700	700	700	700	
	I_{CM}(mA)	300	300	300	300	
	BV_{CBO}(V)	≥40	≥60	≥40	≥60	$I_C = 100\mu A$
	BV_{CEO}(V)	≥30	≥45	≥30	≥45	$I_C = 100\mu A$
	BV_{EBO}(V)	≥4	≥4	≥4	≥4	$I_E = 100\ \mu A$
直流参数	I_{CBO}(μA)	≤0.5	≤0.5	≤0.5	≤0.5	$V_{CB} = 10V$
	I_{CEO}(μA)	≤1	≤1	≤1	≤1	$V_{CE} = 10V$
	I_{EBO}(μA)	≤0.5	≤0.5	≤0.5	≤0.5	$V_{EB} = 1.5V$
	V_{BES}(V)	≤1	≤1	≤1	≤1	$I_C = 100mA$ $I_B = 10mA$
	V_{CES}(V)	≤0.6	≤0.6	≤0.6	≤0.6	$I_C = 100mA$ $I_B = 10mA$
	h_{FE}	≥30	≥30	≥30	≥30	$V_{CE} = 10V$ $I_C = 50mA$
交流参数	f_T(MHz)	≥150	≥150	≥300	≥300	$V_{CB} = 10V$ $I_E = 50mA$ $f = 100MHz$ $R_L = 5\ \Omega$
	K_P(dB)	≥6	≥6	≥6	≥6	$V_{CB} = -10V$ $I_E = 50mA$ $f = 100MHz$
	C_{ob}(pF)	≤10	≤10	≤10	≤10	$V_{CB} = 10V$　$I_E = 0$
h_{FE}色标分档		(红)30~60　(绿)50~110　(蓝)90~160　(白)>150				
管　脚		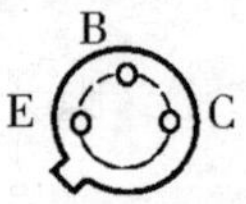				

6. 9011~9018 塑封硅晶体管

见表 1.3.20。

表 1.3.20　9011～9018 塑封硅晶体管的参数

型　号		(3DG) 9011	(3CX) 9012	(3DX) 9013	(3DG) 9014	(3CG) 9015	(3DG) 9016	(3DG) 9018
极限参数	P_{CM}(mW)	200	300	300	300	300	200	200
	I_{CM}(mA)	20	300	300	100	100	25	20
	BV_{CBO}(V)	20	20	20	25	25	25	30
	BV_{CEO}(V)	18	18	18	20	20	20	20
	BV_{EBO}(V)	5	5	5	4	4	4	4
直流参数	I_{CBO}(μA)	0.01	0.5	0,5	0.05	0.05	0.05	0.05
	I_{CEO}(μA)	0.1	1	1	0.5	0.5	0.5	0.5
	I_{EBO}(μA)	0.01	0.5	0,5	0.05	0.05	0.05	0.05
	V_{CES}(V)	0.5	0.5	0.5	0.5	0.5	0.5	0.35
	V_{BES}(V)		1	1	1	1	1	1
	h_{FE}	30	30	30	30	30	30	30
交流参数	f_T(MHz)	100			80	80	500	600
	C_{ob}(pF)	3.5			2.5	4	1.6	4
	K_P(dB)							10
h_{FE}色标分档		(红)30～60　(绿)50～110　(蓝)90～160　(白)>150						
管　脚								

四、常用场效应管主要技术指标

见表 1.3.21。

表 1.3.21　常用场效应晶体管主要技术指标

参数名称	N 沟道结型				MOS 型 N 沟道耗尽型		
	3DJ2	3DJ4	3DJ6	3DJ7	3D01	3D02	3D04
	D～H	D～H	D～H	D～H	D～H	D～H	D～H
饱和漏源电流 I_{DSS}(mA)	0.3～10	0.3～10	0.3～10	0.35～1.8	0.35～10	0.35～25	0.35～10.5
夹断电压 V_{GS}(V)	<|1～9|	<|1～9|	<|1～9|	<|1～9|	≤|1～9|	≤|1～9|	≤|1～9|
正向跨导 g_m(μV)	>2000	>2000	>1000	>3000	≥1000	≥4000	≥2000
最大漏源电压 BV_{DS}(V)	>20	>20	>20	>20	>20	>12～20	>20

续表

参数名称	N 沟道结型				MOS 型 N 沟道耗尽型		
	3DJ2	3DJ4	3DJ6	3DJ7	3D01	3D02	3D04
	D ~ H	D ~ H	D ~ H	D ~ H	D ~ H	D ~ H	D ~ H
最大耗散功率 P_{DNI}(mW)	100	100	100	100	100	25 ~ 100	100
栅源绝缘电阻 r_{GS}(Ω)	$\geqslant 10^8$	$\geqslant 10^8$	$\geqslant 10^8$	$\geqslant 10^8$	$\geqslant 10^8$	$\geqslant 10^8 \sim 10^9$	$\geqslant 100$
管脚	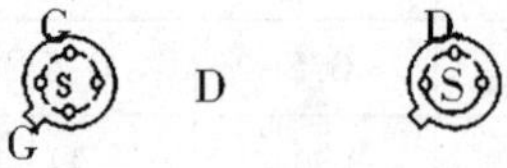						

五、我国半导体分立器件的命名法

见表 1.3.22。

表 1.3.22 我国半导体分立器件的命名法

第一部分		第二部分		第三部分				第四部分	第五部分
用数字表示器件电极的数目		用汉语拼音字母表示器件的材料和极性		用汉语拼音字母表示器件的类型				用数字表示器件序号	用汉语拼音表示规格的区别代号
符号	意义	符号	意义	符号	意义	符号	意义		
2	二极管	A B C D	N 型,锗材料 P 型,锗材料 N 型,硅	P V W C Z	普通管 微波管 稳压管 参量管 整流管	D A	低频大功率管 (f_α <3MHz, $P_C \geqslant 1W$) 高频大功率管		
3	晶体管	A B C D E	材料 P 型,硅材料 PNP 型,锗材料 NPN 型,锗材料 PNP 型,硅材料 NPN 型,硅材料 化合物材料	L S N U K X G	整流堆 隧道管 阻尼管 光电器件 开关管 低频小功率管 (f_α <3MHz, P_C < 1W) 高频小功率管 (f_α $\geqslant$3MHz P_C < 1W)	T Y B J CS BT FH PIN JG	(f_α $\geqslant$3MHz $P_C \geqslant 1W$) 半导体闸流管 (可控硅整流器) 体效应器件 雪崩管 阶跃恢复管 场效应器件 半导体特殊器件 复合管 PIN 型管 激光器件		

例如：

①锗材料 PNP 型低频大功率晶体管

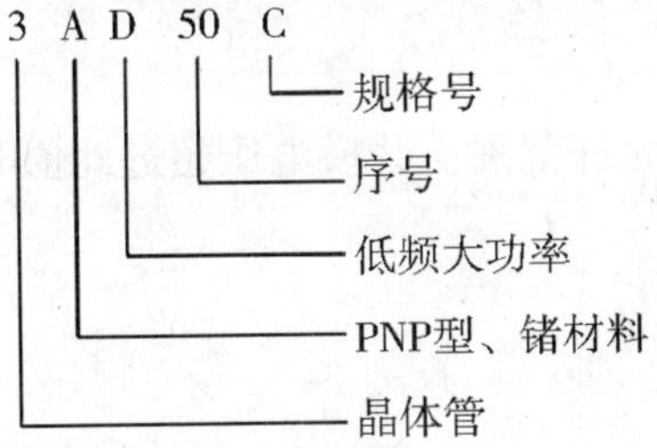

②硅材料 NPN 型高频小功率晶体管

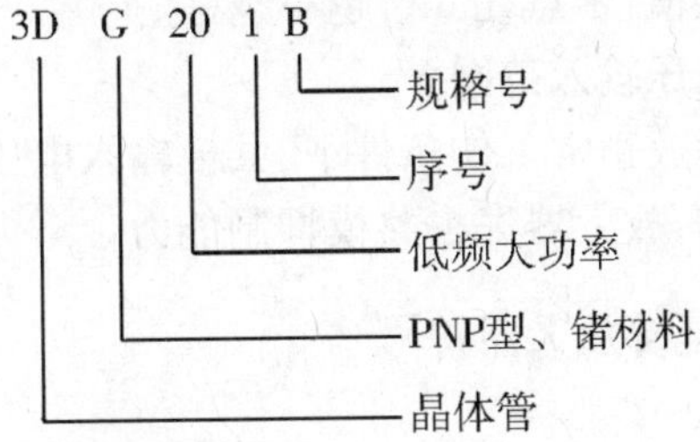

③N 型硅材料稳压二极管

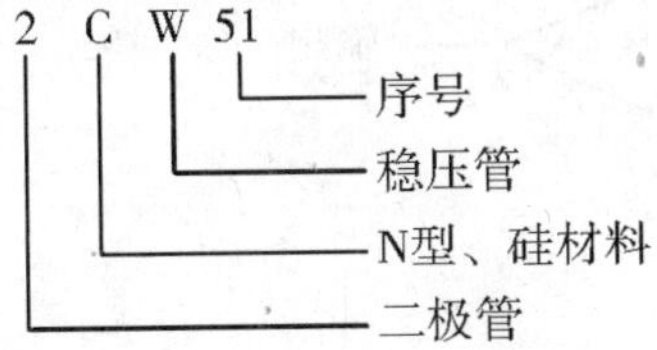

④单结晶体管

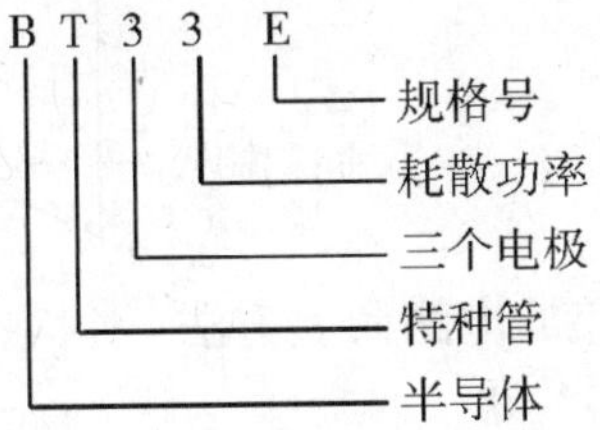

1.3.6　集成运算放大器

把电路的各个元件及相互之间的联接同时制造在一块半导体芯片上，组成一个不可分割的整体，通常称为集成运算放大器。它内部的元器件组成一个高增益的并带有深度负反馈的、直接耦合的集成的多级放大器，通常称为集成运算放大器。由于集成电路的芯片面积小、集成度高，所以功耗很小，在毫瓦以下；由于减少了电路的焊接点从而提高了工作的可靠性，且价格便宜。因此在实际的电路设计中得到了广泛的应用。

一、集成运算放大器的主要参数

1. 最大输出电压 U_{opp}

使输出电压和输入电压保持不失真关系最大输出电压。F_{007}：$U_{OPP} \approx \pm 13V$。

2. 开环电压放大倍数 A_{uo}

无外接反馈电路时所测出的差模电压放大倍数。A_{uo}越大，电路稳定性越好，运算精度也越高。一般 A_{uo}在 80 ~ 140dB 左右，高增益运放可达 140dB 以上。

3. 输入失调电压 U_{IO}

理想运放：当 $U_{i1} = U_{i2} = 0$ 时，$U_o = 0$；

实际运放（如制造时元件参数不对称等原因）：当 $U_{i1} = U_{i2} = 0$ 时，$U_o \neq 0$。

若使 $U_o = 0$ 时，在输入端加一个很小的补偿电压称输入失调电压 U_{IO}。它是表征运放内部电路对称性的指标，越小越好。

4. 输入失调电流 I_{IO}

在零输入时，差分输入级的差分对管基极电流之差。用于表征差分级输入电流不对称的程度。典型值：零点零几 uA，越小越好。

5. 输入偏置电流 I_{IB}

输入电压为零时，运放两个输入端偏置电流的平均值。用于衡量差分放大对管输入电流的大小。典型值：零点几 uA，越小越好。

6. 共模电压输入范围 V_{ICM}

在保证运放正常工作条件下，共模输入电压的允许范围。共模电压超过此值时，输入差分对管出现饱和，放大器失去共模抑制能力。

二、集成运算放大器符号

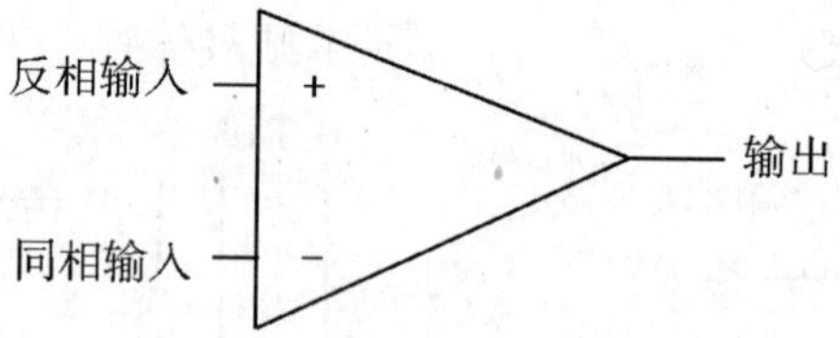

三、我国模拟集成电路命名方法

见表 1.3.23。

表 1.3.23　模拟集成电路命名方法

第 0 部分		第一部分		第二部分	第三部分		第四部分	
用字母表示器件符合国家标准		用字母表示器件的类型		用阿拉伯数字表示器件的系列和品种代号	用字母表示器件的工作温度范围		用字母表示器件的封装	
符号	意义	符号	意义		符号	意义	符号	意义
C	中国制造	T	TTL		C	0～70℃	W	陶瓷扁平
		H	HTL		E	－40～85℃	B	塑料扁平
		E	ECL		R	－55～85℃	F	全封闭扁平
		C	CMOS				D	陶瓷直插
		F	线性放大器				P	塑料直插
		D	音响、电视电路		M	－55～125℃	J	黑陶瓷直插
		W	稳压器		……	……	K	金属菱形
		J	接口电路				T	金属圆形

例如：

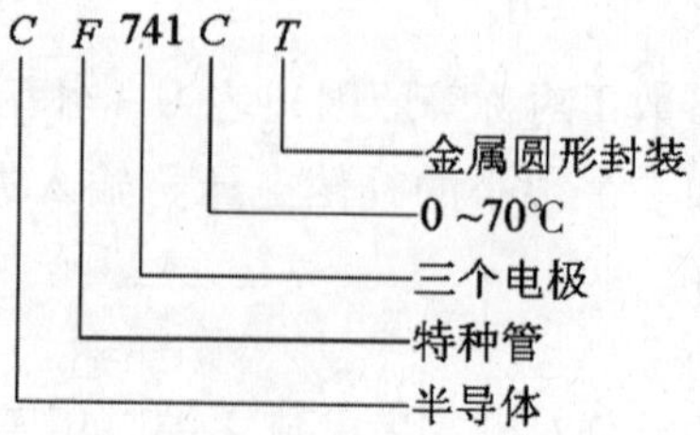

四、常用运算放大器管脚图

1. uA471(OP-07)的管脚图(单运放)

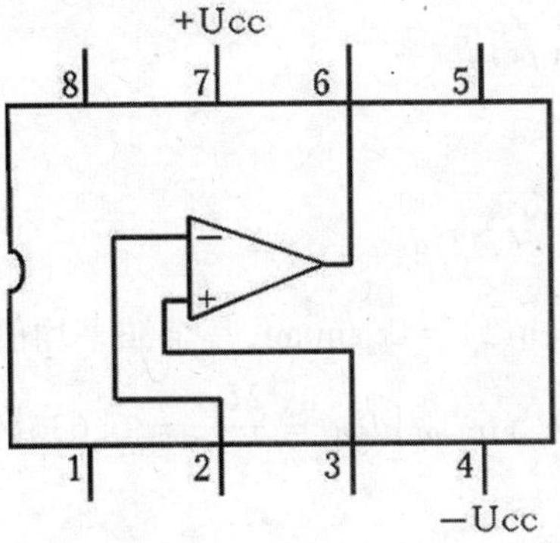

2. LM358 管脚图(运放)

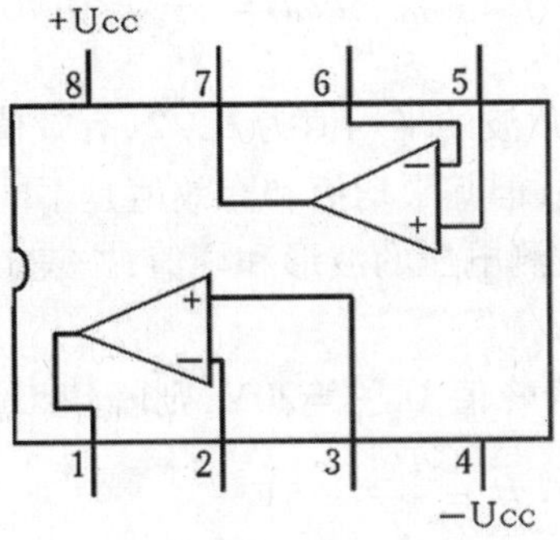

3. LM324 管脚图(四运放)

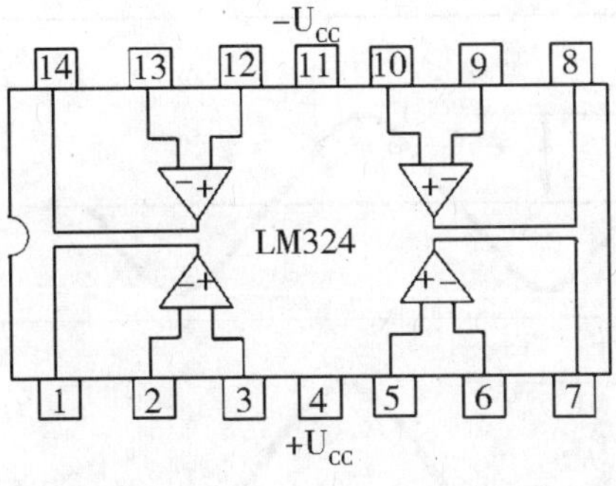

1.4　电信号基本参数的测量方法

1.4.1　电压的测量方法

电子技术中,电压测量需要注意被测量是直流信号还是交流信号,对于不同的信号,测量方法有所不同,仪表选用也不同。直流电压的大小可用直流电压表、万用表的直流电压档和示波器测得。交流电压可用交流电压表和示波器测量。测量时要根据交流电压的频率范围选择测量仪器仪表。因为不同的仪器仪表有不同的工作频率范围。交流电压信号可用峰峰值 U_{p-p}、峰值 U_m、平均值 $\overline{U}$ 和有效值 U_o表示。对于周期性信号 U(t),其全波整流平均值,可用下式表示,即:

$$\overline{U} = \frac{1}{T}\int_0^T |u(t)|dt \tag{1.4.1}$$

其有效值为:

$$U = \sqrt{\frac{1}{T}\int_0^T [u(t)]^2 dt} \tag{1.4.2}$$

对于峰值为 U_m的正弦信号:$u(t) = U_m \sin \omega t$,其全波平均值为:

$$\overline{U} = \frac{1}{2\pi}\int_0^{2\pi} |U_m \sin \omega t| d\omega t = \frac{2U_m}{\pi} = 0.636U_m \tag{1.4.3}$$

其有效值为:

$$U = \sqrt{\frac{1}{2\pi}\int_0^{2\pi} (U_m \sin \omega t)^2 d\omega t} = \frac{U_m}{\sqrt{2}} = 0.707U_m \tag{1.4.4}$$

同理,可求出峰值为 U_m的三角波的平均值为 $U_m/2$,有效值为 $U_m/\sqrt{3}$。由此可见,不同波形的电压,尽管 U(V)其峰值相同,但其平均值和有效值是不同的。用示波器可以测得各种波形电压的峰值 U_m。根据 t_0时刻被测电压的波形和峰值,按表 1.4.1 可求出几种波形电压的平均值和有效值。

例如:用示波器测得三角波峰峰值 $U_{p-p} = 20V$,则峰值 $U_m = 10V$。查表 1.4.1 知有效值为:$U = U_m/\sqrt{3} \approx 5.8V$;平均值为:$\overline{U} = \frac{U_m}{2} = 5V$。

表 1.4.1 几种波形电压有效值、平均值与峰值的关系

波形名称	波 形 图	有效值	整流平均值
正弦波	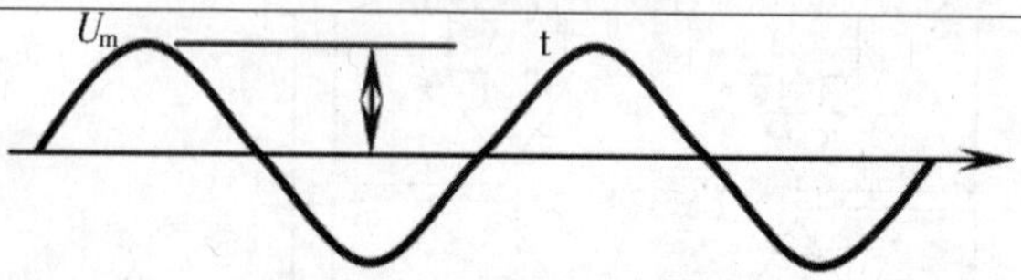	$\frac{U_m}{\sqrt{2}}$	$\frac{2}{\pi}U_m$
半波整流	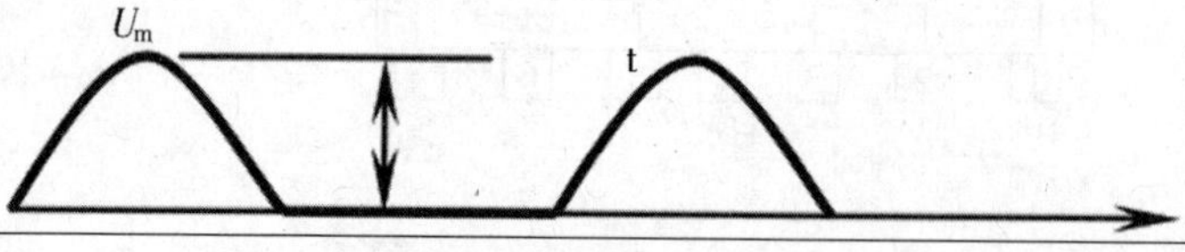	$\frac{U_m}{\sqrt{2}}$	$\frac{1}{\pi}U_m$
全波整流	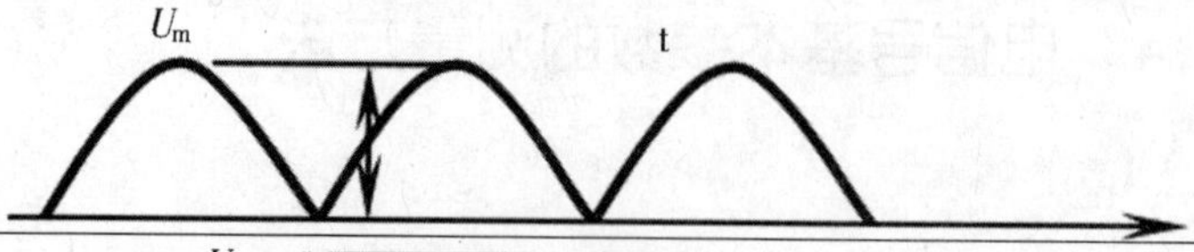	$\frac{U_m}{\sqrt{2}}$	$\frac{2}{\pi}U_m$
三角波	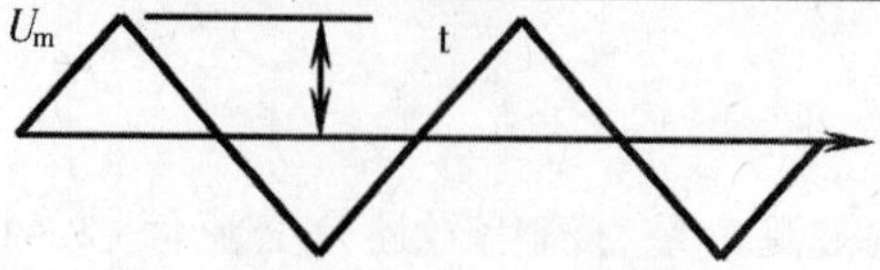	$\frac{U_m}{\sqrt{3}}$	$\frac{U_m}{2}$

续表

波形名称	波　形　图	有效值	整流平均值
锯齿波	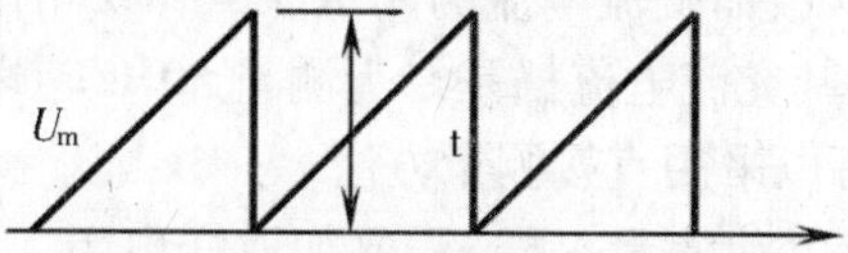	$\frac{U_m}{\sqrt{3}}$	$\frac{U_m}{\sqrt{2}}$
方波	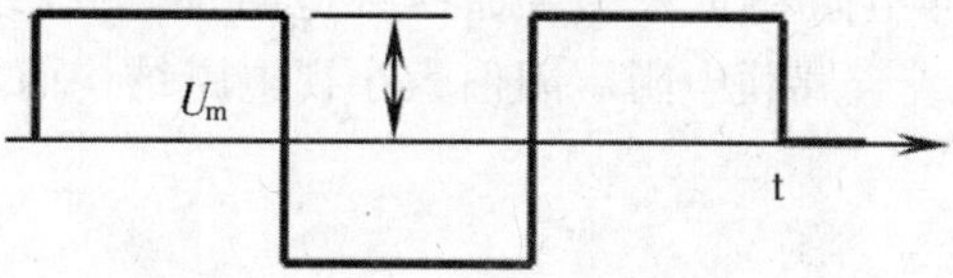	U_m	U_m
梯形波	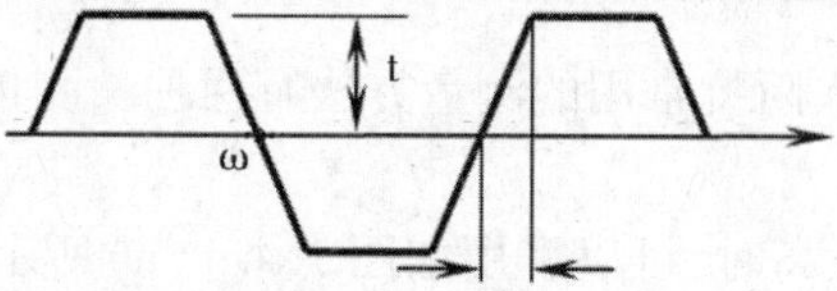	$\sqrt{1-\frac{4\varphi}{3\pi}}\cdot U_m$	$\left(1-\frac{\varphi}{\pi}\right)U_m$
矩形脉冲	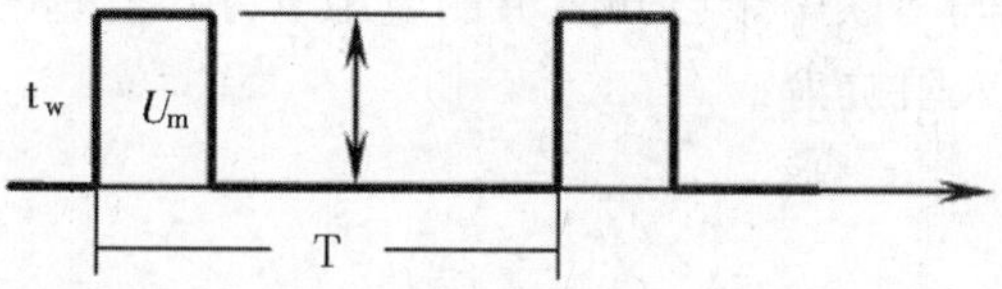	$\sqrt{\frac{t_W}{T}}\cdot U_m$	$\frac{t_W}{T}U_m$

用示波器测量信号电压很方便,但有误差,引起误差的主要原因是 y 轴衰减器的误差,荧光线上光迹线较粗,人眼对两光迹线的分辩能力有限以及视差等。误差一般为±5%左右。

用晶体管毫伏表测量正弦波电压时,测量的电压值为有效值。

1.4.2　电流的测量方法

电子技术中,电流测量需要注意被测量是直流信号、电网工频信号或者交流信号,对于不同的信号,测量方法有所不同,仪表选用也不同。

直流电流测量,测量方法即可直接测量,也可采用间接测量。直接测量是将电路断开,把直流电路表串联到被测支路中,由表直接读出结果。适用于测量小电流的情况。此法需要断开电路,既麻烦又容易造成损坏,因而使用受到限制,除非在要求精度的情况下或测量电源的供给电流时才采用。一般情况下,在工程测量中常采用间接测量法,特别是在测量几安培以上的电流时。

间接测量法是利用欧姆定律,通过测量电阻两端的电压换算出被测量电流。当被测支路内有一定电阻可利用时,可通过测量该电阻上的电压,求出电流。此电阻称为取样电阻,如放在电路中的发射极 R_e,可用于测量 I_{eq}。若被测支路无现成电阻可利用时,可以在支路中人为地串接一个取样电阻。当取样电阻串接到被测支路时,这将影响电路的工作状态,所以取值原则是其对被测电路的影响越小越好,一般在 1Ω 至 10Ω。

直流电路测量应选用直流电流表,在实验室常用模拟式或数字万用表的直流电流档,或专用的直流电流表。由于电流表的内阻较小,很容易由于量程不当,如用小量程档去测大电流,而烧坏表头或保险丝,所以使用中一定要特别当心。

交流电流的测量,在工作频率较高时,电路或元件受分布参数的影响,电流分布不均匀,无法直接用电流表来测量支路的电流。故而交流电流的测量,除50Hz市电外,一般都采用间接测量方法。由万用表组成原理知道,其交流电流档是专为测量50Hz市电设计的,频率范围较低(45~500Hz),对于50Hz市电。可以采用直接测量方法。

用间接测量交流电流时,同直流电流测量一样,需要加取样电阻。取样电阻的选取应注意:当工作频率大于20KHz时,取样电阻不宜采用普通线绕电阻,因为线绕电阻的分布电感,电容已不容忽略,可采用碳膜电阻或金属膜电阻。阻值大小视电路结构而定。

1.4.3 阻抗的测量方法

输入阻抗常用的测量方法。输入阻抗常用的测量方法有两种。测量时应根据输入阻抗的大小选用。

(1)当被测电路的输入阻抗不太高时,可以采用如图1.4.1(a)所示电路进行测量。在信号发生器与被测电路的输入端之间串联一个已知阻值的电阻 R,用毫伏表分别测量 A 点和 B 点的信号电压 U_s 和 U_i 的值,则输入阻抗为:

$$R_i = \frac{U_i}{U_s - U_i}R \tag{1.4.5}$$

注意:测量时,应尽量选 R 与 R_i 为同一数量级,若 R 过大则易引起干扰,若 R 过小将使测量误差增大。

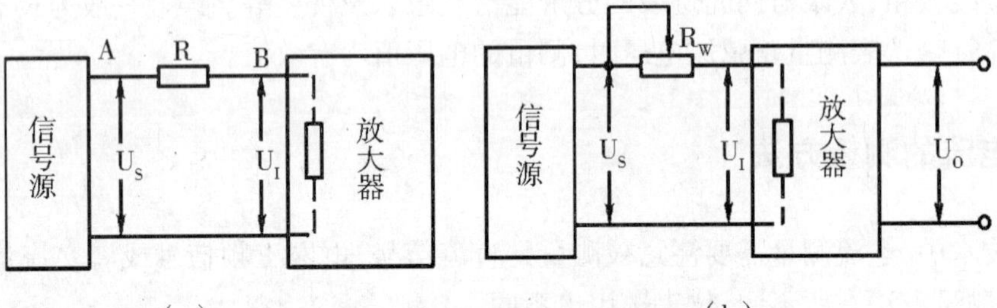

图1.4.1 测量输入阻抗电路图

(2)当被测电路的输入阻抗比较大时,应采用如图1.4.1(b)所示电路进行测量,由于毫伏表的内阻与被测电路的内阻 R_i 相当,所以不能用第一种方法测量。此时在信号发生器与被测电路的输入端之间串联一个与 R_i 同数量级的电位器 R_w。保持输入信号 U_s 不变,调节 R_w 使输出电压下降到未接 R_w 前的一半,即 $U'_o = U_o/2$,然后取出 R_w,测量其阻值,这个阻值就是放大器的输入电阻 R_i。

输出阻抗的测量方法,输出阻抗的测量方法有两种。一般情况下,电路输出阻抗不大,故以下两种方法都可采用,测量时可根据实验条件确定。

(1)测量框图如图1.4.2(a)所示。测量时保持被测电路的输入电压不变,在未接负载时,用毫伏表测量电路的输出电压 U_o,然后在被测电路的输出端并接一个与输出阻抗 R_o 的数量级相当的负载 R_L,如图1.4.2(b)所示,用毫伏表测量其输出电压 U_{oL},则输出阻抗为:

$$R_o = \left(\frac{U_o}{U_{oL}} - 1\right)R_L \tag{1.4.6}$$

(2)测量框图如图 1.4.2(c)所示。测量时保持被测电路的输入电压不变,在被测电路的输出端并联一个数量级与被测电路输出电阻 R_o 相当的电位器 R_w,调节 R_w 使被测电路的输出电压下降到未接 R_w 时的输出电压的一半,即 $U'_o = U_o/2$,取出 R_w,测量其阻值,这个阻值就是被测电路的输出阻抗 R_o。

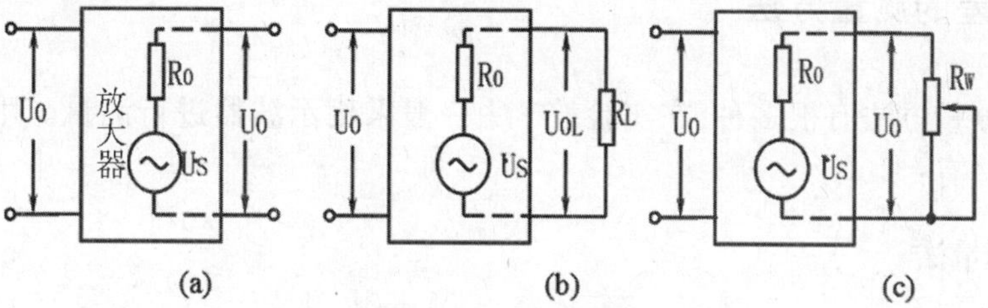

图 1.4.2　输出阻抗的测量方法

1.4.4　周期的测量方法

周期是指一个信号的重复时间间隔,可以用具有时间测量功能的示波器或数字频率计测量。在实验教学中,使用示波器可满足要求。下面介绍用示波器测量周期的方法。

将示波器 X 轴扫描速度"微调"旋钮置于"校准"位置。将待测信号从"Y 轴"即"CH1"输入;将 X 轴扫描速度转换开关(t/div 开关)置于适当位置,使波形幅度和显示的周期数易于读取。然后,在稳定的波形上选定可以代表周期的两点。例如,将 X 轴扫描速度转换开关打在 0.5ms/cm档,在示波器的荧光屏上显示一个完整周期的正弦波,其在 X 轴方向上长度为 4cm,如图 1.4.3 所示,则待测信号的期为:4cm ×0.5ms/cm = 2ms。

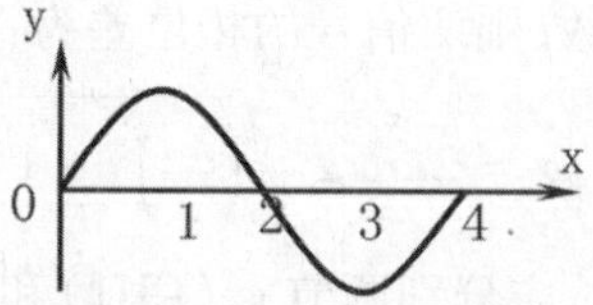

图 1.4.3　频率测量示例图

这种测量方法简便、直观,但测量精度较差。为了提高测量准确度,可用"多周期"法,即读出数个周期的时间间隔,然后再除以周期数即可。

1.4.5　频率的测量方法

频率是电信号中一个重要的参数。实验中常用示波法和计数法进行测量。

一、示波法

用示波器测出信号的周期,根据频率与周期的互倒关系 $f = 1/T$ 可计算出频率。

二、计数法

用数字频率计直接测量频率,既方便又准确,是目前广泛采用的一种方法。一般实验室使用的函数信号发生器兼有外测频率的功能。在实验时,不必另配频率计便可利用该功能测出电路的频率。

1.4.6 相位差的测量方法

相位差的测量方法有很多种,在实验教学中一般采用示波器进行测量。用示波器测量相位差的主要方法有:

一、双踪测量法

利用双踪示波器的特点,在屏幕上直接显示两个同频不同相的正弦信号波形,如图 1.4.4 所示。

从图上读出 ac(信号周期长度)和 ab(相位差长度)的长度用格数表示,则两信号的相位差为:

$$\varphi = \frac{ab}{ac} \times 360^o$$

该公式由 ac: 360° = ab: φ推导而得。

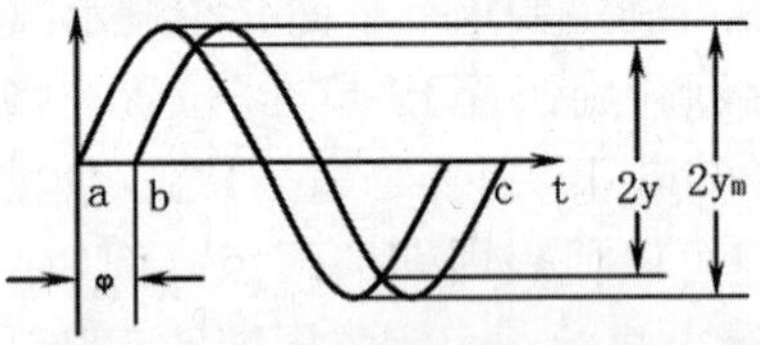

图 1.4.4 相位测量示例图

由图 1.4.4 读出 y 和 y_m的格数,则两信号的相位差为:

$$\varphi = 2arctg\sqrt{\left(\frac{y_m}{y}\right)^2 - 1}$$

注意,用此方法测量相位差时,应分别调节 y_A(CH1)和 y_B(CH2)两路的 v/div 开关和微调旋钮,使屏幕上显示的两个波形幅度相等。

二、椭圆截距法(x - y 测量法)

将两个同频待测信号分别输入到示波器的 X 轴(CH1)和 Y 轴(CH2),适当调节输入信号幅度或 X 轴(CH1)、Y 轴(CH2)灵敏度旋钮,使屏幕上显示的李沙育图约占屏幕有效面积的 1/3 左右,如图 1.4.5 所示。

两信号的相位差为:

$$\varphi = 2arctg\sqrt{\left(\frac{y_m}{y}\right)^2 - 1}$$

测量相位差时,为了减少误差,可按 $2y_m$、2y 计算。误差来源一是视差,二是 X 轴与 Y 轴通道本身相频特性存在差异。为了消除后一种误差来源,可将同一信号分两路输入 X 轴和 Y

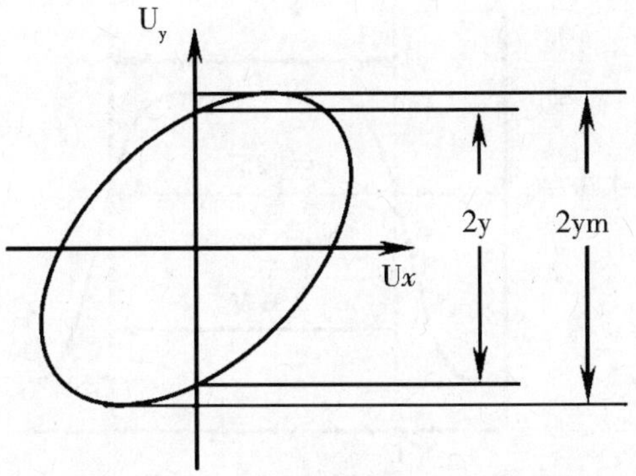

图 1.4.5　椭圆截距法测量示例图

轴,这时如果李沙育图形成 45°斜线,说明 X 轴通道与 Y 轴通道相频特性一致;如果李沙育图形成一个 X 轴截距很小的椭圆,则说明 X 轴通道与 Y 通道相频特性不一致,存在附加相移。这时可按上述计算方法,求出附加相位差φ′,实验时应在实验结果中减去附加相位差。

1.4.7　幅频特性与通频带的测量

一、幅频特性的测量

仪器设备或电路的幅频特性是指输入信号的幅度保持不变时,输出信号的幅度相对于频率的关系。在实验中测量幅频特性的一般方法是逐点法。其测试框图如图 1.4.6 所示。

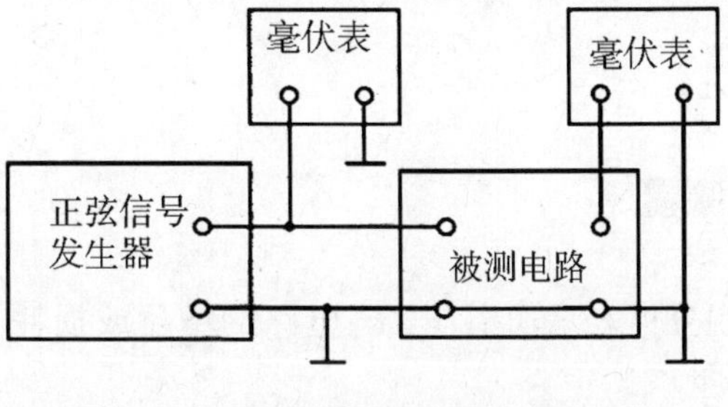

图 1.4.6　用逐点法测试幅频特性的框图

测量时用一个频率可调的正弦信号发生器,保持其输出电压的幅度恒定,将其信号作为被测设备或电路的输入信号。每改变一次信号发生器的频率,用毫伏表或双踪示波器测量被测设备或电路的输出电压值(在改变信号发生器的频率时,应保持信号发生器的输出电压幅度不变)。

测量时应根据对电路幅频特性测量的要求来选择频率点数的多少。测量后,将所测各点的测量值连接成曲线,就是被测仪器设备或电路的幅频特性。如图 1.4.7 所示。

二、通频带的测量

通频带是表征仪器设备或电路频率特性的一项技术指标。对不同的仪器设备或电路,其通频带是不同的。如在电声设备中,一般只需 20Hz 到 20kHz 的通频带。通频带又称为带宽,用符号 BW 表示。工程上规定,当放大倍数下降到中频区放大倍数的 0.707 倍时,相对应的低

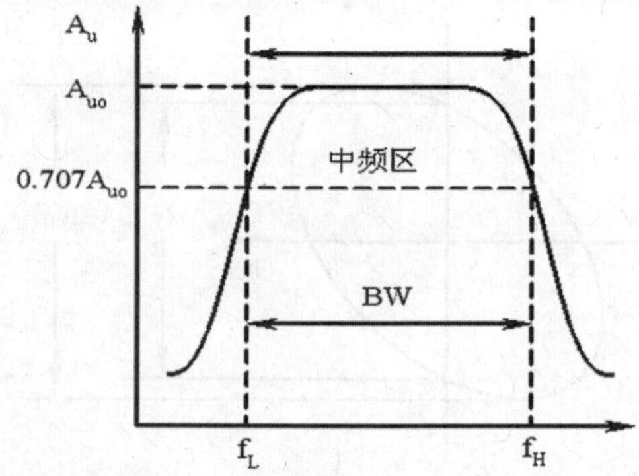

图 1.4.7　放大器的幅频特性

频频率和高频频率分别称为下限频率 f_L 和上限频率 f_H，则通频带 BW = $f_H - f_L$。因为一般有 $f_H \gg f_L$，所以 BW ≈ f_H。

通频带的大小可在被测仪器设备或电路的频率特性曲线上获得，如图 1.4.7 所示。也可用如下方法测量：

（1）按图 1.4.6 接线，保持输入信号电压幅度不变。

（2）调节输入信号频率，用毫伏表或示波器测出待测仪器设备或电路的最大输出电压值 U_{om}。

（3）调低输入信号频率，使待测仪器设备或电路的输出电压为最大值的 0.707 倍，测出此时的频率 f_L。

（4）调高输入信号频率，使待测仪器设备或电路的输出电压为最大值的 0.707 倍，测出此时的频率 f_H。

（5）通频带 $B_W = f_H - f_L$。

1.4.8　增益和损耗的测量

在电子电路中，通常用分贝表示功率、电压、电路的增益或损耗。下面介绍分贝的定义及线性电路增益和损耗的测量。

一、分贝的定义

分贝是电平的一种单位。若某电路的输入功率为 P_i，输出功率为 P_o，则其功率比值的对数关系称为电平。如功率比取常用对数，则电平的单位为贝尔。但贝尔这个单位太大，用起来不方便，因此通常取贝尔的十分之一为单位，称分贝，用符号 dB 表示。其计算公式为：

$$K_p = \lg \frac{p_o}{p_i}\text{（贝尔）} = 10\lg \frac{p_o}{p_i}\text{（分贝）}$$

若分贝值为正值，表明输出功率大于输入功率，网络有功率增益；若分贝值为负值，表明网络有损耗。

二、绝对电平与相对电平

由于电平是功率比的对数关系，因此根据选取电平的基准不同，又可分为绝对电平和相对电平。

以1毫瓦作为基准值的电平称为绝对电平。用公式表示为：

$$绝对电平 = 10\lg \frac{P}{1mW}(dB)$$

任意两个相关功率比的对数关系称为相对电平，它表示两个功率的相对大小。用公式表示为：

$$相对电平 = 10\lg \frac{p_o}{p_i}(dB)$$

显然两个功率的相对电平在数量上等于其绝对电平之差。

三、分贝的不同表示形式

因为 $P = I^2R = U^2/R$，所以用电压或电流比值取对数时应乘以20，即以下列形式表示：

$$K_P(dB) = 10\lg \frac{p_o}{p_i} = K_U(dB) = 20\lg \frac{U_o}{U_i} = K_I(dB) = 20\lg \frac{I_o}{I_i}$$

若以基准量 $U_i = 0.775V$ 作为零电压电平(0dB)，则任意电压(被测电压)U_0的电压电平定义为：

$$P_U[dB_U] = 20\lg \frac{U_o}{U_i} = 20\lg \frac{U_0(V)}{0.775}$$

四、增益和损耗的测量

线性电路的增益是用输出与输入功率(或电压、电流)的比值 P_o/P_i(或 V_o/V_i、I_o/I_i)表征的；损耗是用输入与输出功率(或电压、电流)的比值 P_i/P_o表征的。在测量线性电路的增益或损耗时，有时放大量或衰减量很大，例如，级联放大器的放大量是各级放大量的乘积。这种情况下用对数表征其大小比较合适，而且在级联时，对数的放大量是相加，而不是相乘，这样计算方便。通常用分贝(dB)作为增益或损耗的单位。以dB表示增益，定义为：

$$G = 10\lg \frac{P_0}{P_i}$$

以dB表示损耗，定义为：

$$L = 10\lg \frac{P_i}{P_o} = -10\lg \frac{P_0}{P_i}$$

其中，P_o为被测电路的输出功率，P_i为被测电路的输入功率。通常用分贝表测量被测电路输入和输出功率的分贝值，将两者相减后，得到被测电路的分贝增益(损耗)。这里应注意，分贝本来是与两功率比有关的值，现在要用它来直接表示输出或输入功率的绝对大小，这时必须指定一功率值 P_n作为参考，即规定功率 P_n为0dB，目前分贝表常将 $P_n = 1mW$ 作为0dB，这种以1mW作为参考的分贝记为dBm。

因为 $P = I^2R = U^2/R$，所以用电压或电流比值取对数时应乘以20才是分贝数，即：

$$分贝数 = 20\lg \frac{U_0}{U_i} = 20\lg \frac{I_0}{I_i}$$

若以基准量 $U_i = 0.775V$ 作为零电压电平(0dB)，则任意电压(被测电压)U_0的电压电平定义为：

$$P_U[dB_U] = 20\lg \frac{U_0}{U_i} = 20\lg \frac{U_0(V)}{0.775}$$

例如，测量得某系统的输出功率为30dB，输入功率为10dB，被测电路的分贝增益为G = 30dB - 10dB = 20dB。这时的输出功率（以 1mW 为 0dB 计）P_o = 1000mW，输入功率 P_i = 10mW，功率放大倍数为 $A_P = P_o/P_i = 100$。

分贝表实际是在交流电压表上进行分贝刻度制成的。在交流电压表上进行功率比（分贝）刻度，一般情况下是把600 Ω纯电阻负载上消耗1mW 的功率刻度为0dB，也就是将在纯电阻负载上产生的0.755V 有效值（即 $0.755^2/600 = 1$mW）刻度为0dB。

例如，负载为50 Ω，则需在测量读数上再加校正值 $10lg\frac{600}{50} \approx +10.8$dB；负载为500 Ω，则需在测量读数上加校正值 $10lg\frac{600}{500} \approx 0.792$dB。测量分贝（损耗）时，必须注意这些问题。这种测量方法精度可达0.1dB。

1.5　噪声干扰以及采取的措施

1.5.1　干扰的分类及原因

一、按干扰源产生部位分类

1. 内部干扰

(1)内部线路布局工艺不妥。通过导线、元器件的分布电容、分布电感、漏电阻等潜在耦合而形成的内部组件相互干扰。

(2)通过公共电源的内阻、接地回路公共阻抗等的耦合，造成级间反馈和干扰。

(3)元器件质量不好、虚焊、接插件的接触不良、金属件装置松动、屏蔽体接地不良、元器件的噪声等。虚焊引起的干扰表现为信号时通时断、时现时隐，较难寻找。

(4)电路动作时产生的脉冲干扰等。

2. 外部干扰

分为自然干扰和人为干扰。

(1)自然干扰是自然现象引起的，如天空闪电、雷击、地球辐射、宇宙辐射等。这些主要对通讯、广播、导航设备有较大影响，一般设备可不考虑。

(2)人为干扰主要是工业干扰，即各类电器设备所引起的电火花，如直流电机整流子碳刷电火花、接触器、断路器、开关等接电火花等，电器设备启停通过供电系统对电子设备的干扰，高频加热，脉冲点腐蚀、电火花加工、可控硅整流等电气设备所造成的电磁场干扰。

二、按干扰途径分类

1. 路的干扰

是通过电路渠道进行干扰。干扰源和被干扰对象间具有一条干扰途径，如电机电器等用电设备的启停，通过供电电路系统造成对这系统上的电子设备干扰。在内部电路可由某级单元电路的信号电流，通过公共电源内阻形成压降，也以“路”的形式干扰其他单元电路。元件之间、导线之间、结构之间以及相互存在分布电容，使电路受到影响称为电容性耦合干扰。电路电流产生的磁通在另一回路中感应出电压，由此产生的影响，称为电感性耦合干扰。

2. 场的干扰

是通过电场、磁场或电磁场的形式进行干扰。它可分为静场（电磁）和动场（电磁）干扰，如接触器通断产生的接点电弧、强烈的电磁场（如电火花引起）干扰源、强电流产生的磁场在电子闭合回路所感应电势。当电磁场干扰源与接收电路距离远大于 $\lambda/2\pi$ 时，电场与磁场同时起作用，以电磁辐射为主产生干扰，这种场称为远场。当距离远小于 $\lambda/2\pi$ 时，称为近场。近场以磁场为主。电场干扰为电容性耦合，磁场干扰为电感性耦合。

此外，按干扰在电路输入端的作用方式可分为常态干扰和共态干扰。干扰与有用信号串接的形式称为常态干扰（又称串模或横向干扰）。干扰出现的检测点与控制体之间称为共态干扰（又称共模或纵向干扰）。

常态干扰可能是信号源本身产生的，也可能是引线上感应产生，串接于输入回路，影响较大。共态干扰主要来源于50Hz交流电源的接地系统在大地上的电位分布，以及某些电气设备通过接地系统的电流形成。

1.5.2　干扰的抑制

从上可知，在电子设备中有干扰信号必然有干扰源，通过耦合电路被电子设备所接收。其耦合途径有传导耦合，电子电路公用阻抗耦合和辐射电场、磁场或电磁场耦合等。

为了抑制干扰，必须寻找干扰源、干扰性质和干扰途径，才能有效地排除干扰。

一、抑除干扰的原则

(1) 消除干扰源：如用隔离变压器作专线供电，对有火花触点开关采用消弧措施，如触点并电容，或采用无触点开关。

(2) 破坏干扰途径：如对场干扰采取屏蔽措施，磁场干扰采用磁屏蔽。

(3) 区分有用信号和干扰信号，给干扰信号以出路，如采用退耦、滤波、选频等。

二、抑制干扰的具体措施

1. 屏蔽

屏蔽原理是利用金属板、金属网、金属盒等金属体，把电磁场限制在一定空间或把电磁场强度削弱到一定数量级。如抑制低频磁场时，选用高导磁率的材料（硅钢、坡莫合金、铁板等）作屏蔽体；对高频电磁场干扰用良导体（铜、铝、镀银铜板）作屏蔽体；对电场干扰，用导体屏蔽。对单纯的磁屏蔽，屏蔽体不必接地，而对电场或辐射场，屏蔽体必须接地。这是由于磁屏蔽的作用使干扰磁场形成一个低磁阻的通路，而电场屏蔽使所产生的干扰电流直接经屏蔽罩入地，不经过放大器的输入电阻。有时为了取得较好的屏蔽效果，可采用多层屏蔽。

电网电源中的干扰一般会通过变压器初次级绕组之间分布电容耦合到次级整流后的直流电源中，对电子电路产生影响。这可采用1:1的有隔离层的隔离变压器，或选用原边、副边分别加屏蔽层且安装在两个铁芯柱上的 C 型铁芯的变压器。通常初、次级分别屏蔽的变压器中,耦合电容约为几 PF 以下;而特制的全屏蔽的变压器,初、次级绕组间电容约为 10^{-7}PF 数量级。隔离变压器的屏蔽层一般用铜箔、锡箔和铝箔绕制,且不绕制一周,留有缺口,以免形成涡流。各屏蔽层要求接地或接零,要求初级绕组的屏蔽层接电网电源的零线,次级绕组和初、次级绕组之间屏蔽层均接放大器的公共接地端。隔离变压器的屏蔽层对正常信号的磁耦合并无影响。

2. **去耦**

去耦的作用是给予在电源电路上形成的干扰信号一定出路,使其不影响各级放大器。

去耦又称为退耦,就是消除寄生耦合。寄生耦合是经公共阻抗(互阻抗)而产生的。例如,由于公共电源内阻 r_o的存在而产生的寄生耦合,可用图 1.5.1 加以说明。

在图 1.5.1 中,第 n 级的强信号电流 I_n在电源内阻 r_o上将产生较大的信号压降,使稳压源输出产生一定程度的波动。这个波动的电源又给弱信号级供电,因而产生了寄生耦合。同理,I_1在 r_o上也会产生压降,把要放大传输的信号,通过 r_o直接耦合到第 n 级,但因较弱,影响不大。

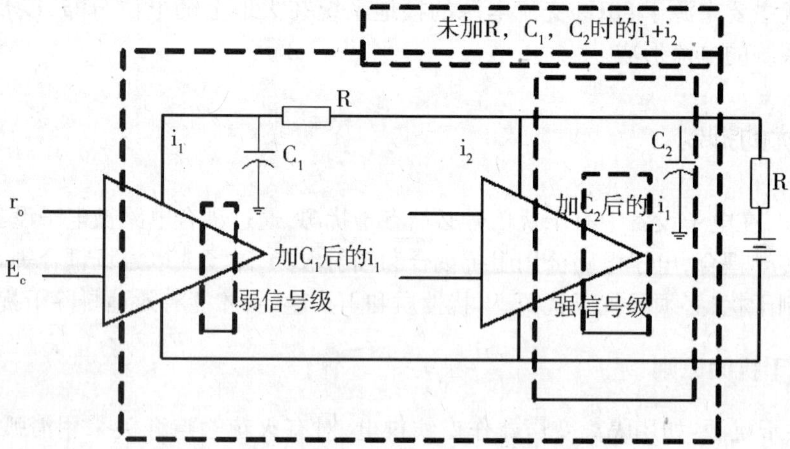

图 1.5.1　产生寄生耦合的示意图

寄生耦合普遍地存在于各类电子电路中,影响较轻者可使传输的信号质量变坏,严重者将导致自激,破坏电路的放大作用或逻辑功能。

消除寄生耦合的有效措施是加 RC(或 LC)去耦电路,如图 1.5.1 中以虚线所示的 RC_1电路。

如果在电源两端再并上一个大容量电容器效果会更好。下面介绍退耦电容的选用问题。

假如在直流馈电线上要滤除频率范围很宽的干扰信号,可将几种不同容量电容器并联起来使用,要滤除低频干扰可用大容量的电解电容器。但因其自身的电容较大而不适合滤除高频干扰;滤除高频干扰可用小容量电容器,但它又不适合滤除低频干扰。若将它们并联使用,则能同时滤除低频和高频。这种情况在实际电路中是常见的。

显然,去耦电路的作用是使各级交流信号在本级附近形成回路,从交流的意义上讲,把各级互相隔离起来(除正常信号耦合外)。在实施去耦措施时,尤其要注意把强信号级(如末级)和弱信号级(如输入级)隔离起来。

一个有经验的实验人员,实验开始应首先检查直流电源是否纯净。因为即使不存在电路内部的寄生耦合,而直流电源本身有时也会存在故障(常见的是纹波过大),一些外界干扰有时也会由交流电源串入直流电源。发现问题要采取相应的措施加以消除。如果在直流电源不纯净的情况下进行实验,效果不会好,甚至无法继续进行实验。

3. 接地与共地

电子仪器"接地"与"共地"是抑制干扰,确保人身和设备安全的重要技术措施。在电子电路中,元器件及各部分电路接地的合理与否对电路性能影响很大。实验仪器和装置"共地"如图 1.5.2 所示。

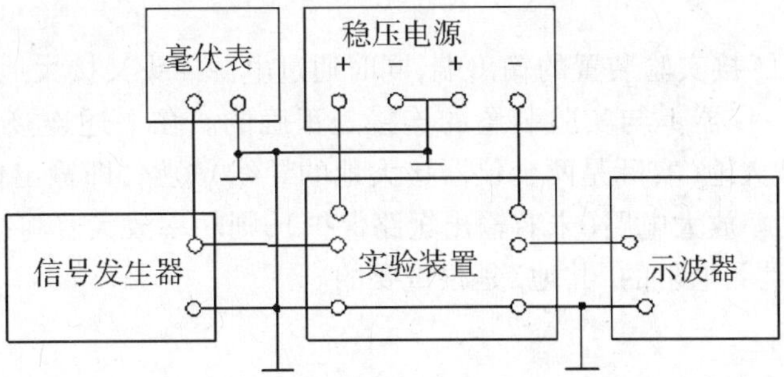

图 1.5.2　实验仪器和装置"共地"示意图

(1)接地问题

所谓"地"可以是指大地,电子仪器往往是以地球的电位作为基准,即以大地作为零电位,在电路图中以符号"⊥"表示。"地"也可以是以电路系统中某一点电位为基准,即设该点为相对零电位,如电子电路中往往以设备的金属底座、机壳或公共导线作为零电位,即"地"电位,在电路图中以符号"⊥"表示。这种"地"电位不一定与大地等电位,它是人为设定的相对零电位点。

电子电路接地的主要目的,一是使电子仪器中的所有单元电路都有一个基准零电位,这是保证电路正常稳定工作不可缺少的条件之一;二是对带有接地屏蔽体的电路来讲,防止外界电磁场干扰电路工作,同时也能防止电路内部产生的电磁场外泄;三是许多电子仪器的金属底座、机壳及外露件为了屏蔽等需要,通常与电路中的地线是相连的。

在采用交流工频电源供电的情况下,若电路中的地线与大地相通,就可避免因绝缘不良或雷击等因素而造成触电事故或元器件损坏。特别是对外壳或内电路需经常与人体相接触的电子仪器来讲,是非常重要的,但对不用交流市电或外壳及外露机件绝缘良好的电子仪器来说,电路地线就不必与大地相连。

(2)共地问题

"共地",就是将各台电子仪器及被测装置的地端,按照信号输入、输出的顺序可靠地连接在一起(要求接线电阻和接触电阻越小越好)。如图 1.5.3 所示。

在电子测量中,由于被测电路工作频率高、线路阻抗大和功率低(或信号弱),所以抗干扰能力差。为了排除干扰提高测量精度,所以大多数电子测量仪器是单端输入(输出)方式,即仪器的两个输入端中,总有一个与相对零电位点(如机壳)相连。两个测试输入端一般不能互换测量点,称为"不平衡输入"式仪器。测试系统中这种"不平衡输入"式仪器,它们的接地端"⊥"必须相连在一起,否则,将引入外界干扰,导致测量误差过大。特别是当各测试仪器的外

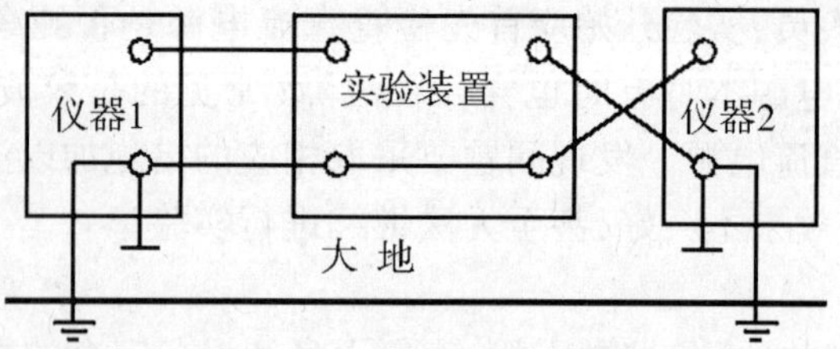

图 1.5.3 仪器未“共地”U_0被短路的示意图

壳通过电源插头接大地时,若未“共地”,会造成被测信号短路或毁坏被测电路元、器件。如图 1.5.3 所示。

图中仪器 2 的“⊥”接实验装置的输出端,同时通过电源插头又接大地,而其测量输入端反而接实验装置的“⊥”;仪器 1 与实验装置的连接是正确的。在上述连接情况下,实验装置的“输出端”与其“⊥”被大地(实际是两台仪器接大地的导线)短路,即输出信号电压 U_0被短路。倘若实验装置是个功率放大电路(未有输出短路保护),则功率放大管将被烧毁。可见在电子测量中,电子仪器与被测电阻的“共地”是很重要的。

第二章　模拟电路基础型实验

实验一　常用电子仪器的使用

一、实验目的

(1)掌握双踪示波器的基本操作方法;掌握电信号基本参数(电压、频率、周期)的测量方法。

(2)掌握函数信号发生器和晶体管毫伏表的正确使用方法。

(3)掌握直流稳压电源、交流毫伏表、数字万用表的正确使用方法。

(4)培养阅读仪器说明书的能力、仪器操作能力和观察能力。

(5)测试二极管的简单电路,掌握二极管的外特性,初步掌握用双踪示波器观察正弦信号波形和读取波形参数的方法。

二、实验原理

1. 常用仪器仪表

(1)示波器

示波器是一种用途广泛的电子测量仪器,它可直观地显示随时间变化的电信号图形。如电压(或转换成电压的电流)波形,并可测量电压的幅度、频率、相位等。示波器的特点是直观,灵敏度高,对被测电路的工作状态影响小。

(2)函数信号发生器

函数信号发生器是常用的电子仪器,用来产生各种波形(正弦波、方波、锯齿波、三角波等)。函数信号发生器的频率和输出幅度,一般可以通过开关和旋钮加以调节。通过使用输出衰减开关和输出幅度调节旋钮,可使输出电压在毫伏级到伏级范围内连续调节。函数信号发生器的输出信号频率可以通过频率分档开关进行调节。

(3)晶体管毫伏表

晶体管毫伏表是一种常用的电子测量仪器。主要用来测量正弦交流电压的有效值。正弦电压有效值和峰值的关系是:

$$U_{峰值} = \sqrt{2}U_{有效值}$$

晶体毫伏表只能在其工作频率范围之内,用来测量正弦交流电压的有效值。为了防止过载而损坏，测量前一般先把量程开关置于量程较大位置上，然后在测量中逐档减小量程。

当测量非正弦交流电压时，晶体管毫伏表读数没有直接的意义。晶体管毫伏表不能用来测量直流电压。

(4)直流稳压电源

它是为被测实验电路提供能源，通常是电压输出，如 5 ~ 6V，± 12V 或 ± 15V，交流双 ~ 15V 或单 ~ 9V 等。

2. 实验电路

如图 2.1.1 所示。

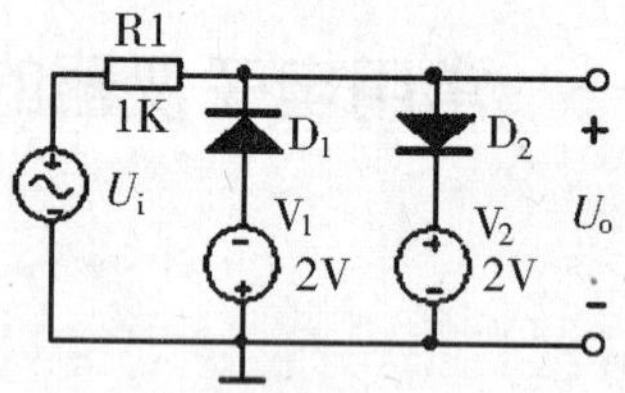

图 2.1.1　实验电路

三、实验设备

见表 2.1.1。

表 2.1.1　实验设备

名　称	型号或规格	数　量
示波器	美创 V－252	1
直流稳压电源	WD－5	1
函数信号发生器	SM－1641	1
晶体管毫伏表	EM2171	2
万用表	YX－960TR 或其他型号	1
模电实验箱		1

四、实验内容及步骤

(1)用万用表的欧姆档(R × 1k 或 R × 100k)检查二极管的好坏，并判断二极管的正负极性，将有关数据填入表 2.1.2 中。

表 2.1.2　二极管参数

二极管型号	正向电阻值	反向电阻值	是否正常

(2)选用合适的量程档测量电阻的阻值，将有关数据填入表 2.1.3 中。

表 2.1.3　电阻参数

标准电阻值	实际测量电阻值	标准电阻值	实际测量电阻值

(3)将万用表换到直流电压档,调节实验箱的直流稳压电源的两组输出,用万用表的直流电压档读数,使之同时输出两组2V的电压源。

(4)函数信号发生器和晶体管毫伏表的使用。

1)图2.1.2是用晶体管毫伏表直接测量信号发生器输出电压的连接图。在测量前,晶体管毫伏表量程应选择最大量程,以避免表头过载而打弯指针。测量时,根据所测信号大小选择合适的量程。为了减小误差,要求晶体管毫伏表指针位于满刻度的1/3以上。当晶体管毫伏表接入被测信号电压时,一般应先接地线再接信号。

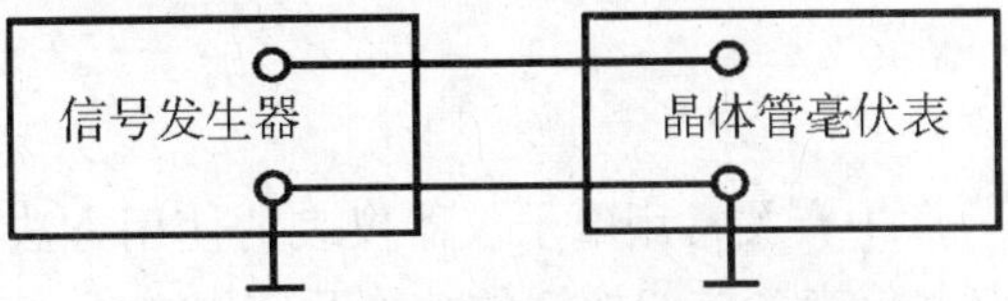

图 2.1.2　用毫伏表测量电压的连接图

2)信号发生器"波形输出选择"选择正弦信号,"频率范围选择"选择1kHz,其他旋钮处于常规状态,调节"频率调整旋钮",使"计频器"显示频率为1KHz。调节"信号输出旋钮",使晶体管毫伏表测量的输出电压有效值为1V,作为实验电路的输入信号 U_i。将有关数据填入表2.1.4中。

表 2.1.4　函数信号发生器的输出

输出信号频率	输出信号有效值	输出信号频率	输出信号有效值

(5)在实验箱上安装实验电路,如图2.1.1所示。

(6)示波器的使用。

将信号发生器输出的频率为1KHz、电压有效值为1V的正弦信号,接到图2.1.1所示的实验电路中。并将示波器的两个输入通道分别接到实验电路的输入端和输出端,用示波器观察其波形并测量 U_i 和 U_o 电压峰值和有效值。改变 U_i,使 $U_i=3V$,$f=2kHz$,将信号发生器和晶体管毫伏表的有关数据填入表2.1.4中。重复上述实验步骤6。

将观察的波形和测量结果记录于表2.1.5中。

表 2.1.5　示波器的读数

电压有效值(V)	电压峰值 U_m(V)	示波器 V/div 所在档位	峰-峰波形高度(格)	峰-峰电压 U_{P-P}(V)	观察的波形(定性)
1					
3					

五、实验报告要求

(1)总结示波器、信号发生器、晶体管毫伏表的正确使用方法。

(2)阐述万用表测试二极管的简单步骤和方法。

(3)整理实验报告,并进行分析和讨论。

(4)回答以下的思考题:

1)若要使信号发生器的输出电压有效值为20mV,应如何调节?这时的电压峰值是多少?

2)是否可用万用表的交流电压档测量交流信号?

3)是否可用晶体管毫伏表测量直流信号?

4)如何用示波器测量信号频率?

六、预习要求

(1)仔细阅读本书第一章中有关常用电子仪器仪表的使用方法,了解并掌握示波器、信号发生器、晶体管毫伏表等仪器仪表各旋钮按键的功能及使用方法。

(2)按实验内容要求画好记录波形及数据的坐标和表格。

实验二　晶体管共射极单管放大器

一、实验目的

(1)通过本实验学会放大器静态工作点的调试方法,分析静态工作点对放大器性能的影响。

(2)掌握放大器电压放大倍数、输入电阻、输出电阻及最大不失真输出电压的测试方法。

二、实验原理

共发射极放大器是晶体管放大电路中常用的一种基本电路,它能把频率为几十赫兹到几百千赫兹的信号进行不失真放大。

1. 共发射极放大器的组成及电路中各元件的作用

图2.2.1为电阻分压式工作点稳定单管放大器实验电路图。图中3DG6是NPN型晶体管,起放大作用,是整个电路的核心。V_{CC}是直流稳压电源,它为发射极提供正向偏置电压,为集电极提供反向偏置电压,同时也是信号放大的能源。R_{b1}、R_{b2}及R_e组成直流偏置电路,它们和电源V_{CC}一起为晶体管提供稳定的静态工作点,以保证晶体管能够不失真的放大信号。R_c为集电极负载电阻,它的作用是将放大的集电极电流转化为信号电压输出,使放大电路具有电压放大的功能。R_L为外接负载电阻。电容C_1、C_2的作用是“隔离直流,传送交流”,对直流来

说，由于容抗无限大，此时电容相当于开路，因此，直流电源提供的电压不会加到信号源和负载上；对于交流信号，由于容抗很小，可近似看作短路，因此电容能够使输入与输出的交流信号顺利通过。旁路电容 C_e 用来消除 R_e 对放大倍数的影响。

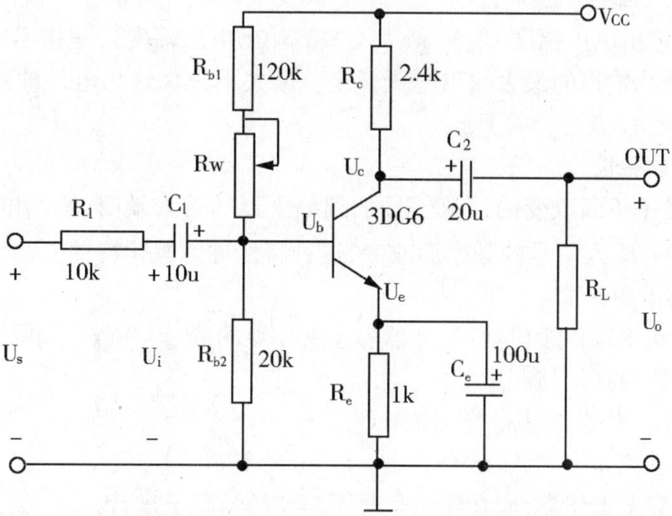

图 2.2.1　共射极单管放大器实验电路

2. 共发射极放大器的直流与交流参数

(1)共发射极放大器的直流参数

共发射极放大器的直流参数主要有 I_{BQ}、I_{CQ} 及 U_{CEQ}、U_{BEQ}。这些直流参数的关系式如下：

$$\begin{cases} U_{EQ} = U_{BQ} - U_{BEQ} \approx V_{CC}R_{b2}/(R_{b1} + R_{b2}) - U_{BEQ} \\ I_{CQ} = \beta I_{BQ} = U_{EQ}/\mathrm{Re} \\ U_{CEQ} = V_{CC} - I_{CQ}R_C - U_{EQ} \approx V_{CC} - I_{CQ}R_C - U_{BQ} \end{cases} \tag{2.2.1}$$

(2)共发射极放大器的交流参数

将已知的 V_{CC}、R_{b1}、R_{b2}、R_c、R_e 及β值代入(2.2.1)，即可算出 I_{BQ}、I_{CQ} 及 U_{CEQ} 三个直流参数。

共发射极放大器的交流参数主要有电压放大倍数 A_u、输入电阻 R_i 与输出电阻 R_o、最大输出电压幅度 U_{om} 等。

1)电压放大倍数 A_V

$$A_V = \frac{U_O}{U_i} = -\beta\frac{R_L'}{r_{be}} \tag{2.2.2}$$

式中负号表示输出电压与输入电压的相位是相反的。其中 $R'_L = R_c // R_L$，r_{be} 称为晶体管的动态输入电阻。

$$r_{be} \approx 300(\Omega) + \beta\frac{26(\mathrm{mA})}{\mathrm{Ic(mA)}} \tag{2.2.3}$$

2) 输入电阻 R_i 与输出电阻 R_o

① 输入电阻 R_i：从放大器输入端往放大器看进去所呈现的交流等效电阻叫做放大器的输入电阻。

$$R_i = \frac{U_i}{I_i} \approx r_{be} \tag{2.2.4}$$

② 输出电阻 R_o：从放大器输出端往放大器看进去所呈现的交流等效电阻叫做放大器的输出电阻。

$$R_o \approx R_c \tag{2.2.5}$$

3）最大输出电压幅度 U_{omax}

放大器的最大输出电压幅度 U_{omax}（最大不失真输出电压幅度），是指不出现饱和失真和截止失真时，放大器所能输出的最大输出电压幅度。最大不失真输出电压的峰－峰值称为输出动态范围，用 U_{op-p} 表示，$U_{op-p}=2U_{omax}$。

3. 放大器的幅频特性

当幅度不变，频率不断改变的正弦信号加到放大器的输入端时，输出电压 U_o 的大小或电压放大倍数 A_u 会随着输入信号的频率而改变，这种特性称为幅频特性。

4. 放大器的测量和调试

放大器的测量和调试一般包括：放大器静态工作点的测量与调试，消除干扰与自激振荡及放大器各项动态参数的测量与调试等。

（1）放大器静态工作点的测量与调试

1）静态工作点的测量

测量放大器的静态工作点，应在输入信号 $U_i=0$ 的情况下进行，即将放大器输入端与地端短接，然后选用量程合适的直流毫安表和直流电压表，分别测量晶体管的集电极电流 I_C 以及各电极对地的电位 U_B、U_C 和 U_E。一般实验中，为了避免断开集电极，所以采用测量电压 U_E 或 U_C，然后算出 I_C 的方法。例如，只要测出 U_E，即可用 $I_C \approx I_E = \dfrac{U_E}{R_E}$ 算出 I_C（也可根据 $I_C = \dfrac{V_{CC}-U_C}{R_C}$，由 U_C 确定 I_C）同时也能算出 $U_{BE}=U_B-U_E$，$U_{CE}=U_C-U_E$。

为了减小误差，提高测量精度，应选用内阻较高的直流电压表。

2）静态工作点的调试

放大器静态工作点的调试是指对管子集电极电流 I_C（或 U_{CE}）的调整与测试。

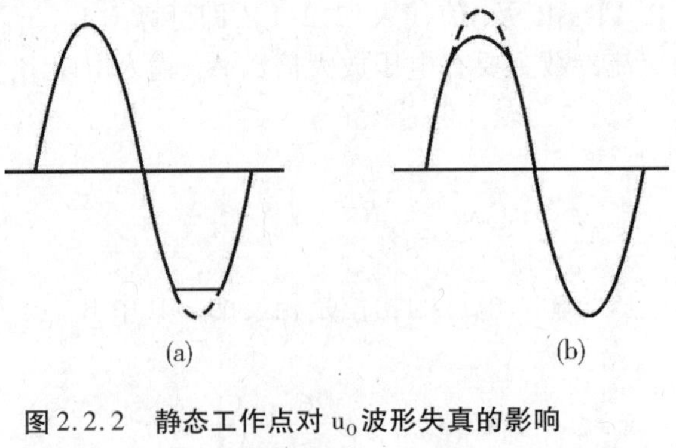

图 2.2.2　静态工作点对 u_O 波形失真的影响

静态工作点是否合适，对放大器的性能和输出波形都有很大影响。如工作点偏高，放大器在加入交流信号以后易产生饱和失真，此时 U_O 的负半周将被削底，如图 2.2.2（a）所示。如工作点偏低则易产生截止失真，即 U_O 的正半周被缩顶（一般截止失真不如饱和失真明显），如图 2.2.2（b）所示。这些情况都不符合不失真放大的要求。所以在选定工作点以后还必须进行动态调试，即在放大器的输入端加入一定的输入电压 U_i，检查输出电压 U_O 的大小和波形是否满足要求。如不满足，则应调节静态工作点的位置。

改变电路参数 V_{CC}、R_c、R_b(R_{b1}、R_{b2})都会引起静态工作点的变化，如图 2.2.3 所示。但通常多采用调节偏置电阻 R_{b2}的方法来改变静态工作点，如增大 R_{b2}，则可使静态工作点提高等。

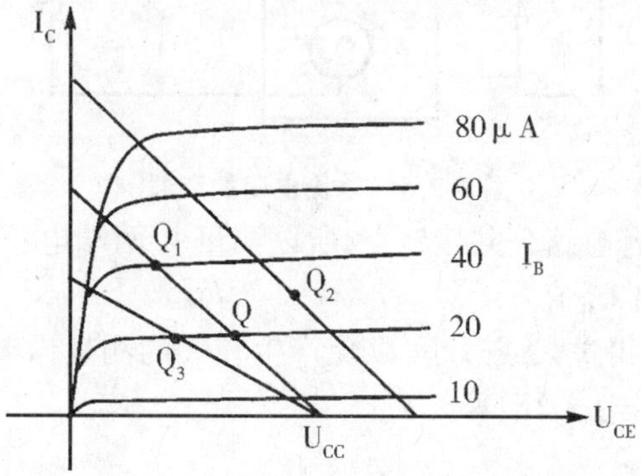

图 2.2.3　电路参数对静态工作点的影响

最后还要说明的是，上面所说的工作点"偏高"或"偏低"不是绝对的，应该是相对信号的幅度而言，如输入信号幅度很小，即使工作点较高或较低也不一定会出现失真。所以确切地说，产生波形失真是信号幅度与静态工作点设置配合不当所致。如需满足较大信号幅度的要求，静态工作点最好尽量靠近交流负载线的中点。

(2)放大器动态指标测试

放大器动态指标包括电压放大倍数、输入电阻、输出电阻、最大不失真输出电压(动态范围)和通频带等。

1)电压放大倍数 A_v的测量

调整放大器到合适的静态工作点，然后加入输入电压 U_i，在输出电压 U_0不失真的情况下，用交流毫伏表测出 U_i和 U_o的有效值 U_i和 U_0，则 $A_V = \frac{U_0}{U_i}$。

2)输入电阻 R_i的测量

为了测量放大器的输入电阻，按图 2.2.4 电路在被测放大器的输入端与信号源之间串入一已知电阻 R，在放大器正常工作的情况下，用交流毫伏表测出 U_s和 U_i，则根据输入电阻的定义可得：

$$R_i = \frac{U_i}{I_i} = \frac{U_i}{\frac{U_R}{R}} = \frac{U_i}{U_S - U_i}R$$

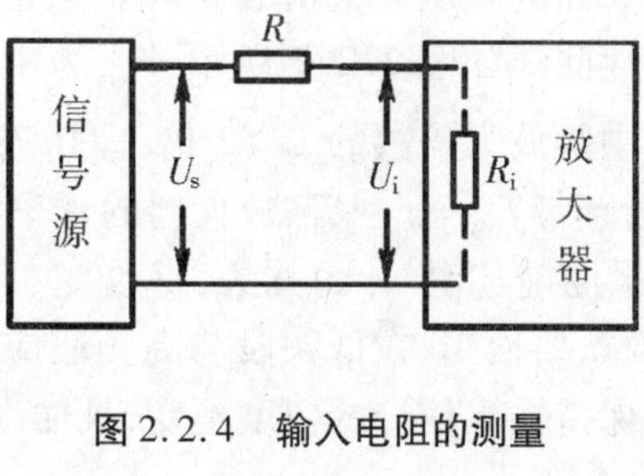

图 2.2.4　输入电阻的测量

但测量时应注意下列几点：

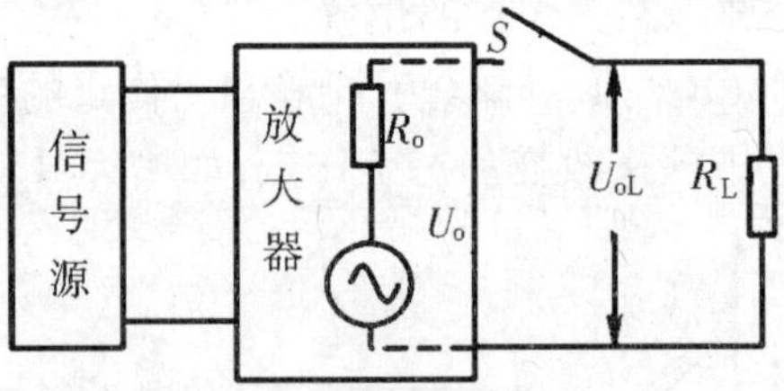

图 2.2.5　输出电阻的测量

①由于电阻 R 两端没有电路公共接地点，所以测量 R 两端电压 U_R时必须分别测出 U_s和 U_i，然后按 $U_R = U_s - U_i$求出 U_R值。

② 电阻 R 的值不宜取得过大或过小，以免产生较大的测量误差。通常取 R 与 R_i为同一数量级为好，本实验可取 R = 1 ~ 2KΩ。

3）输出电阻 R_0的测量

按图 2.2.5 电路，在放大器正常工作条件下，测出输出端不接负载 R_L的输出电压 U_O和接入负载后的输出电压 U_L，根据 $U_L = \frac{R_L}{R_O + R_L} U_O$，即可求出：$R_O = (\frac{U_O}{U_L} - 1) R_L$。

在测试中应注意，必须保持 R_L接入前后输入信号的大小不变。

4）最大不失真输出电压 U_{OP-P}的测量（最大动态范围）

如上所述，为了得到最大动态范围，应将静态工作点调在交流负载线的中点。为此在放大器正常工作情况下，逐步增大输入信号的幅度，并同时调节 R_w（改变静态工作点），用示波器观察 U_O，当输出波形同时出现削底和缩顶现象（如图 2.2.6）时，说明静态工作点已调在交流负载线的中点。然后反复调整输入信号，使波形输出幅度最大，且无明显失真时，用交流毫伏表测出 U_O（有效值），则动态范围等于 $2\sqrt{2}U_0$ 或用示波器直接读出 U_{OP-P}来。

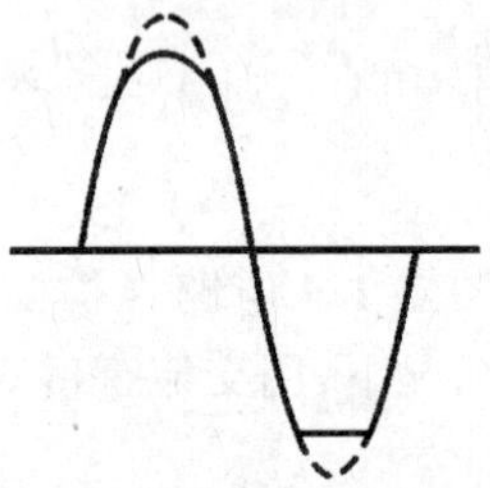

图 2.2.6　静态工作点正常，输入信号太大引起的失真

5）放大器幅频特性的测量

放大器的幅频特性是指放大器的电压放大倍数 A_u与输入信号频率 f 之间的关系曲线。单管阻容耦合放大电路的幅频特性曲线如图 2.2.7 所示，A_{um}为中频电压放大倍数，通常规定电压放大倍数随频率变化下降到中频放大倍数的 $1/\sqrt{2}$ 倍，即 $0.707Aum$ 所对应的频率分别称为下限频率 f_L和上限频率 f_H，则通频带 $f_{BW} = f_H - f_L$，放大器的幅率特性就是测量不同频率信号时的电压放大倍数 A_u。为此，可采用前述测 A_u的方法，每改变一个信号频率，测量其相应的电压放大倍数，但测量时应注意取点要恰当，在低频段与高频段应多测几点，在中频段可以少测几点。此外，在改变频率时，要保持输入信号的幅度不变，且输出波形不得失真。

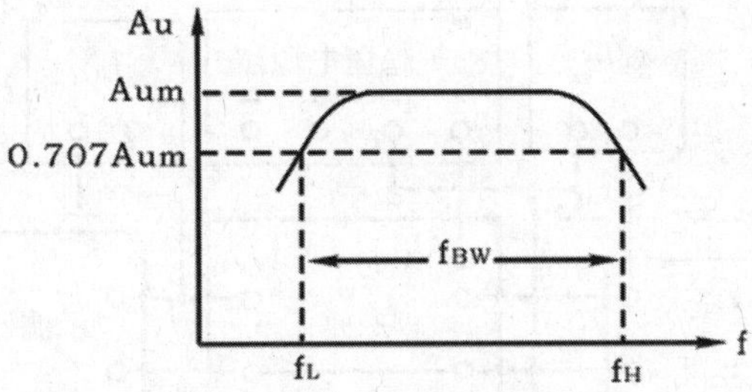

图 2.2.7　幅频特性曲线

三、实验设备

见表 2.2.1。

表 2.2.1　实验设备

名　称	型号或规格	数　量
示波器	美创 V-252	1
直流稳压电源	WD-5	1
函数信号发生器	SM-1641	1
晶体管毫伏表	EM2171	2
万用表	YX-960TR 或其他型号	1
模电实验箱		1

四、实验内容及步骤

按照图 2.2.8 所示框图连接各电子仪器。为防止干扰，各仪器的公共端必须连在一起，同时信号源、交流毫伏表和示波器的引线应采用专用电缆线或屏蔽线。如使用屏蔽线，则屏蔽线的外包金属网应接在公共接地端上。

1. 调试静态工作点

接通直流电源前，先将 R_w 调至最大，函数信号发生器输出旋钮旋至零。接通 +12V 电源、调节 R_w，使 $I_C=2.0mA$（即 $U_E=2.0V$），用直流电压表测量 U_B、U_E、U_C 及用万用电表测量 R_{B1} 值 $R_{B1}=R_{b1}+R_W$，记入表 2.2.2。

表 2.2.2　静态工作点测量　$I_C=2mA$

测量值				计算值		
U_B(V)	U_E(V)	U_C(V)	R_{B1}(KΩ)	U_{BE}(V)	U_{CE}(V)	I_C(mA)

2. 测量电压放大倍数

调节函数信号发生器，在放大器输入端加入频率为 1KHz，$U_i=10mV$ 的正弦信号 U_s，同时用示波器观察放大器输出电压 U_O 波形，在波形不失真的条件下用交流毫伏表测量下述三种情

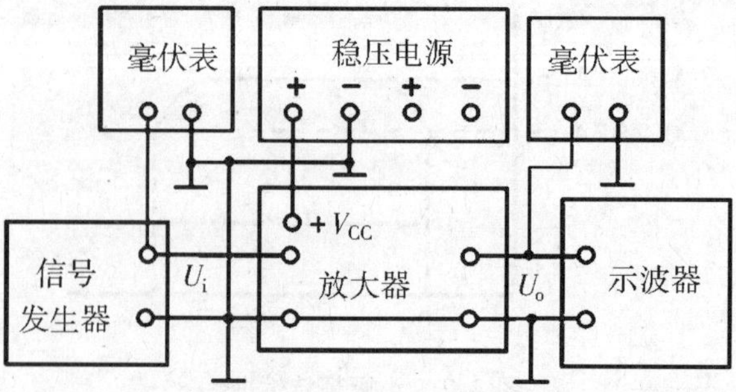

图 2.2.8 **各设备连接框图**

况下的 U_O 值，并用双踪示波器观察 U_O 和 U_i 的相位关系，记入表 2.2.3。

表 2.2.3 电压放大倍数测量 I = 2.0mA U_i = 10mV

R_C(KΩ)	R_L(KΩ)	U_o(V)	A_v	观察记录一组 U_O 和 U_I 波形
2.4	∞			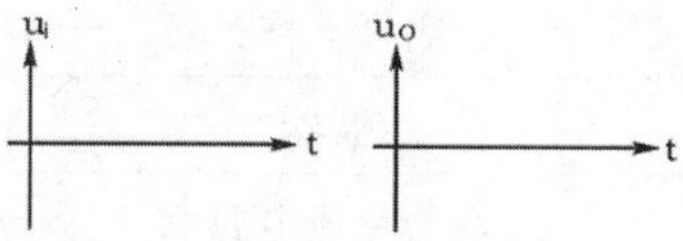
1.2	∞			
2.4	2.4			

3. **观察静态工作点对电压放大倍数的影响**

置 R_c = 2.4KΩ, R_L = ∞, U_i 适量，调节 R_w，用示波器监视输出电压波形，在 U_O 不失真的条件下，测量数组 I_C 和 U_O 值，记入表 2.2.4。

表 2.2.4 Q 点对 A_V 的影响 R_c = 2.4KΩ R_L = ∞ U_i = 10mV

I_C(mA)			2.0		
U_O(V)					
A_v					

测量 I_C 时，要先将信号源输出旋钮旋至零（即使 U_i = 0）。

4. **观察静态工作点对输出波形失真的影响**

置 R_c = 2.4KΩ, R_L = 2.4KΩ, U_i = 0，调节 R_w 使 I_C = 2.0mA，测出 U_{CE} 值，再逐步加大输入信号，使输出电压 U_0 足够大但不失真。然后保持输入信号不变，分别增大和减小 R_w，使波形出现失真，绘出 U_0 的波形，并测出失真情况下的 I_C 和 U_{CE} 值，记入表 2.2.5 中。每次测 I_C 和 U_{CE} 值时都要将信号源的输出旋钮旋至零。

表 2.2.5 Q 点对输出波形的影响 R_C = 2.4KΩ R_L = ∞ U_i = mV

I_C(mA)	U_{CE}(V)	U_0 波形	失真情况	管子工作状态
		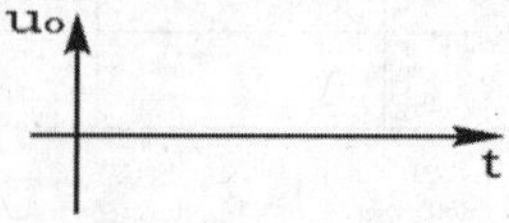		

续表

I_C(mA)	U_{CE}(V)	U_0波形	失真情况	管子工作状态
		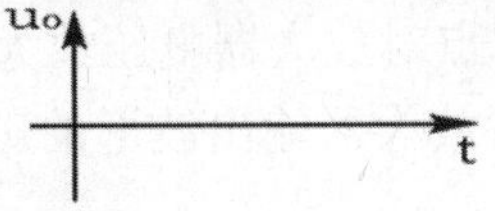		
		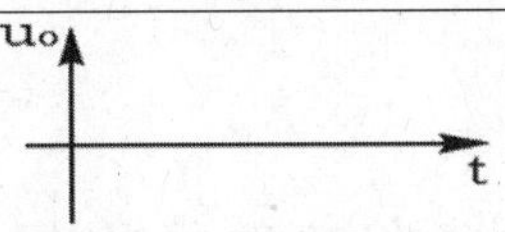		

5. 测量最大不失真输出电压

置 $R_C=2.4K\Omega$，$R_L=2.4K\Omega$，同时调节输入信号的幅度和电位器 R_w，用示波器和交流毫伏表测量 U_{OP-P}及 U_0值，记入表 2.2.6 中。

表 2.2.6　最大不失真输出电压　$R_C=2.4K$　$R_L=2.4K$

I_C(mA)	U_{im}(mV)	U_{om}(V)	U_{OP-P}(V)

6. 测量输入电阻和输出电阻

置 $R_C=2.4K\Omega$，$R_L=2.4K\Omega$，$I_C=2.0mA$。输入 $f=1KHz$ 的正弦信号，在输出电压 U_o不失真的情况下，用交流毫伏表测出 U_S，U_i和 U_L，记入表 2.2.7 中。

保持 U_S不变，断开 R_L，测量输出电压 U_o，记入表 2.2.7 中。

表 2.2.7　输入输出电阻　$I_c=2mA$　$R_c=2.4K\Omega$　$R_L=2.4K\Omega$

U_S(mV)	U_i(mV)	R_i(KΩ)		U_L (V)	U_O (V)	R_0(KΩ)	
		测量值	计算值			测量值	计算值

7. 测量幅频特性曲线

取 $I_C=2.0mA$，$R_C=2.4K\Omega$，$R_L=2.4K\Omega$。保持输入信号 U_i的幅度不变，改变信号源频率 f，逐点测出相应的输出电压 U_O，记入表 2.2.8 中。

表 2.2.8　幅频特性　$U_i=10mV$

f (Hz)	20	60	100	400	1k	10k	100k	200k	300k	400k	500k
lgf											
U_o(v)											
A_u											

五、实验报告要求

按以下内容撰写实验报告。

(1)实验目的。

(2)实验原理。

(3)实验电路图,标明元件的数值。

(4)列表整理测量结果,并把实测的静态工作点、电压放大倍数、输入电阻、输出电阻之值与理论计算值比较(取一组数据进行比较),分析产生误差原因。

(5)总结 R_c、R_L及静态工作点对放大器电压放大倍数、输入电阻、输出电阻的影响。

(6)讨论静态工作点变化对放大器输出波形的影响。

六、预习要求

(1)阅读教材中有关放大电路的内容并根据以下参数计算图 2.2.1 电路的性能指标。

3DG6 的 $\beta=100$,$R_{b1}=20K\Omega$,$R_{b2}=60K\Omega$,$R_c=2.4K\Omega$,$R_L=2.4K\Omega$。

估算放大器的静态工作点,电压放大倍数 A_V,输入电阻 R_i和输出电阻 R_O。

(2)当调节偏置电阻 R_{b2},使放大器输出波形出现饱和或截止失真时,晶体管的管压降 U_{CE}怎样变化?

(3)改变静态工作点对放大器的输入电阻 R_i是否会有影响?改变外接电阻 R_L对输出电阻 R_O是否会有否影响?

(4)在测试 A_v,R_i和 R_O时怎样选择输入信号的大小和频率?

(5)测试中,如果将函数信号发生器、交流毫伏表、示波器中任一仪器的两个测试端子接线换位(即各仪器的接地端不再连在一起),将会出现什么问题?

实验三　场效应管放大器

一、实验目的

(1)了解场效应管共源极放大器的性能特点。

(2)掌握放大器主要性能指标的测试方法。

二、实验原理

1. 自偏压式场效应管共源极放大器的组成

场效应管共源极放大器具有以下特点:输入阻抗高,电压放大倍数较小。场效应管在组成放大器时,需要由偏置电路建立一个合适又稳定的静态工作点,由于场效应管是电压控制器件,因此,它只需要给栅极加上合适的偏压,一般采用自给偏压的方法给栅极加上合适的偏压。如图 2.3.1 所示的共源极放大器就是由 N 沟道结型场效应管构成的自给偏压电路。

由于栅极电流 I_G近似为零,所以栅极电阻 R_G上的压降近似为零,栅极 G 与地同电位,即 $U_G=0$。对结型场效应管来说,即使在 $U_{GS}=0$ 时,也存在漏极电流 I_D,因此在没有外加栅极电源的情况下,仍然有静态电流 I_{DQ}流经源极电阻 R_S,在源极电阻 R_S上产生压降 U_S($U_S=I_{DQ}R_S$),使源极电位为正,结果在栅极与源极间形成一个负偏置电压。

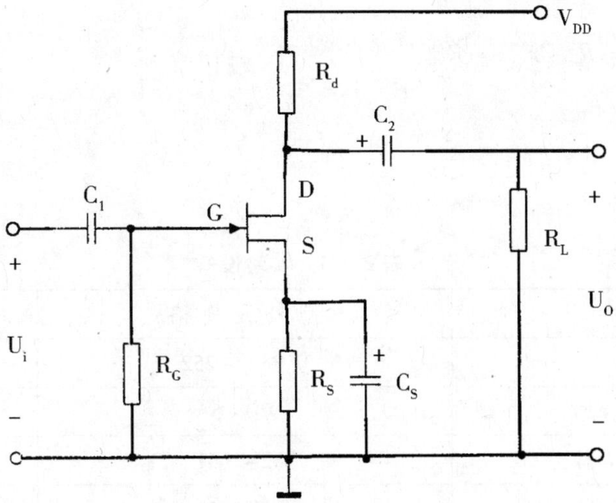

图 2.3.1 自偏压式场效应管共源极放大器

$$U_{GSQ} = U_{GQ} - U_{SQ} = -I_{DQ}R_S \quad (2.3.1)$$

这个偏置电压是由场效应管本身的电流 I_{DQ}产生的,所以称为自给偏压。

为了减小 R_S对交流信号的影响,可在 R_S两端并联一个交流旁路电容 C_S。

2. 场效应管共源极放大器的直流与交流参数

(1)场效应管共源极放大器的直流参数

为了使放大器正常工作,必须对场效应管放大器设置合适的静态工作点,场效应管放大器的静态工作点是指直流量 U_{GSQ}、I_{DQ}和 U_{DSQ}。静态工作点可采用图解法或计算法确定。在本实验中采用计算法来确定静态工作点。

根据图 2.3.1 电路可得到如下静态时的关系式:

$$U_{DSQ} = U_{DD} - I(R_S + R_2) \quad (2.3.2)$$

$$U_{GSQ} = -I_{DQ}R_S \quad (2.3.3)$$

$$I_{DQ} = I_{DSS}\left(1 - \frac{U_{GSQ}}{U_P}\right)^2 \quad (2.3.4)$$

将已知的 U_{DD}、R_S、R_d、U_P和 I_{DSS}代入以上方程,联立求解,就可算出静态工作点 U_{GSQ}、I_{DQ}和 U_{DSQ}(U_P和 I_{DSS}分别为夹断电压和漏极饱和电流)。

(2)场效应管共源极放大器的交流参数

场效应管共源极放大器的交流参数可由下几个式子求出:

1)电压放大倍数 A_u

$$A_u = \frac{U_o}{U_i} = -g_m(R_d//R_L//r_{DS}) \approx -g_m(R_d//R_L) \quad (2.3.5)$$

其中负号表示输出电压的相位与输入电压相反,r_{DS}(约为几十千欧)是场效应管的动态电阻。由于结型场效应管的 g_m较小,若要提高电压放大倍数,则应增大 R_d和 R_L,相应地也要提高电源电压 U_{DD}的值。

2)输入电阻 R_i

$$R_i = \frac{U_i}{I_i} = R_G \quad (2.3.6)$$

3）输出电阻 R_o

$$R_o = R_d // r_{DS} \approx R_d \tag{2.3.7}$$

三、实验设备

见表 2.3.1。

表 2.3.1　实验设备

名　　称	型号或规格	数　　量
示波器	美创 V－252	1
直流稳压电源	WD－5	1
函数信号发生器	SM－1641	1
晶体管毫伏表	EM2171	2
万用表	YX－960TR 或其他型号	1
模电实验箱		1

四、实验内容及步骤

1. 测量夹断电压 U_P

图 2.3.2 所示连接电路，改变 U_{GS} 的大小使 $I_D = 50\mu A$。此时测出 U_{GS} 的值就得到夹断电压 U_P 的值，即此时的 $U_{GS} = U_P$。结型场效应管的 U_P 为负，其绝对值一般小于 9V。

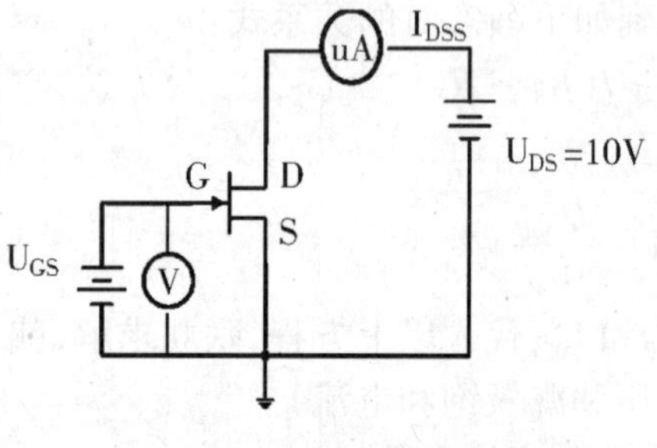

图 2.3.2　测量 U_P 的电路

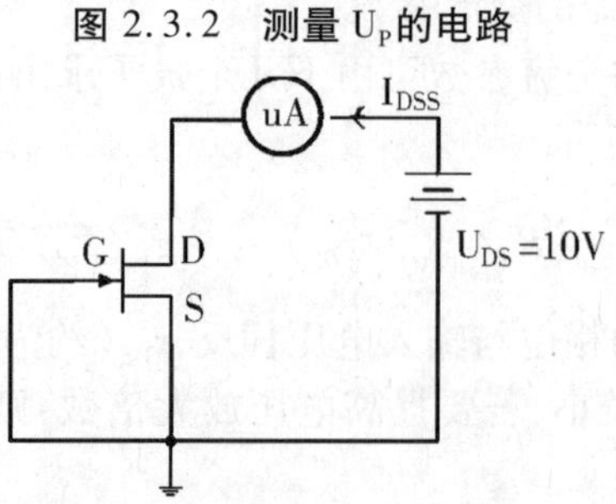

图 2.3.3　测量 I_{DSS} 的电路

2. 测量漏极饱和电流 I_{DSS}

图 2.3.3 所示连接电路，$U_{GS}=0$，$U_{DS}=10V$，此时测出的漏极电流就是饱和漏极电流 I_{DSS}。3DG6 型的 $I_{DSS}<10mA$。在本实验中取 $I_{DQ}=1.5mA$，将 I_{DQ} 和上面测出来的夹断电压 U_P、饱和电流 I_{DSS} 代入式（2.3.4）中，求出 U_{GSQ}。然后利用公式：$g_m=-\frac{2I_{DSQ}}{U_P}\left(1-\frac{U_{GSQ}}{U_P}\right)$ 求出跨导 g_m（见表 2.3.2）。

表 2.3.2　Up 和 I_{dss} 的测量值

U_p	I_{dss}

3. 测量场效应管放大器静态工作电流

按图 2.3.4（图中元件值分别取：$R_d=3K\Omega$，$R_L=20K\Omega$，$R_G=1\ M\Omega$，$R_S=100\Omega$，$R_{W1}=1K\Omega$，$V_{DD}=12V$，$C_1=0.1\mu F$，$C_2=10\mu F$，$C_S=100\mu F$）在实验板上安装和连接电路，检查无误后，接通直流电源，然后调节 R_{w1} 使 R_{C1} 两端的电压为 4.5V，则场效应管放大器的静态工作电流：

$$I_{DQ}=\frac{U_{Rd}}{R_d}=\frac{4.5}{3\times10^3}=1.5\times10^{-3}A$$

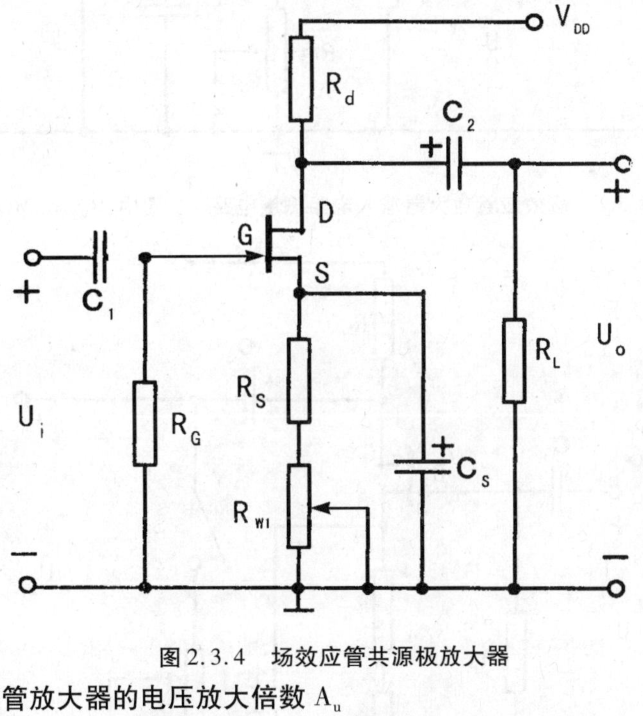

图 2.3.4　场效应管共源极放大器

4. 测量场效应管放大器的电压放大倍数 A_u

输入 $f=1kHz$，$U_i=20mV$ 的正弦波信号，用毫伏表在放大器的输出端测量输出电压 U_o。按下式算出电压放大倍数：

$$A_u=\frac{U_o}{U_i}$$

将上面算出的 A_u 值与用式（2.3.5）算出的电压放大倍数相比较。

5. 测量场效应管放大器的输入电阻 R_i

按图 2.3.5 所示连接电路，先将输入信号 U_i = 20mV 接到放大器的输入端，将开关 S_1 板向上方触点，测出此时放大器的输出电 U_o；然后将开关 S_1 板向下方触点，在放大器的输入端串接一个电位器 R_{W2}，输入信号电压 U_i = 20mV 接到电位器 R_{W2} 的一端，调节 R_{W2}，使放大器的输出电压 U'_o 下降到 U_i 接上方触点时输出电压 U_o 的一半，$U'_o = U_o/2$。接着去掉输入信号 U_i，用万用表的 10kΩ 档测量电位器 R_{W2} 的电阻值，该阻值就是放大器的输入电阻 R_i。

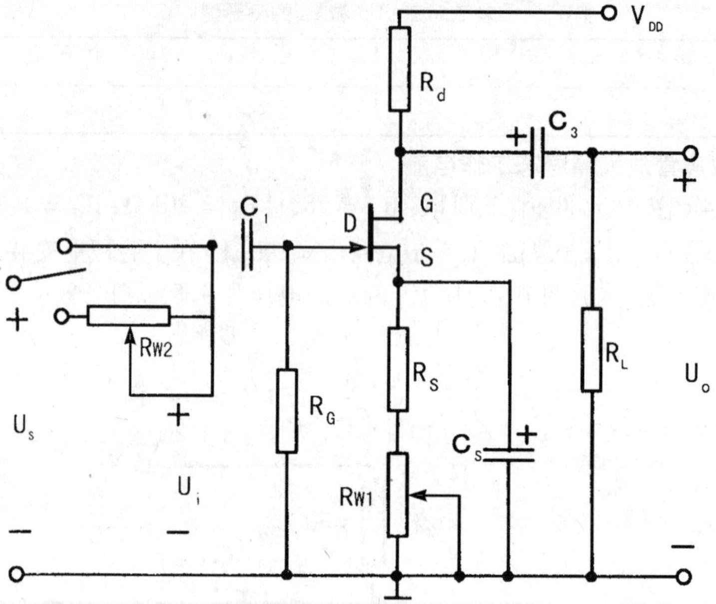

图 2.3.5　场效应管放大器输入电阻测量电路　（图中：R_{W2} = 2MΩ）

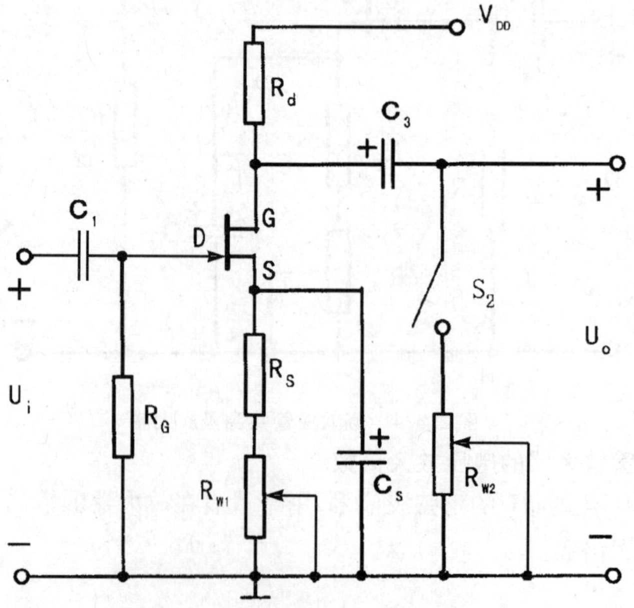

图 2.3.6　场效应管放大器输出阻抗测量电路　（R_{W3} = 10kΩ）

6. 测量场效应管放大器的输出电阻 R_o

按图2.3.6所示连接电路，保持输入电压 $U_i = 20mV$，将开关 S_2 断开，测出放大器不接负载时的输出电压 U_o；然后将开关 S_2 接通，在放大器的输出端接上一个电位器 R_{W2}，调节 R_{W2} 使放大器的输出电压 U'_o 下降到开关 S_2 断开时输出电压 U_o 的一半，即 $U'_o = U_o/2$。然后再将开关 S_2 断开，用万用表的 1kΩ（或 100Ω）档测量电位器 R_{W2} 的电阻值，该阻值就是放大器的输出电阻 R_o。

7. 用示波器测量放大器的上、下限频率

调节 R_{W1}，使 $I_{DQ} = 3mA$，输入 $f = 1kHz$、$U_i = 20mV$ 的正弦波信号，用示波器测出放大器的输出电压 U_o。调节示波器的"V/div"及其微调旋钮，使放大器输出波形的高度正好为五格。然后保持输入信号 $U_i = 20mV$ 不变，逐渐升高放大器输入信号的频率，则输出波形的高度将会随着信号频率的升高而逐渐降低，当输出波形的高度降到原来高度的0.7时（即3.5格），信号发生器上所显示的频率就是被测放大器的上限频率 f_H。用同样的方法，从1kHz开始，使放大器输出波形的高度正好为五格，保持输入信号 $U_i = 20mV$ 不变。然后逐渐降低输入信号的频率，当输出波形的高度降到原来高度的0.7时（即3.5格），信号发生器上所显示的频率就是被测放大器的下限频率 f_L。将上述测量的各项交流性能，填入表2.3.3中。

放大器的频带宽度为：$BW = \Delta f = f_H - f_L$

表2.3.3　各参数的测量值

Au	Ri	Ro	f_H	f_L	BW

五、实验报告要求

按以下内容撰写实验报告。

（1）实验目的。

（2）实验原理。

（3）实验电路图，标明元件的数值。

（4）实验数据处理与实验结果分析。

六、预习要求

（1）复习场效应管共源极放大器的工作原理。

（2）熟悉本实验中测量 A_u、R_i、R_o、f_L、f_H 的方法。

（3）如何用万用表判断场效应管管脚？

（4）如何利用图示仪测量场效应管的转移特性。

实验四　负反馈放大器

一、实验目的

(1)加深理解放大电路中引入负反馈的方法。

(2)掌握负反馈对放大器各项性能指标的影响。

二、实验原理

负反馈在电子电路中有着非常广泛的应用,虽然它使放大器的放大倍数降低,但能在多方面改善放大器的动态指标,如稳定放大倍数,改变输入、输出电阻,减小非线性失真和展宽通频带等。因此,几乎所有的实用放大器都带有负反馈。

负反馈放大器有四种组态,即电压串联,电压并联,电流串联,电流并联。本实验以电压串联负反馈为例,分析负反馈对放大器各项性能指标的影响。

图 2.4.1 为带有负反馈的两级阻容耦合放大电路,在电路中通过 R_f 把输出电压 U_o 引回到输入端,加在晶体管 T_1 的发射极上,在发射极电阻 R_E 上形成反馈电压 U_f。根据反馈的判断法可知,它属于电压串联负反馈。

1. 主要性能指标

(1)闭环电压放大倍数

$$A_{Vf} = \frac{A_V}{1 + A_V F_V}$$

其中 $A_V = U_O/U_i$ — 基本放大器(无反馈)的电压放大倍数,即开环电压放大倍数。

$1 + A_V F_V$— 反馈深度,它的大小决定了负反馈对放大器性能改善的程度。

(2)反馈系数

$$F_V = \frac{R_E}{R_f + R_E}$$

(3)输入电阻

$$R_{if} = (1 + A_V F_V) R_i$$

R_i— 基本放大器的输入电阻

(4)输出电阻

$$R_{of} = \frac{R_O}{1 + A_{VO} F_V}$$

R_0 — 基本放大器的输出电阻

A_{VO} — 基本放大器 $R_L = \infty$ 时的电压放大倍数

2. 动态参数

测量基本放大器的动态参数不能简单地断开反馈支路,而是要去掉反馈作用,但又要把反

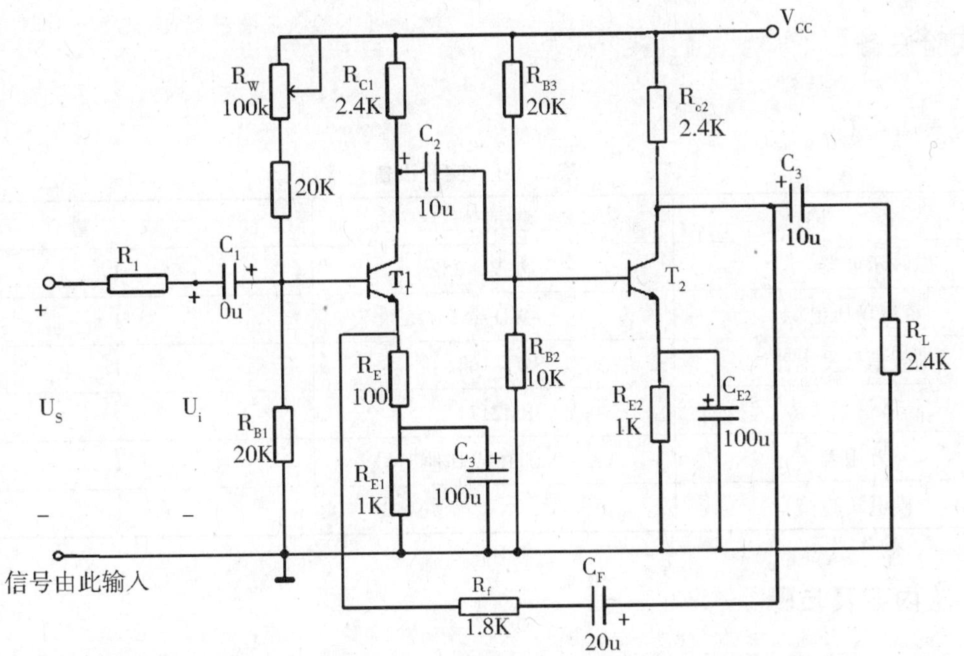

图 2.4.1　带有电压串联负反馈的两级阻容耦合放大器

馈网络的影响(负载效应)考虑到基本放大器中去。为此:

(1)在画基本放大器的输入回路时,因为是电压负反馈,所以可将负反馈放大器的输出端交流短路,即令 $U_0=0$,此时 R_f相当于并联在 R_E上。

(2)在画基本放大器的输出回路时,由于输入端是串联负反馈,因此需将反馈放大器的输入端(T_1管的射极)开路,此时(R_f+R_E)相当于并接在输出端。可近似认为 R_f并接在输出端。

根据上述规律,就可得到所要求的如图 2.4.2 所示的基本放大器。

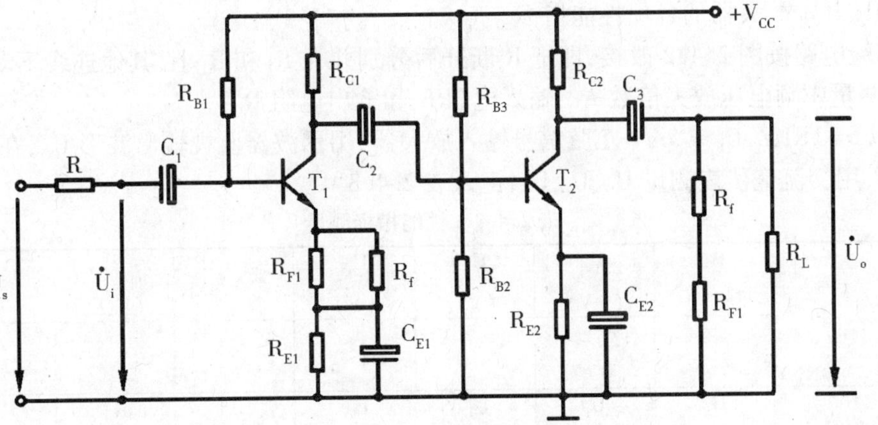

图 2.4.2　基本放大器

三、实验设备

见表 2.4.1。

表 2.4.1 实验设备

名　　称	型号或规格	数　　量
示波器	美创 V－252	1
直流稳压电源	WD－5	1
函数信号发生器	SM－1641	1
晶体管毫伏表	EM2171	2
万用表	YX－960TR 或其他型号	1
模电实验箱		1

四、实验内容及步骤

1. 测量静态工作点

按图 2.4.2 连接实验电路，取 $V_{CC}=+12V$，$U_i=0$，用直流电压表分别测量第一级、第二级的静态工作点，记入表 2.4.2 中。

表 2.4.2 静态工作点

	U_B(V)	U_E(V)	U_C(V)	I_C(mA)
第一级				
第二级				

2. 测试基本放大器的各项性能指标

将实验电路按图 2.4.2 改接，即把 R_f 断开后分别并在 R_E 和 R_L 上，其他连线不动。

(1)测量中频电压放大倍数 A_V、输入电阻 R_i 和输出电阻 R_O

① 以 f＝1KHZ，$U_S\approx 5mV$ 正弦信号输入放大器，用示波器监视输出波形 U_O，在 U_O 不失真的情况下，用交流毫伏表测量 U_S、U_i、U_L，记入表 2.4.3 中。

表 2.4.3 性能指标测量

基本放大器	U_S (mV)	U_i (mV)	U_L (V)	U_O (V)	A_V	R_i (KΩ)	R_O (KΩ)
负反馈放大器	U_S (mV)	U_i (mV)	U_L (V)	U_O (V)	A_{Vf}	R_{if} (KΩ)	R_{Of} (KΩ)

② 保持 U_S 不变，断开负载电阻 R_L(注意，R_f 不要断开)，测量空载时的输出电压 U_O，记入表 2.4.3 中。

(2)测量通频带

接上 R_L,保持①中的 U_S不变,然后增加和减小输入信号的频率,找出上、下限频率 f_h和 f_l,记入表2.4.4 中。

3. 测试负反馈放大器的各项性能指标

将实验电路恢复为图2.4.2 的负反馈放大电路。适当加大 U_S(约 10mV),在输出波形不失真的条件下,测量负反馈放大器的 A_{Vf}、R_{if}和 R_{of},记入表2.4.3 中;测量f_{hf}和f_{Lf},记入表2.4.4 中。

表 2.4.4　通频带测量

基本放大器	f_L(KHz)	f_H(KHz)	$\triangle f$(KHz)
负反馈放大器	f_{Lf}(KHz)	f_{Hf}(KHz)	$\triangle f_f$(KHz)

4. 观察负反馈对非线性失真的改善

(1)实验电路改接成基本放大器形式,在输入端加入 $f = 1$KHz 的正弦信号,输出端接示波器,逐渐增大输入信号的幅度,使输出波形开始出现失真,记下此时的波形和输出电压的幅度。

(2)再将实验电路改接成负反馈放大器形式,增大输入信号幅度,使输出电压幅度的大小与(1)相同,比较有负反馈时,输出波形的变化。

五、实验报告要求

(1)实验目的。

(2)实验原理。

(3)标有元件值的电路原理图。

(4)实验数据处理与实验结果分析。

1)将基本放大器和负反馈放大器动态参数的实测值和理论估算值列表进行比较。

2)根据实验结果,总结电压串联负反馈对放大器性能的影响。

六、预习要求

(1)复习教材中有关负反馈放大器的内容。

(2)按实验电路图2.4.2 估算放大器的静态工作点(取 $\beta_1 = \beta_2 = 100$)。

(3)怎样把负反馈放大器改接成基本放大器?为什么要把 R_f并接在输入和输出端?

(4)估算基本放大器的 A_V,R_i和 R_o;估算负反馈放大器的 A_{Vf}、R_{if}和 R_{of},并验算它们之间的关系。

(5)如按深负反馈估算,则闭环电压放大倍数 A_{Vf} = ?和测量值是否一致?为什么?

(6)如输入信号存在失真,能否用负反馈来改善?

(7)怎样判断放大器是否存在自激振荡?如何进行消振?

实验五　差动放大器

一、实验目的

(1)加深对差动放大器性能及特点的理解。

(2)学习差动放大器主要性能指标的测试方法。

二、实验原理

差分放大器是基本放大电路之一,由于它具有抑制零点漂移的优异性能,因此得到广泛的应用,并成为集成电路中重要的基本单元电路,常作为集成运算放大器的输入级。

图2.5.1是差动放大器的基本结构。它由两个元件参数相同的基本共射放大电路组成。当开关K拨向左边时,构成典型的差动放大器。

当输入差模信号时,T_1管的i_{c1}增加,T_2管的i_{c2}减小,增减的量相等,因此两管的电流通过R_e的信号分量相等但方向相反,他们相互抵消,所以R_e可视为短路,这时图2.5.1中的差分放大器就变成了没有R_e的基本差分放大器电路,它对差模信号具有一定的放大能力。

对于共模信号,两管的共模电流在R_e上的方向是相同的,在取值较大的R_e上产生较大的反馈电压,深度的负反馈把放大倍数压得很低,因此抑制了零点漂移。调零电位器R_P用来调节T_1、T_2管的静态工作点,使得输入信号$U_i=0$时,双端输出电压$U_O=0$。R_e为两管共用的发射极电阻,它对差模信号无负反馈作用,因而不影响差模电压放大倍数,但对共模信号有较强的负反馈作用,故可以有效地抑制零漂,稳定静态工作点。

当开关K拨向右边时,构成具有恒流源的差动放大器。它用晶体管恒流源代替发射极电阻R_e,可以进一步提高差动放大器抑制共模信号的能力。

1. 静态工作点的估算

典型电路

$$I_E \approx \frac{|V_{EE}| - U_{BE}}{R_E} \text{（认为 } U_{B1} = U_{B2} \approx 0\text{）}$$

$$I_{C1} = I_{C2} = \frac{1}{2}I_E$$

恒流源电路

$$I_{C3} \approx I_{E3} \approx \frac{\dfrac{R_2}{R_1 + R_2}(V_{CC} + |U_{EE}|) - U_{BE}}{R_{E3}}$$

$$I_{C1} = I_{C1} = \frac{1}{2}I_{C3}$$

2. 差模电压放大倍数和共模电压放大倍数

当差动放大器的射极电阻R_e足够大,或采用恒流源电路时,差模电压放大倍数A_d由输出

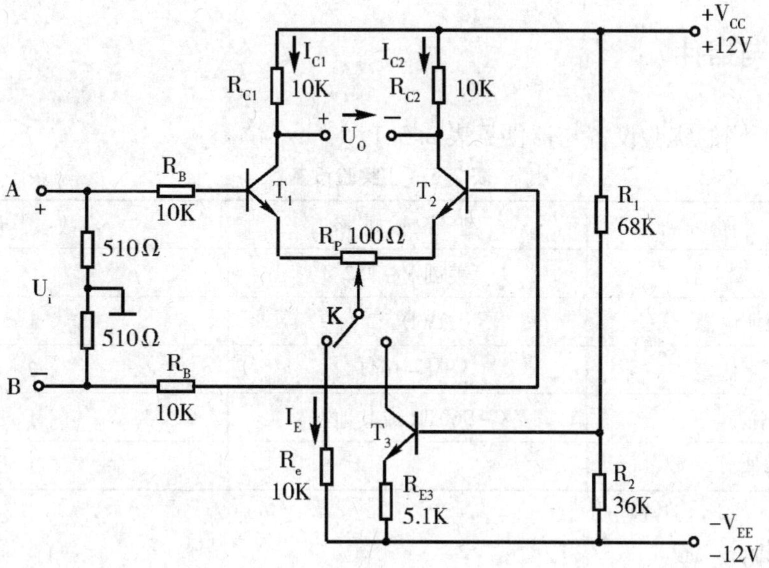

图 2.5.1　差动放大器实验电路

端方式决定，而与输入方式无关。

双端输出：$R_e = \infty$，R_P在中心位置时，

$$A_d = \frac{\triangle U_O}{\triangle U_i} = -\frac{\beta R_C}{R_B + r_{be} + \frac{1}{2}(1+\beta)R_P}$$

单端输出：

$$A_{d1} = \frac{\triangle U_{C1}}{\triangle U_i} = \frac{1}{2}A_d$$

$$A_{d2} = \frac{\triangle U_{C2}}{\triangle U_i} = -\frac{1}{2}A_d$$

当输入共模信号时，若为单端输出，则有：

$$A_{C1} = A_{C2} = \frac{\triangle U_{C1}}{\triangle U_i} = \frac{-\beta R_C}{R_B + r_{be} + (1+\beta)(\frac{1}{2}R_P + 2R_e)} \approx -\frac{R_C}{2R_e}$$

若为双端输出，在理想情况下

$$A_C = \frac{\triangle U_O}{\triangle U_i} = 0$$

实际上由于元件不可能完全对称，因此 A_C也不会绝对等于零。

3. 共模抑制比 CMRR

为了表征差动放大器对有用信号（差模信号）的放大作用和对共模信号的抑制能力，通常用一个综合指标来衡量，即共模抑制比。

$$CMRR = \left|\frac{A_d}{A_c}\right| \quad 或\ CMRR = 20Log\left|\frac{A_d}{A_c}\right|(dB)$$

差动放大器的输入信号可采用直流信号也可采用交流信号。本实验由函数信号发生器提供频率 f = 1KHZ 的正弦信号作为输入信号。

三、实验设备与器件

本次实验所用的实验设备与器件见表2.5.1。

表2.5.1　实验设备

名　称	型号或规格	数　量
函数信号发生器	美创V－252	
直流稳压电源	JWD－2	1
晶体管毫伏表	SM－1641	2
万用表	YX－960TR或其他型号	1
其他		1

四、实验内容及步骤

按图2.5.1连接实验电路，开关K拨向左边构成典型差动放大器。

1. 测量静态工作点

(1)调节放大器零点

信号源不接入，将放大器输入端A、B与地短接，接通±12V直流电源，用直流电压表测量输出电压U_o，调节调零电位器R_P，使$U_o=0$。调节要仔细，准确。

(2)测量静态工作点

零点调好以后，用直流电压表测量T_1、T_2管各电极电位及射极电阻Re两端电压U_{RE}，记入表2.5.2中。

表2.5.2　静态工作点测试

<table>
<tr><td rowspan="2">测量值</td><td>U_{C1}(V)</td><td>U_{B1}(V)</td><td>U_{E1}(V)</td><td>U_{C2}(V)</td><td>U_{B2}(V)</td><td>U_{E2}(V)</td><td>U_{RE}(V)</td></tr>
<tr><td></td><td></td><td></td><td></td><td></td><td></td><td></td></tr>
<tr><td rowspan="2">计算值</td><td colspan="2">I_C(mA)</td><td colspan="2">I_B(mA)</td><td colspan="3">U_{CE}(V)</td></tr>
<tr><td colspan="2"></td><td colspan="2"></td><td colspan="3"></td></tr>
</table>

2. 测量差模电压放大倍数

断开直流电源，将函数信号发生器的输出端接放大器输入A端，地端接放大器输入B端构成单端输入方式，调节输入信号为频率f＝1KHz的正弦信号，并使输出旋钮旋至零，用示波器监视输出端(集电极C_1或C_2与地之间)。接通±12V直流电源，逐渐增大输入电压U_i(约100mV)，在输出波形无失真的情况下，用交流毫伏表测U_i、U_{C1}、U_{C2}，记入表2.5.3中，并观察U_i、U_{C1}、U_{C2}之间的相位关系及U_{RE}随U_i改变而变化的情况。

3. 测量共模电压放大倍数

将放大器A、B短接，信号源接A端与地之间，构成共模输入方式，调节输入信号f＝1KHz，$U_i=1V$，在输出电压无失真的情况下，测量U_{C1}、U_{C2}的值，记入表2.5.3中，并观察U_i、U_{C1}、U_{C2}之间的相位关系及U_{RE}随U_i改变而变化的情况。

表 2.5.3　差模、共模放大倍数测试

	典型差动放大电路		具有恒流源差动放大电路	
	单端输入	共模输入	单端输入	共模输入
U_i	100mV	1V	100mV	1V
U_{C1}(V)				
U_{C2}(V)				
$A_{d1}=\frac{U_{C1}}{U_i}$		/		/
$A_d=\frac{U_0}{U_i}$		/		/
$A_{C1}=\frac{U_{C1}}{U_i}$	/		/	
$A_C=\frac{U_0}{U_i}$	/		/	
$CMRR=\left\|\frac{A_{d1}}{A_{C1}}\right\|$				

将图 2.5.1 电路中开关 K 拨向右边，构成具有恒流源的差动放大电路。重复内容 2、3 的要求，记入表 2.5.3 中。

五、实验报告要求

(1)实验目的。

(2)实验仪器。

(3)实验电路图，标明元件的数值。

(4)整理实验数据，列表比较实验结果和理论估算值，分析误差原因。

1)静态工作点和差模电压放大倍数。

2)典型差动放大电路单端输出时的 CMRR 实测值与理论值比较。

3)典型差动放大电路单端输出时，CMRR 的实测值与具有恒流源的差动放大器 CMRR 实测值比较。

(5)比较 U_i、U_{C1}和 U_{C2}之间的相位关系。

六、预习要求

(1)根据实验电路参数，估算典型差动放大器和具有恒流源的差动放大器的静态工作点及差模电压放大倍数(取 $\beta_1=\beta_2=100$)。

(2)测量静态工作点时，放大器输入端 A、B 与地应如何连接？

(3)实验中怎样获得双端和单端输入差模信号？怎样获得共模信号？画出 A、B 端与信号源之间的连接图。

(4)怎样进行静态调零点？用什么仪表测 U_0？

(5)怎样用交流毫伏表测双端输出电压 U_0?

实验六 集成运算放大器参数测试

一、实验目的

(1)掌握运算放大器主要指标的测试方法。

(2)对运算放大器 μA741 指标的测试,了解集成运算放大器组件的主要参数的定义和表示方法。

二、实验原理

集成运算放大器是一种线性集成电路,和其他半导体器件一样,它是用一些性能指标来衡量其质量的优劣。为了正确使用集成运放,就必须了解它的主要参数指标。集成运放组件的各项指标通常是由专用仪器进行测试的,这里介绍的是一种简易测试方法。

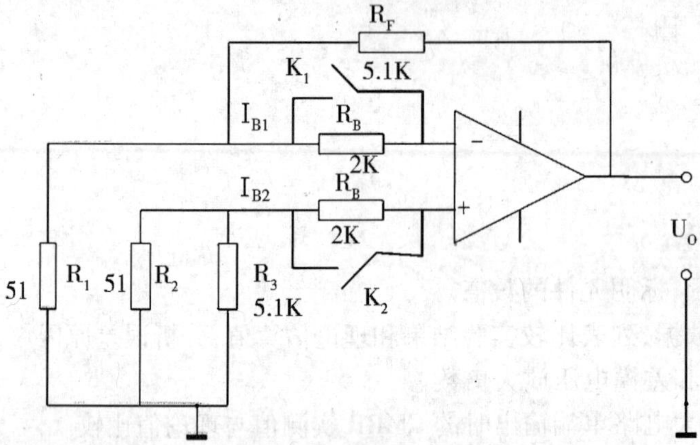

图 2.6.1 U_{OS}、I_{OS}测试电路

1. μA741 主要指标测试

(1)输入失调电压 U_{OS}

理想运放组件,当输入信号为零时,其输出也为零。但是即使是最优质的集成组件,由于运放内部差动输入级参数的不完全对称,输出电压往往不为零。这种零输入时输出不为零的现象称为集成运放的失调。

输入失调电压 U_{OS}是指输入信号为零时,输出端出现的电压折算到同相输入端的数值。

失调电压测试电路如图 2.6.1 所示。闭合开关 K_1及 K_2,使电阻 R_B短接,测量此时的输出电压 U_{O1}即为输出失调电压,则输入失调电压:

$$U_{OS} = \frac{R_1}{R_1 + R_F} U_{O1}$$

实际测出的 U_{01} 可能为正，也可能为负，一般在 1 ~ 5mV，对于高质量的运放 U_{0S} 在 1mV 以下。

测试中应注意：

①将运放调零端开路。

②要求电阻 R_1 和 R_2，R_3 和 R_F 的参数严格对称。

(2)输入失调电流 I_{0S}

输入失调电流 I_{0S} 是指当输入信号为零时，运放的两个输入端的基极偏置电流之差：

$$I_{OS} = |I_{B1} - I_{B2}|$$

输入失调电流的大小反映了运放内部差动输入级两个晶体管 β 的失配度，由于 I_{B1}、I_{B2} 本身的数值已很小(微安级)，因此它们的差值通常不是直接测量的，测试电路如图 2.6.1 所示，测试分两步进行：

①闭合开关 K_1 及 K_2，在低输入电阻下，测出输出电压 U_{01}，如前所述，这是由输入失调电压 U_{0S} 所引起的输出电压。

②断开 K_1 及 K_2，两个输入电阻 R_B 接入，由于 R_B 阻值较大，流经它们的输入电流的差异，将变成输入电压的差异，因此，也会影响输出电压的大小，可见测出两个电阻 R_B 接入时的输出电压 U_{02}，若从中扣除输入失调电压 U_{0S} 的影响，则输入失调电流 I_{0S} 为：

$$I_{OS} = |I_{B1} - I_{B2}| = |U_{O2} - U_{01}| \frac{R_1}{R_1 + R_F} \frac{1}{R_B}$$

一般，I_{0S} 约为几十 ~ 几百 nA(10^{-9}A)，高质量运放 I_{0S} 低于 1nA。

测试中应注意：

①将运放调零端开路。

②两输入端电阻 R_B 必须精确配对。

(3)开环差模放大倍数 A_{ud}

集成运放在没有外部反馈时的直流差模放大倍数称为开环差模电压放大倍数，用 A_{ud} 表示。它定义为开环输出电压 U_0 与两个差分输入端之间所加信号电压 U_{id} 之比。

$$A_{ud} = \frac{U_0}{U_{id}}$$

按定义 A_{ud} 应是信号频率为零时的直流放大倍数，但为了测试方便，通常采用低频(几十赫兹以下)正弦交流信号进行测量。由于集成运放的开环电压放大倍数很高，难以直接进行测量，故一般采用闭环测量方法。A_{ud} 的测试方法很多，现采用交、直流同时闭环的测试方法，如图 2.6.2 所示。

被测运放一方面通过 R_F、R_1、R_2 完成直流闭环，以抑制输出电压漂移，另一方面通过 R_F 和 R_S 实现交流闭环，外加信号 u_S 经 R_1、R_2 分压，使 U_{id} 足够小，以保证运放工作在线性区，同相输入端电阻 R_3 应与反相输入端电阻 R_2 相匹配，以减小输入偏置电流的影响，电容 C 为隔直电容。被测运放的开环电压放大倍数为：

$$A_{ud} = \frac{U_0}{U_{id}} = (1 + \frac{R_1}{R_2}) \frac{U_0}{U_i}$$

通常低增益运放 A_{ud} 约为 60 ~ 70db，中增益运放约为 80db，高增益在 100db 以上，可达 120 ~ 140dB。

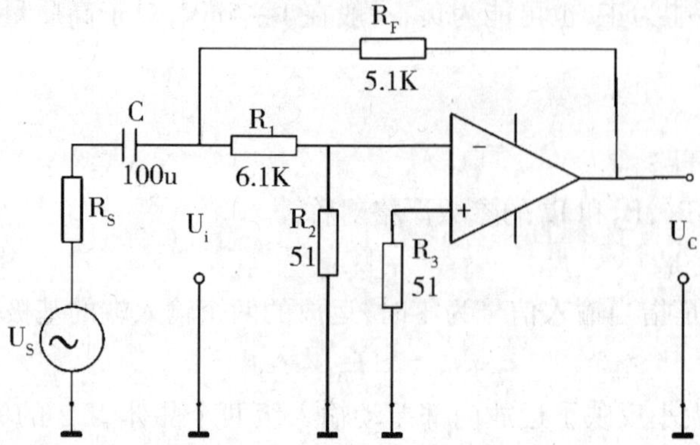

图 2.6.2　A_{ud}测试电路

测试中应注意：

①测试前电路应首先消振及调零。

②被测运放要工作在线性区。

③输入信号频率应较低，一般用 50～100HZ，输出信号幅度应较小，且无明显失真。

(4) 共模抑制比 CMRR

集成运放的差模电压放大倍数 A_d 与共模电压放大倍数 A_C 之比称为共模抑制比。

$$CMRR = \left|\frac{A_d}{A_C}\right| \text{ 或 } CMRR = 20lg\left|\frac{A_d}{A_C}\right|(db)$$

共模抑制比在应用中是一个很重要的参数，理想运放对输入的共模信号其输出为零，但在实际的集成运放中，其输出不可能没有共模信号的成分，输出端共模信号越间小，说明电路对称性越间好，也就是说运放对共模干扰信号的抑制能力越间强，即 CMRR 越间大。CMRR 的测试电路如图 2.6.3 所示。

集成运放工作在闭环状态下的差模电压放大倍数为：

$$A_d = -\frac{R_F}{R_1}$$

当接入共模输入信号 U_{ic} 时，测得 U_{0C}，则共模电压放大倍数为：

$$A_C = \frac{U_{0C}}{U_{iC}}$$

共模抑制比为：

$$CMRR = \left|\frac{A_d}{A_C}\right| = \frac{R_F}{R_1}\frac{U_{iC}}{U_{0C}}$$

测试中应注意：

①消振与调零。

②R_1 与 R_2、R_3 与 R_F 之间阻值严格对称。

③输入信号 U_{ic} 幅度必须小于集成运放的最大共模输入电压范围 U_{icm}。

(5) 共模输入电压范围 U_{icm}

集成运放所能承受的最大共模电压称为共模输入电压范围，超出这个范围，运放的 CMRR 会大大下降，输出波形产生失真，有些运放还会出现“自锁”现象以及永久性的损坏。

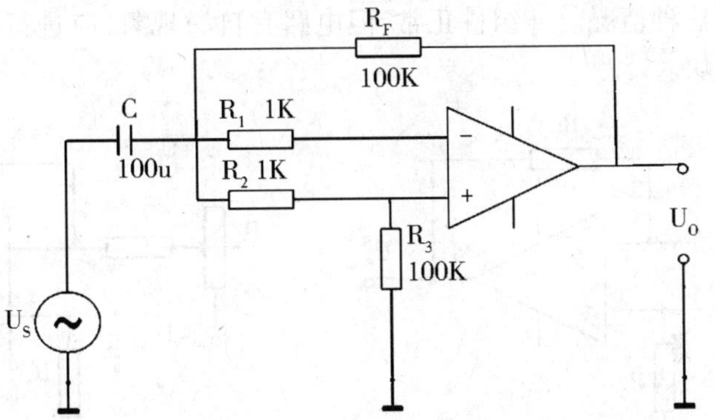

图 2.6.3　CMRR 测试电路

U_{icm}的测试电路如图 2.6.4 所示。

被测运放接成电压跟随器形式，输出端接示波器，观察最大不失真输出波形，从而确定U_{icm}值。

(6)输出电压最大动态范围U_{OPP}

集成运放的动态范围与电源电压、外接负载及信号源频率有关。测试电路如图 2.6.5 所示。

改变U_S幅度，观察U_0削顶失真开始时刻，从而确定U_0的不失真范围，这就是运放在某一定电源电压下可能输出的电压峰峰值U_{OPP}。

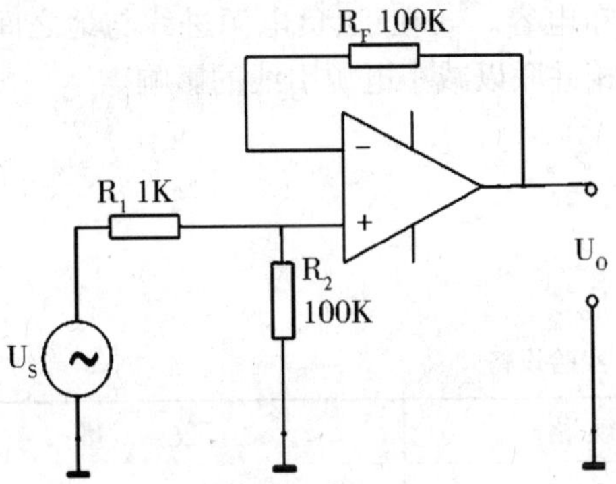

图 2.6.4　U_{icm}测试电路

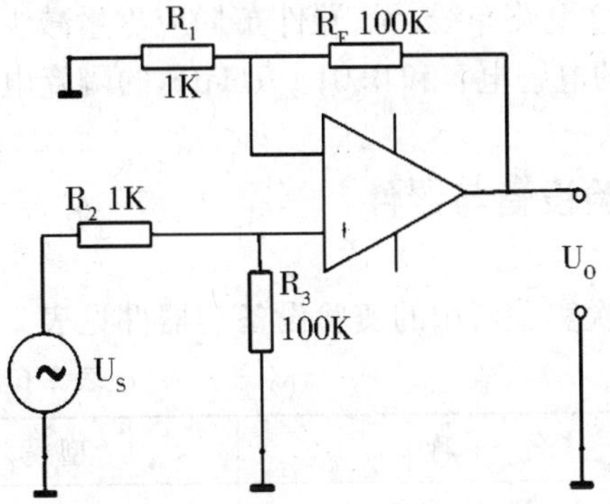

图 2.6.5　U_{OPP}测试电路

2. 集成运放在使用时应考虑的一些问题

(1)输入信号选用交、直流量均可，但在选取信号的频率和幅度时，应考虑运放的频响特性和输出幅度的限制。

(2)调零。为提高运算精度，在运算前，应首先对直流输出电位进行调零，即保证输入为零时，输出也为零。当运放有外接调零端子时，可按组件要求接入调零电位器R_W，调零时，将输入端接地，调零端接入电位器R_W，用直流电压表测量输出电压U_0，细心调节R_W，使U_0为零(即失调电压为零)。如运放没有调零端子，若要调零，可按图 2.6.6 所示电路进行调零。

一个运放如不能调零，大致有如下原因：① 组件正常，接线有错误。② 组件正常，但负反馈不够强(R_F/R_1太大)，为此可将R_F短路，观察是否能调零。③ 组件正常，但由于它所允许的共模输入电压太低，可能出现自锁现象，因而不能调零。为此可将电源断开后，再重新接通，如能恢复正常，则属于这种情况。④组件正常，但电路有自激现象，应进行消振。⑤组件内部损坏，应更换好的集成块。

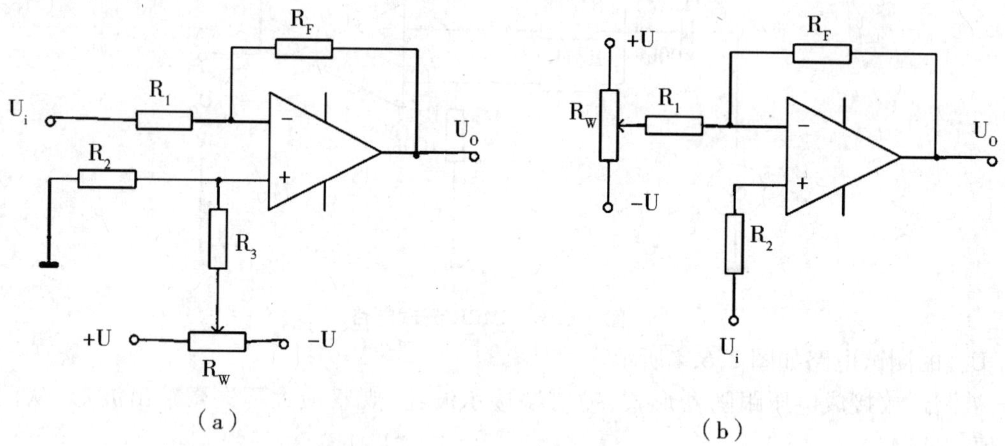

图 2.6.6　调零电路

(3)消振。一个集成运放自激时，表现为即使输入信号为零，亦会有输出，使各种运算功能无法实现，严重时还会损坏器件。在实验中，可用示波器监视输出波形。为消除运放的自激，常采用如下措施：

①若运放有相位补偿端子，可利用外接 RC 补偿电路，产品手册中有补偿电路及元件参数提供。②电路布线、元、器件布局应尽量减少分布电容。③在正、负电源进线与地之间接上几十 μF 的电解电容和 0.01 ~0.1μF 的陶瓷电容相并联以减小电源引线的影响。

三、实验设备与器件

本次实验所用的实验设备与器件见表 2.6.1。

表 2.6.1　实验设备

名　称	型号或规格	数　量
函数信号发生器	美创 V－252	
直流稳压电源	JWD－2	1
晶体管毫伏表	SM－1641	2
数字万用表	YX－960TR 或其他型号	1
其他		1

四、实验内容及步骤

实验前看清运放管脚排列及电源电压极性及数值，切忌正、负电源接反。

1. 测量输入失调电压 U_{0S}

按图 2.6.1 连接实验电路，闭合开关 K_1、K_2，用直流电压表测量输出端电压 U_{01}，并计算

U_{0S}。记入表 2.6.2。

表 2.6.2　测量 V_{0S}

U_{01}	U_{0S}

2. 测量输入失调电流 I_{0S}

实验电路如图 2.6.1，打开开关 K_1、K_2，用直流电压表测量 U_{02}，并计算 I_{0S}。记入表 2.6.3。

表 2.6.3　测量 I_{0S}、A_{ud}、CMRR

U_{0S}(mV)		I_{0S}(nA)		A_{ud}(db)		CMRR(db)	
实测值	典型值	实测值	典型值	实测值	典型值	实测值	典型值
	2～10		50～100		100～106		80～86

3. 测量开环差模电压放大倍数 A_{ud}

按图 2.6.2 连接实验电路，运放输入端加频率 100Hz，大小约 30～50mV 正弦信号，用示波器监视输出波形。用交流毫伏表测量 U_0 和 U_i，并计算 A_{ud}。记入表 2.6.3。

4. 测量共模抑制比 CMRR

按图 2.6.3 连接实验电路，运放输入端加 $f = 100Hz$，$U_{iC} = 1 \sim 2V$ 正弦信号，监视输出波形。测量 U_{0C} 和 U_{iC}，计算 A_C 及 CMRR。记入表 2.6.3。

5. 测量共模输入电压范围 U_{icm} 及输出电压最大动态范围 U_{OPP}

自拟实验步骤及方法。

五、实验报告要求

(1)实验目的。

(2)实验仪器。

(3)实验电路图，标明元件的数值。

(4)整理实验数据，列表比较实验结果和理论估算值，分析误差原因。

1)将所测得的数据与典型值进行比较。

2)对实验结果及实验中碰到的问题进行分析、讨论。

六、预习要求

(1)查阅 μA741 典型指标数据及管脚功能。

(2)测量输入失调参数时，为什么运放反相及同相输入端的电阻要精选，以保证严格对称。

(3)测量输入失调参数时，为什么要将运放调零端开路，而在进行其他测试时，则要求对输出电压进行调零。

(4)测试信号的频率选取的原则是什么？

实验七　集成运放的应用(一)

一、实验目的

(1)掌握由集成运算放大器组成的比例、加法、减法基本运算电路的功能。

(2)进一步熟悉电路的安装和电路参数的测试方法。

(3)了解运算放大器在实际应用时应考虑的一些问题。

二、实验原理

集成运算放大器是一种具有高电压放大倍数的直接耦合多级放大电路。当外部接入不同的线性或非线性元器件组成输入和负反馈电路时,可以灵活地实现各种特定的函数关系。在线性应用方面,可组成比例、加法、减法、积分、微分、对数等模拟运算电路。

1. 理想运算放大器特性

在大多数情况下,将运放视为理想运放,就是将运放的各项技术指标理想化,满足下列条件的运算放大器称为理想运放。

开环电压增益　$A_{ud}=\infty$

输入阻抗　$R_i=\infty$

输出阻抗　$R_o=0$

带宽　$f_{BW}=\infty$

失调与漂移均为零等。

2. 理想运放在线性应用时的两个重要特性

(1)输出电压 U_O 与输入电压之间满足关系式:

$$U_O=A_{ud}(U_+-U_-)$$

由于 $A_{ud}=\infty$,而 U_O 为有限值,因此,$U_+-U_-\approx 0$。即 $U_+\approx U_-$,称为“虚短”。

(2)由于 $R_i=\infty$,故流进运放两个输入端的电流可视为零,即 $I_{IB}=0$,称为“虚断”。这说明运放对其前级吸取电流极小。

上述两个特性是分析理想运放应用电路的基本原则,可简化运放电路的计算。

3. 基本运算电路

(1)反相比例运算电路

电路如图 2.7.1 所示。对于理想运放,该电路的输出电压与输入电压之间的关系为:

$$U_O=-\frac{R_F}{R_1}U_i$$

为了减小输入级偏置电流引起的运算误差,在同相输入端应接入平衡电阻

$$R_2=R_1//R_F$$

(2)反相加法电路

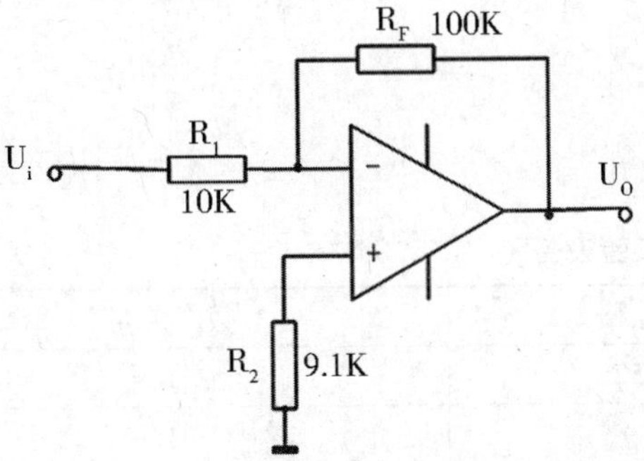

图 2.7.1　反相比例运算电路

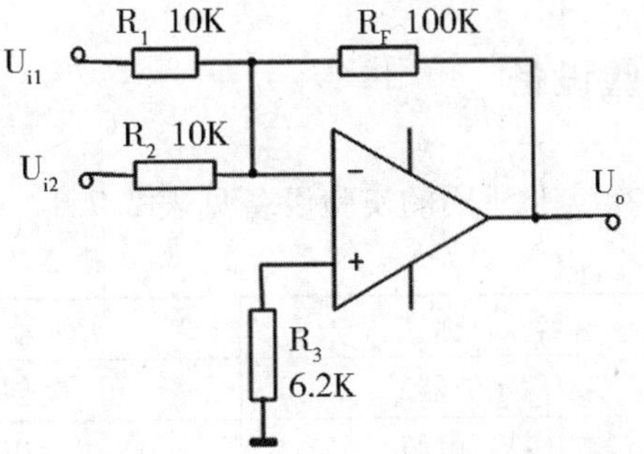

图 2.7.2　反相加法运算电路

电路如图 2.7.2 所示，输出电压与输入电压之间的关系为：

$$U_O = -\left(\frac{R_F}{R_1}U_{i1} + \frac{R_F}{R_2}U_{i2}\right) \qquad R_3 = R_1 // R_2 // R_F$$

(3)同相比例运算电路

图 2.7.3(a)是同相比例运算电路，它的输出电压与输入电压之间的关系为：

$$U_O = \left(1 + \frac{R_F}{R_1}\right)U_i \qquad R_2 = R_1 // R_F$$

当 $R_1 \to \infty$ 时，$U_O = U_i$，即得到如图 2.7.3(b)所示的电压跟随器。图中 $R_2 = R_F$，用于减小漂移和起保护作用。一般 R_F 取 10KΩ，而 R_F 太小起不到保护作用，太大则影响跟随性。

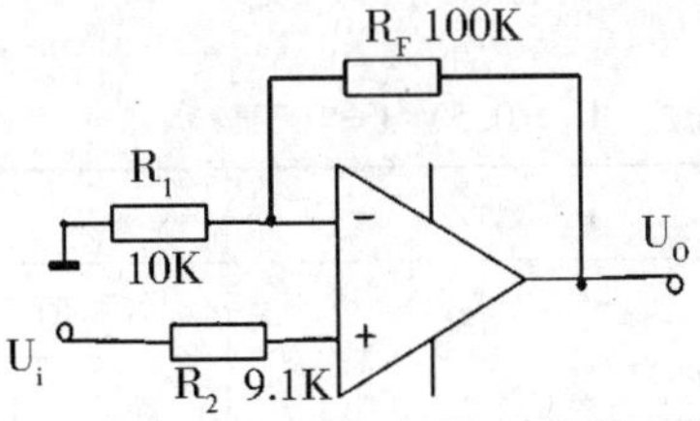

图 2.7.3(a)　同相比例运算电路

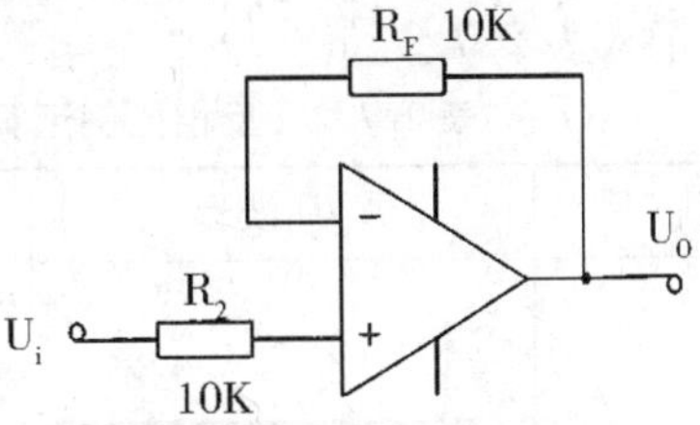

图 2.7.3(b)　电压跟随器

(4)差动放大电路(减法器)

对于图 2.7.4 所示的减法运算电路，当 $R_1 = R_2$，$R_3 = R_F$ 时，有如下关系式：

$$U_O = \frac{R_F}{R_1}(U_{i2} - U_{i1})$$

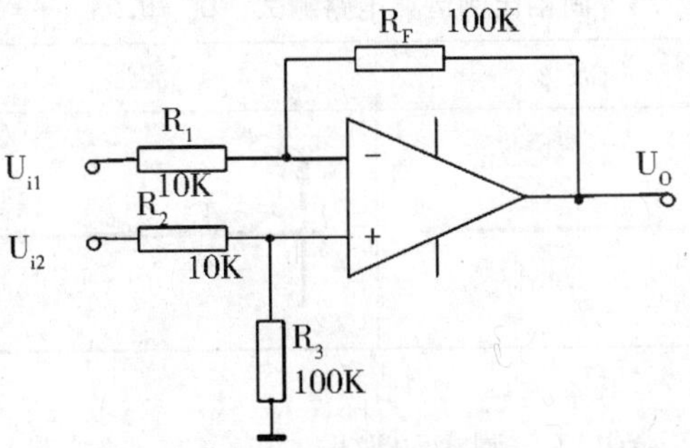

图 2.7.4　减法运算电路图

三、实验设备

本次实验所用的实验设备见表 2.7.1。

表 2.7.1　实验设备

名　称	型号或规格	数　量
双踪示波器	美创 V－252	1
直流稳压电源	JWD－2	1
函数信号发生器	SM－1641	1
万用表	YX－960TR 或其他型号	1

四、实验内容及步骤

实验前要看清运放组件各管脚的位置；切忌正、负电源极性接反和输出端短路，否则将会损坏集成块。

1. 反相比例运算电路

（1）按图 2.7.1 连接实验电路，接通 ±12V 电源，输入端对地短路，进行调零和消振。

（2）输入 f＝100Hz，U_i＝0.5V 的正弦交流信号，测量相应的 U_O，并用示波器观察 U_O 和 U_i 的相位关系，记入表 2.7.2。

表 2.7.2　反相比例运算电路测试　U_i＝0.5V，f＝100Hz

U_i(V)	U_O(V)	U_i波形	U_O波形	A_V	
				实测值	计算值

2. 同相比例运算电路

（1）按图 2.7.3(a)连接实验电路。实验步骤同内容 1，将结果记入表 2.7.3。

（2）将图 2.7.3(a)中的 R_1 断开，得图 2.7.3(b)，电路重复内容 1。

表 2.7.3　同相比例运算电路测试　U_i＝0.5V　f＝100Hz

U_i(V)	U_O(V)	U_i波形	U_O波形	A_V	
				实测值	计算值

3. 反相加法运算电路

（1）按图 2.7.2 连接实验电路。调零和消振。

（2）输入信号采用直流信号，图 2.7.5 所示电路为简易直流信号源，由实验者自行完成。实验时要注意选择合适的直流信号幅度，以确保集成运放工作在线性区。用直流电压表测量

输入电压 U_{i1}、U_{i2} 及输出电压 U_O，记入表 2.7.4。

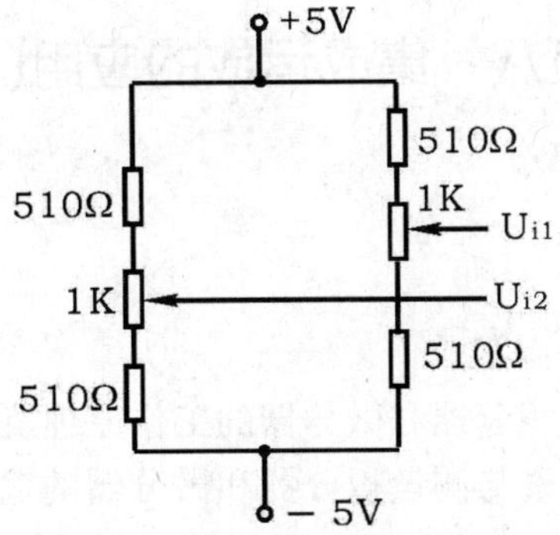

图 2.7.5　简易可调直流信号源

表 2.7.4　反相加法运算电路测试

U_{i1}(V)					
U_{i2}(V)					
U_O(V)					

4. 减法运算电路

(1) 按图 2.7.4 连接实验电路。调零和消振。

(2) 采用直流输入信号，实验步骤同内容 3，记入表 2.7.5。

表 2.7.5　减法运算电路测试

U_{i1}(V)					
U_{i2}(V)					
U_O(V)					

五、实验报告要求

(1) 实验目的。

(2) 实验原理。

(3) 整理实验数据，画出波形图（注意波形间的相位关系）。

(4) 将理论计算结果和实测数据相比较，分析产生误差的原因。

(5) 分析讨论实验中出现的现象和问题。

六、预习要求

(1) 复习集成运放线性应用部分内容，并根据实验电路参数计算各电路输出电压的理论值。

(2) 在反相加法器中，如 U_{i1} 和 U_{i2} 均采用直流信号，并选定 $U_{i2} = -1V$，当考虑到运算放大器的最大输出幅度（±12V）时，$|U_{i1}|$ 的大小不应超过多少伏？

(3) 为了不损坏集成块，实验中应注意什么问题？

实验八　集成运放的应用(二)

一、实验目的

(1)了解运算放大器组成的积分器和微分器的工作原理及电路的基本形式。

(2)学会使用双踪示波器观察与测量积分器和微分器的输出波形、输入波形,以及输出电压与输入电压之间的相位。

二、实验原理

1. 积分器

积分器可以实现对输入信号的积分运算,图 2.8.1 是其电路原理图。

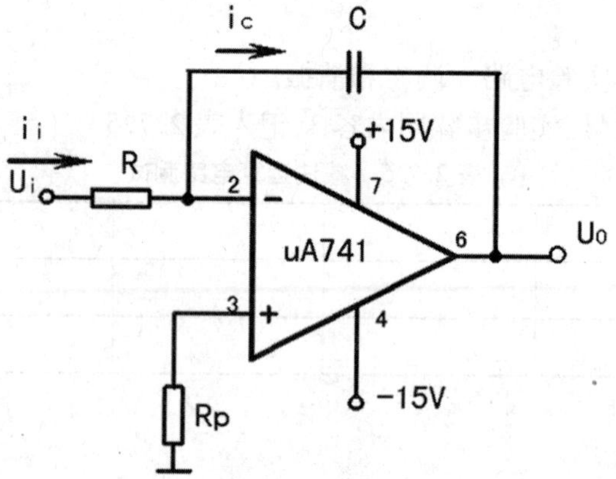

图 2.8.1　积分器原理电路

根据反相输入端为"虚地"的概念,有:

$$i_i = \frac{u_i}{R} = i_c$$

因此:

$$u_o(t) = -\frac{1}{C}\int_0^t i_c dt = -\frac{1}{RC}\int_0^t u_i(t)dt \tag{2.8.1}$$

输出电压是输入电压的积分,其中积分常数:

$$\tau = RC \tag{2.8.2}$$

积分器的输入电阻为:$R_i = R$。

为了减少输入偏置电流的影响,同相端的平衡电阻应取:$R_P = R$。

当 $u_i(t)$ 是幅度为 E 的阶跃电压时:$u_o(t) = -\frac{1}{RC}\int_0^t E dt = -\frac{Et}{RC}$　(2.8.3)

上式说明,在阶跃电压作用下,输出电压的相位与输入电压的相位相反,输出电压 $u_o(t)$

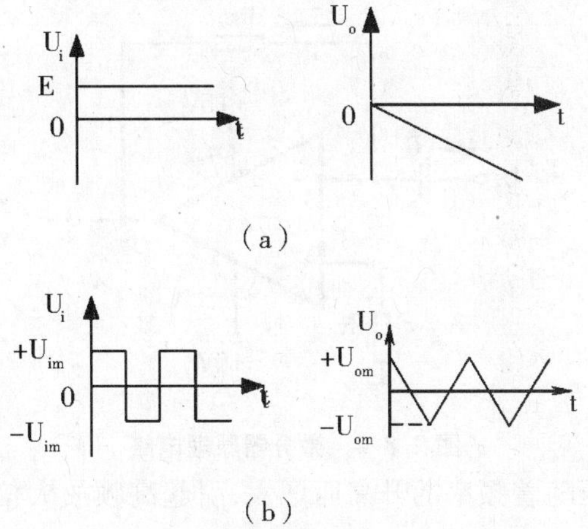

图 2.8.2　积分电路的输入与输出波形

随着时间的增长而 $+U_{im}$ 线性下降，直到放大器出现饱和，如图 2.8.2（a）所示。从式(2.8.3)可知，当 t = RC 时，$U_o(t) = -E$。

当 $U_i(t)$ 是对称方波时，输出电压 $U_o(t)$ 的波形为对称的三角波，且输出电压的相位与输入电压的相位相反，如图 2.8.2(b)所示。

为了限制电路的低频增益，减少失调电压的影响，可在图 2.8.1 电路中，与电容 C 并联一个电阻 R_f，就得到了一个实用的积分电路，如图 2.8.3 所示。其中，平衡电阻 $R_P = R_1 // R_f$。

图 2.8.3 中的元件值：$R = 10k\Omega$，$R_P = 10k\Omega$，$R_f = 100k\Omega$，$C = 0.1\ \mu F$。

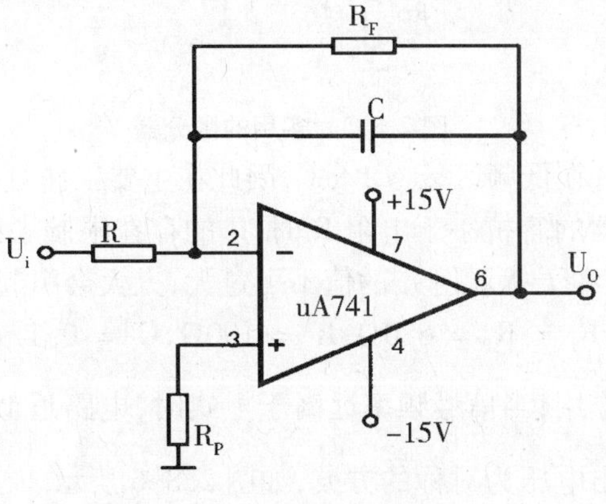

图 2.8.3　实用的积分电路

2. 微分器

微分器可以实现对输入信号的微分运算，微分是积分的逆运算，因此把积分器中的 R 与 C 的位置互换，就组成了最简单的微分器，如图 2.8.4 所示。

根据反相端为"虚地"的概念，由图 2.8.4 得：$i_i = C\dfrac{du_i}{dt}$，$i_i = i_f$。

所以，$u_o(t) = -i_f R_f = -R_f C\dfrac{du_i(t)}{dt}$ 时，常数 $\tau = R_f C$，负号表示运放为反相接法。

同相端的平衡电阻为：$R_p = R_f$。

图 2.8.4 的微分器在实际运用中存在以下问题：一是电容 C 的容抗随着输入信号频率的

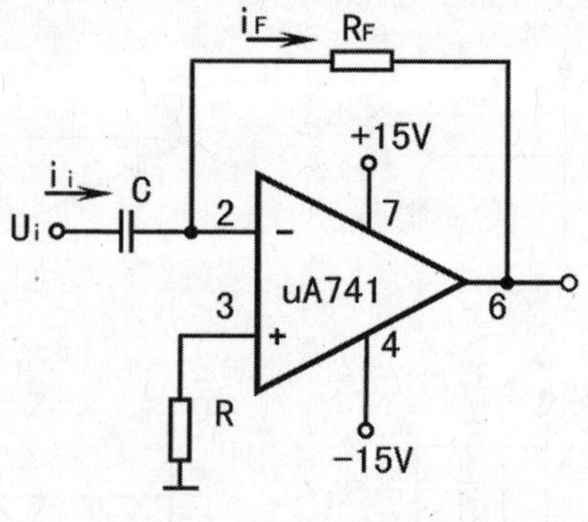

图 2.8.4　微分器原理电路

升高而减小,使得输出电压随着频率的升高而增大,引起高频放大倍数升高,因此高频噪声和干扰所产生的影响比较严重;二是微分器的反馈网络具有一定的滞后相移(0 ~ 90°),它和放大器本身的滞后相移(0 ~ 90°)合在一起,容易满足自激振荡的相位条件而产生自激振荡。所以,图 2.8.4 的微分电路很少使用。实用的微分电路如图 2.8.5 所示。

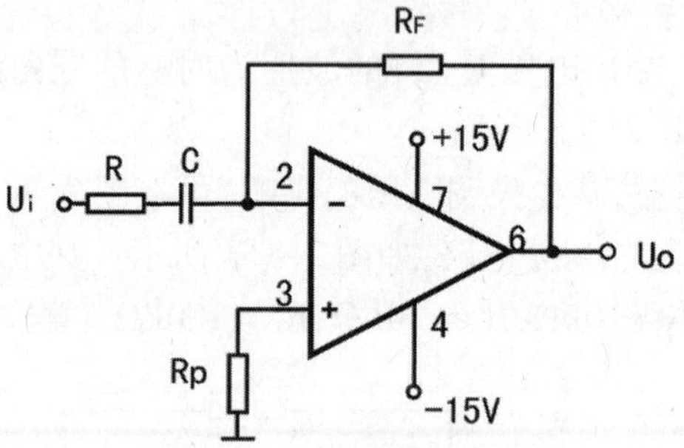

图 2.8.5　实用的微分器

图中增加了小电阻 R,在低频区,$R \ll 1/\omega C$,因此在主要工作频率范围内,电阻 R 的作用不明显。在高频区,当电容器的容抗小于电阻 R 时,R 的存在限制了闭环增益的进一步增大,从而有效地抑制了高频噪声和干扰。但 R 的值不可过大,太大会引起微分运算误差,一般取 $R \leqslant 1k\Omega$ 比较合适。当(图中:$R_f = R_P = 680\Omega, R = 100\Omega, C = 0.1\ \mu F$)输入信号的频率低于 $f_o = \dfrac{1}{2\pi RC}$ 时,电路起微分作用;当信号频率远高于上式时,电路近似为反相器。若输入电压为一个对称的三角波,则输出电压为对称的方波,如图 2.8.6 所示。

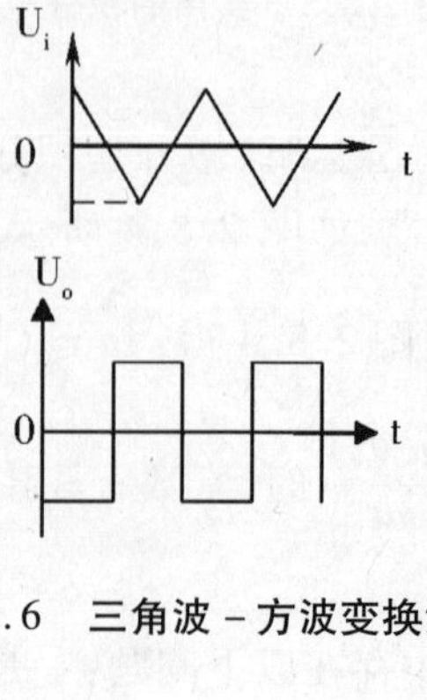

图 2.8.6　三角波 - 方波变换波形

三、实验设备

本次实验所用的实验设备见表 2.8.1。

表 2.8.1　实验设备

名　称	型号或规格	数　量
双踪示波器	美创 V－252	1
直流稳压电源	JWD－2	1
函数信号发生器	SM－1641	1
万用表	YX－960TR 或其他型号	1

四、实验内容及步骤

1. 积分器

(1)按图 2.8.1 所示连接电路。

(2)输入频率为 1000Hz,幅度为 2V 的正弦波信号 U_i,用双踪示波器同时观察并画下 U_o和U_i的波形,记录 U_o的幅度和相对于 U_i的相位。

(3)输入频率为 1000Hz,幅度为 2V 的方波信号 U_i。用双踪示波器同时观察并画下 U_o和U_i的波形,记录 U_o的幅度和 U_o相对于 U_i的相位。

(4)输入幅度为 2V 的正弦波信号 U_i。频率从 20Hz 开始,慢慢加大输入信号的频率,从示波器上同时观察输入波形和输出波形,对观察到的现象进行分析。

2. 微分器

(1)按图 2.8.5 所示连接电路。

(2)输入频率为 500Hz,幅度为 2V 的正弦波信号 U_i,用双踪示波器同时观察并画下 U_o和U_i的波形,记录 U_o的幅度和 U_o相对于 U_i的相位。

(3)输入频率为 500Hz,幅度为 2V 的三角波信号 U_i,用双踪示波器同时观察并画下 U_o和U_i的波形,记录 U_o的幅度和 U_o相对于 U_i的相位。

(4)输入频率为 500Hz,幅度为 2V 的方波信号 U_i。用双踪示波器同时观察并画下 U_o和U_i的波形,记录 U_o的幅度和 U_o相对于 U_i的相位。

(5)输入幅度为 2V 的正弦波信号 U_i。信号频率从 20Hz 开始,慢慢加大输入信号的频率,从示波器上同时观察输入波形和输出波形,对观察到的现象进行分析。

五、实验报告要求

(1)画出标有元件值的实验电路图,整理和分析实验数据。

(2)在坐标纸上画出所观察到的波形。根据波形分析实验现象。

六、预习要求

(1)复习积分器和微分器的工作原理。

(2)根据实验内容,画出标有元件值的实验电路,选定实验电路所需的元件。

实验九 RC 正弦波振荡器

一、实验目的

(1)掌握 RC 正弦波振荡器的组成及其振荡条件。

(2)学会测量、调试振荡器。

二、实验原理

从结构上看,正弦波振荡器是没有输入信号的,带选频网络的正反馈放大器。若用 R、C 元件组成选频网络,就称为 RC 振荡器,一般用来产生 1Hz ~ 1MHz 的低频信号。

1. RC 移相振荡器

电路型式如图 2.9.1 所示,选择 $R \gg R_i$。

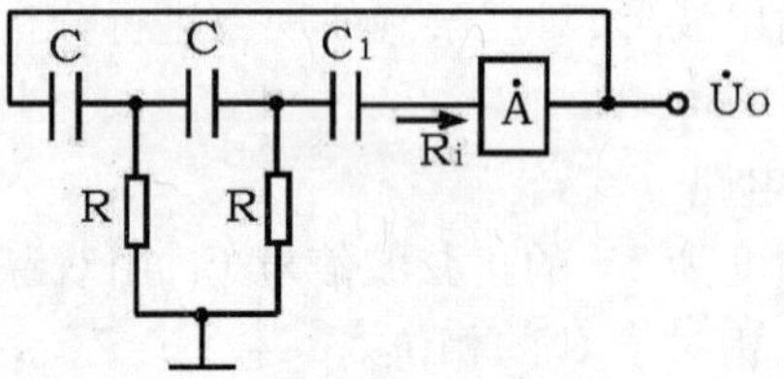

图 2.9.1 RC 移相振荡器原理图

振荡频率:$f_0 = \dfrac{1}{2\pi\sqrt{6}RC}$

起振条件:放大器 A 的电压放大倍数 $|\dot{A}| > 29$

电路特点:简便,但选频作用差,振幅不稳,频率调节不便,一般用于频率固定且稳定性要求不高的场合。

频率范围:几赫 ~ 数十千赫。

2. RC 串并联网络(文氏桥)振荡器

电路型式如图 2.9.2 所示。

振荡频率:$f_0 = \dfrac{1}{2\pi RC}$

起振条件:$|\dot{A}| > 3$

电路特点:可方便地连续改变振荡频率,便于加负反馈稳幅,容易得到良好的振荡波形。

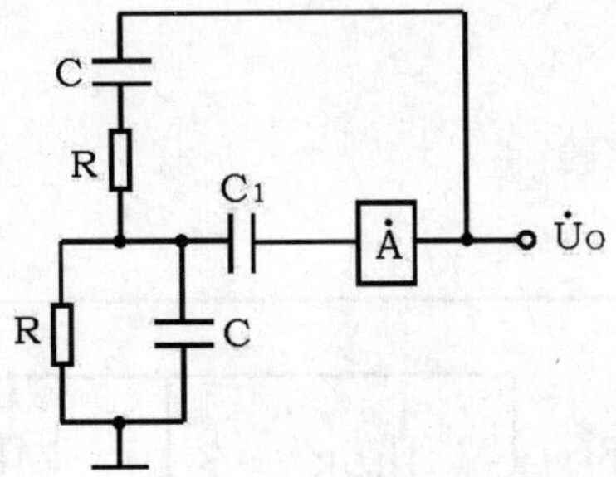

图 2.9.2　RC 串并联网络振荡器原理图

3. 双 T 选频网络振荡器

电路型式如图 2.9.3 所示。

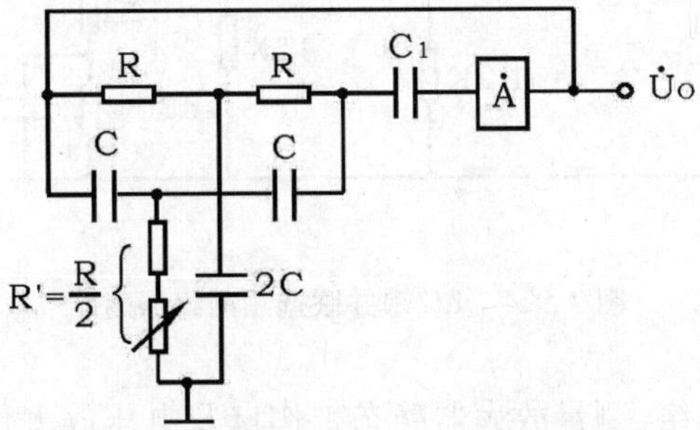

图 2.9.3　双 T 选频网络振荡器原理图

振荡频率: $f_0 = \dfrac{1}{5RC}$

起振条件: $R' < \dfrac{R}{2}$　$|\dot{A}\dot{F}| > 1$

电路特点:选频特性好,调频困难,适于产生单一频率的振荡。

注:本实验采用两级共射极分立元件放大器组成 RC 正弦波振荡器。

三、实验设备

本次实验所用实验设备见表 2.9.1。

表 2.9.1　实验设备

名　称	型号或规格	数　量
双踪示波器	美创 V-252	1
直流稳压电源	JWD-2	1
函数信号发生器	SM-1641	1
万用表	YX-960TR 或其他型号	1

四、实验内容及步骤

1. RC 串并联选频网络振荡器

(1)按图 2.9.4 组接线路。

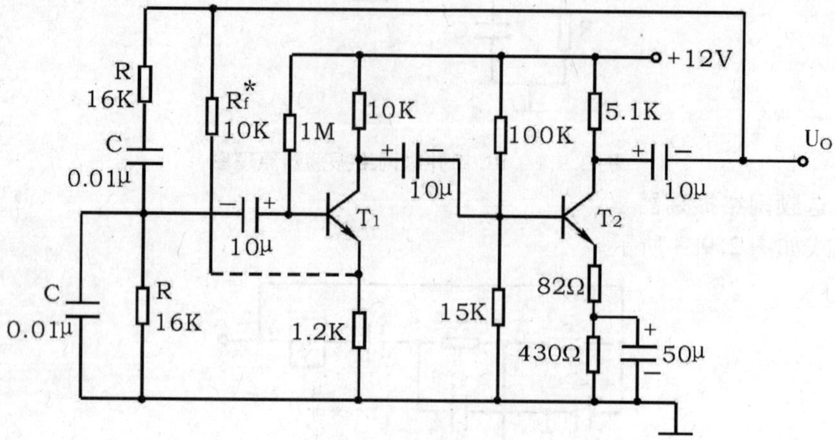

图 2.9.4　RC 串并联选频网络振荡器

(2)断开 RC 串并联网络,测量放大器静态工作点及电压放大倍数,并将测量数据记录在表 2.9.2 中。

表 2.9.2　放大器静态工作点及放大倍数

测　量　值						
U_{B1}(V)	U_{E1}(V)	I_{c1}(V)	U_{B2}(V)	U_{E2}(V)	I_{c2}(V)	Au

(3)接通 RC 串并联网络,并使电路起振,用示波器观测输出电压 U_O 波形,调节 R_f 使获得满意的正弦信号,记录波形及其参数于表 2.9.3。

表 2.9.3　各参数值

测　量　值		
R	C	R_f

(4)测量振荡频率,并与计算值进行比较。

(5)改变 R 或 C 值,观察振荡频率变化情况并记录在表 2.9.4 中。

表 2.9.4　各参数值与频率之间的关系

测　量　值		
R	C	频率(Hz)

(6)RC 串并联网络幅频特性的观察。

将 RC 串并联网络与放大器断开，用函数信号发生器的正弦信号注入 RC 串并联网络，保持输入信号的幅度不变(约 3V)，频率由低到高变化，RC 串并联网络输出幅值将随之变化，当信号源达某一频率时，RC 串并联网络的输出将达最大值(约 1V 左右)。且输入、输出同相位，此时信号源频率为：

$$f = f_o = \frac{1}{2\pi RC}$$

2. 双 T 选频网络振荡器

(1)按图 2.9.5 组接线路。

(2)断开双 T 网络，调试 T_1 管静态工作点，使 U_{C1} 为 6 ~7V，将测量值记于表 2.9.5 中。

表 2.9.5　放大器静态工作点及放大倍数

测量值						
U_{B1}(V)	U_{E1}(V)	Ic1(V)	U_{B2}(V)	U_{E2}(V)	Ic2(V)	Au

(3)接入双 T 网络，用示波器观察输出波形。若不起振，调节 R_{W1}，使电路起振。

(4)测量电路振荡频率，并与计算值比较，并记录于表 2.9.6 中。

表 2.9.6　各参数值与频率之间的关系

测量值		
R	C	频率(Hz)

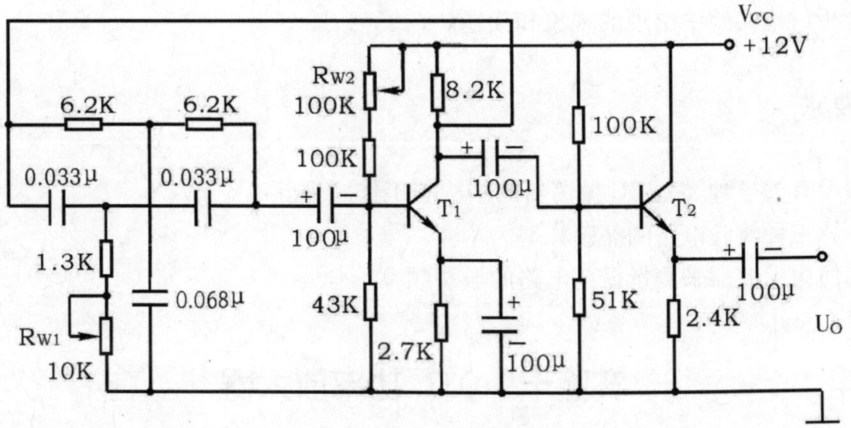

图 2.9.5　双 T 网络 RC 正弦波振荡器

3. RC 移相式振荡器的组装与调试

(1)按图 2.9.6 组接线路。

(2)断开 RC 移相电路，调整放大器的静态工作点，测量放大器电压放大倍数。

(3)接通 RC 移相电路,调节 R_{B2} 使电路起振,并使输出波形幅度最大,用示波器观测输出电压 U_0 波形,同时用频率计和示波器测量振荡频率,并与理论值比较。

*参数自选,时间不够可不做。

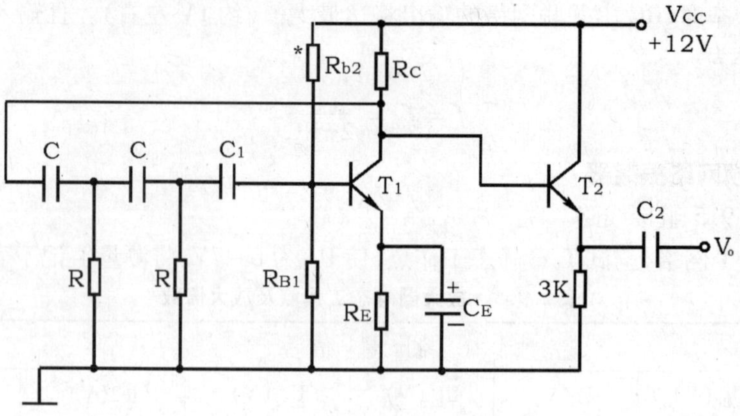

图 2.9.6 RC 移相式振荡器

五、实验报告要求

(1)实验目的。

(2)实验原理。

(3)整理实验数据,画出波形图(注意波形间的相位关系)。

(4)将理论计算结果和实测数据相比较,分析产生误差的原因。

(5)由给定电路参数计算振荡频率,并与实测值比较,分析误差产生的原因。

(6)总结三类 RC 振荡器的特点。

(7)分析讨论实验中出现的现象和问题。

六、预习要求

(1)预习有关三种类型 RC 振荡器的结构与工作原理。

(2)计算三种实验电路的振荡频率。

(3)如何用示波器来测量振荡电路的振荡频率。

实验十 OTL 功率放大器

一、实验目的

(1)进一步理解 OTL 功率放大器的工作原理。

(2)学会 OTL 电路的调试及主要性能指标的测试方法。

二、实验原理

图 2.10.1 所示为 OTL 低频功率放大器。其中由晶体管 T_1 组成推动级(也称前置放大级),T_2、T_3 是一对参数对称的 NPN 和 PNP 型晶体管,它们组成互补推挽 OTL 功放电路。由于每一个管子都接成射极输出器形式,因此具有输出电阻低,负载能力强等优点,适合于作功率输出级。T_1 管工作于甲类状态,它的集电极电流 I_{C1} 由电位器 R_{W1} 进行调节。I_{C1} 的一部分流经电位器 R_{W2} 及二极管 D,给 T_2、T_3 提供偏压。调节 R_{W2},可以使 T_2、T_3 得到合适的静态电流而工作于甲、乙类状态,以克服交越失真。静态时要求输出端中点 A 的电位 $U_A = \frac{1}{2}U_{CC}$,可以通过调节 R_{W1} 来实现,又由于 R_{W1} 的一端接在 A 点,因此在电路中引入交、直流电压并联负反馈,一方面能够稳定放大器的静态工作点,同时也改善了非线性失真。

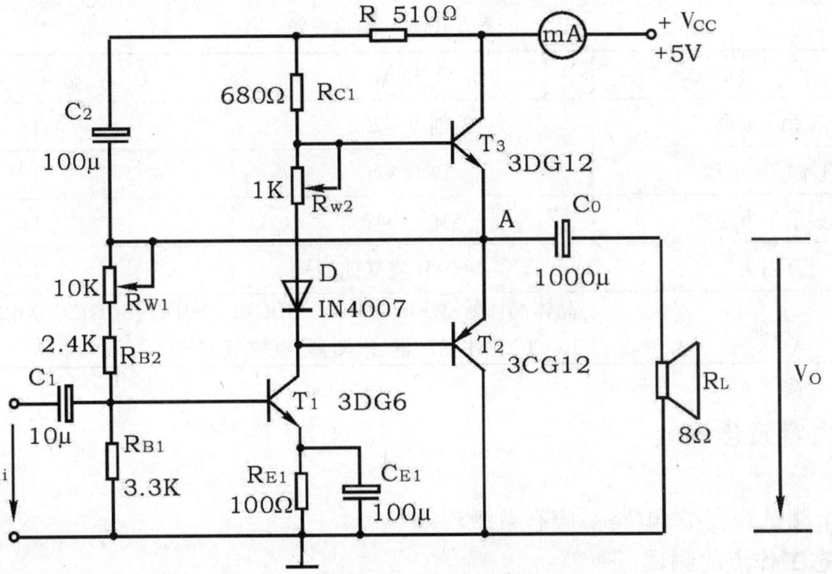

图 2.10.1　OTL 功率放大器实验电路

当输入正弦交流信号 U_i 时,经 T_1 放大、倒相后同时作用于 T_2、T_3 的基极,U_i 的负半周使 T_2 管导通(T_3 管截止),有电流通过负载 R_L,同时向电容 C_0 充电,在 U_i 的正半周,T_3 导通(T_2 截止),则已充好电的电容器 C_0 起着电源的作用,通过负载 R_L 放电,这样在 R_L 上就得到完整的正弦波。C_2 和 R 构成自举电路,用于提高输出电压正半周的幅度,以得到大的动态范围。

OTL 电路的主要性能指标如下:

1. **最大不失真输出功率** P_{0m}

理想情况下,$P_{om} = \frac{1}{8}\frac{V_{CC}^2}{R_L}$,在实验中可通过测量 R_L 两端的电压有效值,来求得实际的 $P_{om} = \frac{U_O^2}{R_L}$。

2. 效率 η

$$\eta = \frac{P_{om}}{P_E}100\% \quad P_E \text{ —直流电源供给的平均功率}$$

理想情况下，η_{max} = 78.5%。在实验中，可测量电源供给的平均电流 I_{dC}，从而求得$P_E = U_{CC} \cdot I_{dC}$，负载上的交流功率已用上述方法求出，因而也就可以计算实际效率了。

3. 频率响应

详见实验二有关部分内容。

4. 输入灵敏度

输入灵敏度是指输出最大不失真功率时，输入信号 U_i之值。

三、实验设备

本次实验所用实验设备见表 2.10.1。

表 2.10.1　实验设备

名　称	型号或规格	数　量
双踪示波器	美创 V－252	1
直流稳压电源	JWD－2	1
函数信号发生器	SM－1641	1
万用表	YX－960TR 或其他型号	1
其他	晶体晶体管 3DG6（9011），3DG12（9013），3CG12（9012）晶体二极管 IN4007，8Ω 扬声器、电阻器、电容器若干	

四、实验内容及步骤

在整个测试过程中，电路不应有自激现象。

1. 静态工作点的测试

按图 2.10.1 连接实验电路，将输入信号旋钮旋至零（U_i = 0），电源进线中串入直流毫安表，电位器 R_{W2} 置最小值，R_{W1} 置中间位置。接通 +5V 电源，观察毫安表指示，同时用手触摸输出级管子，若电流过大，或管子温升显著，应立即断开电源检查原因（如 R_{W2} 开路，电路自激，或输出管性能不好等）。如无异常现象，可开始调试。

（1）调节输出端中点电位 U_A

调节电位器 R_{W1}，用直流电压表测量 A 点电位，使 $U_A = \frac{1}{2}U_{CC}$。

（2）调整输出极静态电流及测试各级静态工作点

调节 R_{W2}，使 T_2、T_3 管的 $I_{C2} = I_{C3}$ = 5 ~ 10mA。从减小交越失真角度而言，应适当加大输出极静态电流，但该电流过大，会使效率降低，所以一般以 5 ~ 10mA 左右为宜。由于毫安表是串在电源进线中，因此测得的是整个放大器的电流，但一般 T_1 的集电极电流 I_{C1} 较小，从而可以把测得的总电流近似当作末级的静态电流。如要准确得到末级静态电流，则可从总电流中减去

I_{C1}之值。

调整输出级静态电流的另一方法是动态调试法。先使 $R_{W2}=0$,在输入端接入 f = 1KHz 的正弦信号 U_i。然后逐渐加大输入信号的幅值,此时,输出波形应出现较严重的交越失真(注意:没有饱和和截止失真),然后缓慢增大 R_{W2},当交越失真刚好消失时,停止调节 R_{W2},恢复 $U_i=0$,此时直流毫安表读数即为输出级静态电流。一般数值也应在 5 ~ 10mA 左右,如过大,则要检查电路。

输出极电流调好以后,测量各级静态工作点,记入表 2.10.2。

表 2.10.2　静态测试　$I_{C2}=I_{C3}=$ mA　$U_A=2.5V$

	T_1	T_2	T_3
U_B(V)			
U_C(V)			
U_E(V)			

注意:

① 在调整 R_{W2}时,一是要注意旋转方向,不要调得过大,更不能开路,以免损坏输出管。

② 输出管静态电流调好,如无特殊情况,不得随意旋动 R_{W2}的位置。

2. 最大输出功率 P_{0m}和效率 η 的测试

(1)测量 P_{om}

输入端接 f = 1KHz 的正弦信号 U_i,输出端用示波器观察输出电压 U_0波形。逐渐增大 U_i,使输出电压达到最大不失真输出,用交流毫伏表测出负载 R_L上的电压 U_{0m},则:

$$P_{Om} = \frac{U_{om}^2}{R_L}$$

(2)测量 η

当输出电压为最大不失真输出时,读出直流毫安表中的电流值,此电流即为直流电源供给的平均电流 I_{dC}(有一定误差),由此可近似求得 $P_E=U_{CC}I_{dc}$,再根据上面测得的 P_{0m},即可求出 $\eta=\frac{P_{Om}}{P_E}$。

3. 输入灵敏度测试

根据输入灵敏度的定义,只要测出输出功率 $P_0=P_{0m}$时的输入电压值 U_i即可。

4. 频率响应的测试

测试方法同实验二。记入表 2.10.3。

表 2.10.3　频率响应测试　$U_i=$ mV

				f_L	f_0		f_H		
f(Hz)					1000				
U_0(V)									
A_V									

在测试时为保证电路的安全,应在较低电压下进行,通常取输入信号为输入灵敏度的 50%。在整个测试过程中,应保持 U_i为恒定值,且输出波形不得失真。

5. 研究自举电路的作用

(1)测量有自举电路,且 $P_0 = P_{0max}$ 时的电压增益 $A_V = \frac{U_{0m}}{U_i}$。

(2)将 C_2 开路,R 短路(无自举),再测量 $P_0 = P_{0max}$ 的 A_V。

用示波器观察(1)、(2)两种情况下的输出电压波形,并将以上两项测量结果进行比较,分析研究自举电路的作用。

6. 噪声电压的测试

测量时将输入端短路($U_i = 0$),观察输出噪声波形,并用交流毫伏表测量输出电压,即为噪声电压 U_N,本电路若 $U_N < 15mV$,即满足要求。

7. 试听

输入信号改为录音机输出,输出端接试听音箱及示波器。开机试听,并观察语言和音乐信号的输出波形。

五、实验报告

(1)整理实验数据,计算静态工作点、最大不失真输出功率 P_{0m}、效率 η 等,并与理论值进行比较。画频率响应曲线。

(2)分析自举电路的作用。

(3)讨论实验中发生的问题及解决办法。

六、预习要求

(1)复习有关 OTL 工作原理部分内容。

(2)为什么引入自举电路能够扩大输出电压的动态范围?

(3)交越失真产生的原因是什么?怎样克服交越失真?

(4)电路中电位器 R_{W2} 如果开路或短路,对电路工作有何影响?

(5)为了不损坏输出管,调试中应注意什么问题?

(6)如电路有自激现象,应如何消除?

实验十一　串联型晶体管稳压电源

一、实验目的

(1)研究单相桥式整流、电容滤波电路的特性。

(2)掌握串联型晶体管稳压电源主要技术指标的测试方法。

二、实验原理

电子设备一般都需要直流电源供电。这些直流电除了少数直接利用干电池和直流发电机外,大多数是采用把交流电(市电)转变为直流电的直流稳压电源。

直流稳压电源由电源变压器、整流、滤波和稳压电路四部分组成,其原理框图如图 2.11.1 所示。电网供给的交流电压 U_1(220V,50Hz)经电源变压器降压后,得到符合电路需要的交流电压 U_2,然后由整流电路变换成方向不变、大小随时间变化的脉动电压 U_3,再用滤波器滤去其交流分量,就可得到比较平直的直流电压 U_I。但这样的直流输出电压,还会随交流电网电压的波动或负载的变动而变化。在对直流供电要求较高的场合,还需要使用稳压电路,以保证输出直流电压更加稳定。

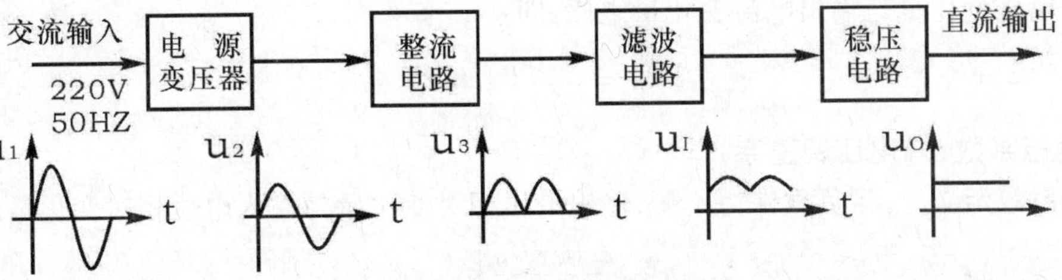

图 2.11.1　直流稳压电源框图

图 2.11.2 是由分立元件组成的串联型稳压电源的电路图。其整流部分为单相桥式整流、电容滤波电路。稳压部分为串联型稳压电路,它由调整元件(晶体管 T_1);比较放大器 T_2、R_7;取样电路 R_1、R_2、R_W,基准电压 D_W、R_3 和过流保护电路 T_3 管及电阻 R_4、R_5、R_6 等组成。整个稳压电路是一个具有电压串联负反馈的闭环系统,其稳压过程为:当电网电压波动或负载变动引起输出直流电压发生变化时,取样电路取出输出电压的一部分送入比较放大器,并与基准电压进行比较,产生的误差信号经 T_2 放大后送至调整管 T_1 的基极,使调整管改变其管压降,以补偿输出电压的变化,从而达到稳定输出电压的目的。

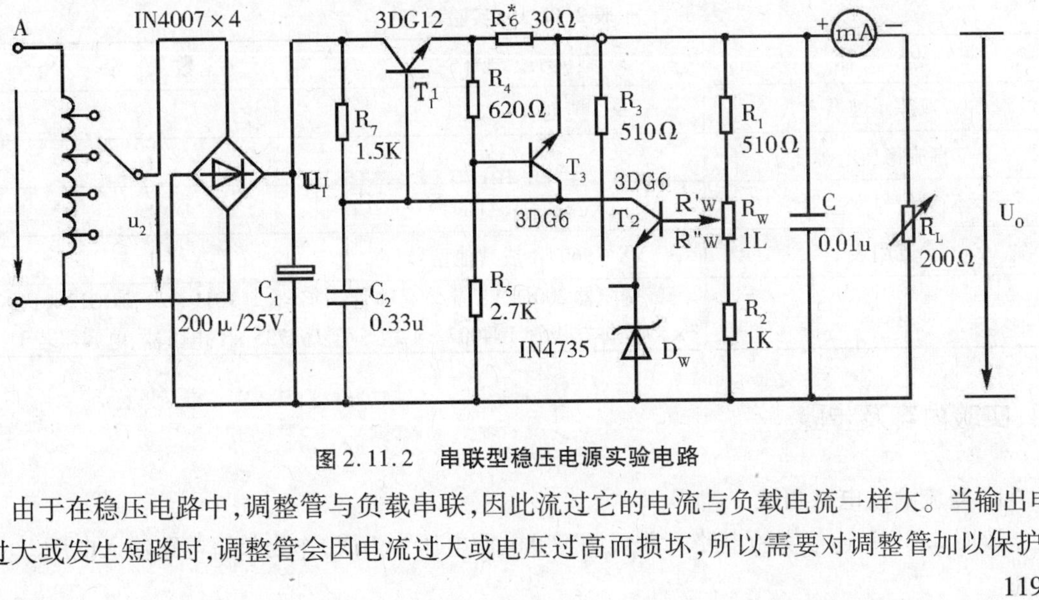

图 2.11.2　串联型稳压电源实验电路

由于在稳压电路中,调整管与负载串联,因此流过它的电流与负载电流一样大。当输出电流过大或发生短路时,调整管会因电流过大或电压过高而损坏,所以需要对调整管加以保护。

在图2.11.2 电路中，晶体管 T_3、R_4、R_5、R_6组成减流型保护电路。此电路设计在 $I_{0P}=1.2I_0$时开始起保护作用，此时输出电流减小，输出电压降低。故障排除后电路应能自动恢复正常工作。在调试时，若保护提前作用，应减少 R_6值；若保护作用滞后，则应增大 R_6之值。

稳压电源的主要性能指标：

1. 输出电压 U_0和输出电压调节范围

$$U_O = \frac{R_1 + R_W + R_2}{R_2 + R_W''}(U_Z + U_{BE2})$$

调节 R_W可以改变输出电压 U_0。

2. 最大负载电流 I_{0m}

3. 输出电阻 R_0

输出电阻 R_0定义为：当输入电压 U_I（指稳压电路输入电压）保持不变，由于负载变化而引起的输出电压变化量与输出电流变化量之比，即：

$$R_O = \frac{\triangle U_O}{\triangle I_O}\bigg|_{U_I=\text{常数}}$$

4. 稳压系数 S（电压调整率）

稳压系数定义为：当负载保持不变，输出电压相对变化量与输入电压相对变化量之比，即：

$$S = \frac{\triangle U_O / U_O}{\triangle U_I / U_I}\bigg|_{R_L=\text{常数}}$$

由于工程上常把电网电压波动 ±10% 作为极限条件，因此也有将此时输出电压的相对变化$\triangle U_0/U_0$作为衡量指标，称为电压调整率。

5. 纹波电压

输出纹波电压是指在额定负载条件下，输出电压中所含交流分量的有效值（或峰值）。

三、实验设备

本次实验所用实验设备见表 2.11.1。

表 2.11.1 实验设备

名　称	型号或规格	数　量
双踪示波器	美创 V-252	1
直流稳压电源	JWD-2	1
函数信号发生器	SM-1641	1
万用表	YX-960TR 或其他型号	1
其他	滑线变阻器 200Ω/1A 晶体晶体管 3DG6×2（9011×2），3DG12×1（9013×1）晶体二极管 IN4007×4 稳压管 IN4735×1 电阻器、电容器若干	

四、实验内容及步骤

1. 整流滤波电路测试

按图 2.11.3 连接实验电路。取可调工频电源电压为 16V，作为整流电路输入电压 U_2。

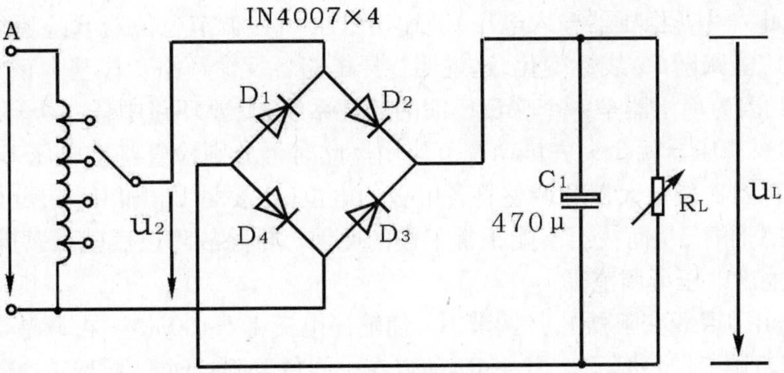

图 2.11.3　整流滤波电路

(1)取 $R_L=240\Omega$,不加滤波电容,测量直流输出电压 U_L 及纹波电压 $\hat{U}_L$,并用示波器观察 U_2 和 U_L 波形,记入表 2.11.2。

(2)取 $R_L=240\Omega$,$C=470\mu F$,重复内容(1)的要求,记入表 2.11.2。

(3)取 $R_L=120\Omega$,$C=470\mu F$,重复内容(1)的要求,记入表 2.11.2。

表 2.11.2　整流滤波电路测试　$U_2=16V$

电 路 形 式		U_L(V)	$\hat{U}_L$(V)	u_L 波形
$R_L=240\Omega$	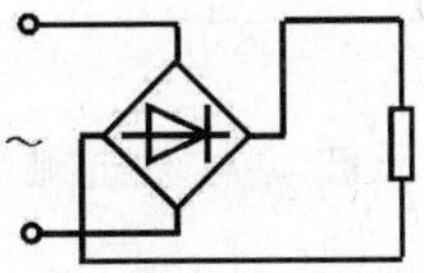			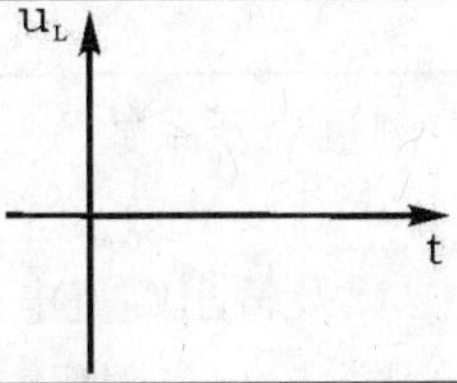
$R_L=240\Omega$ $C=470\mu F$	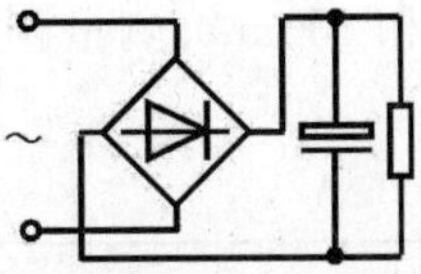			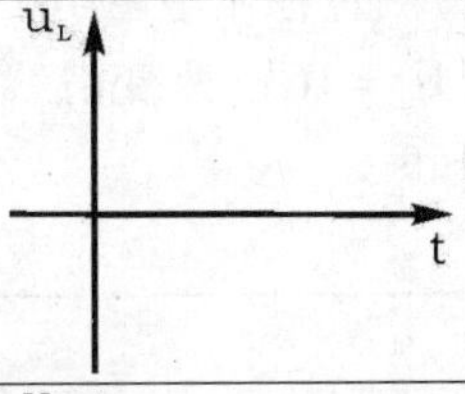
$R_L=120\Omega$ $C=470\mu F$	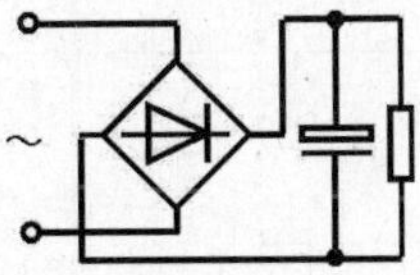			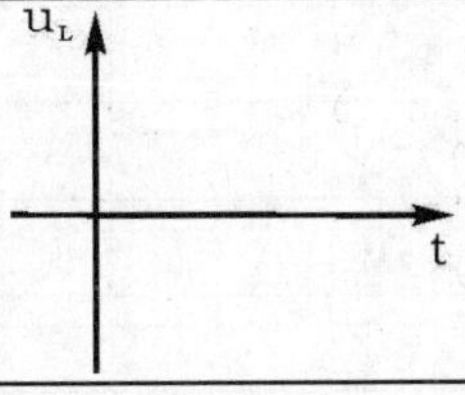

注意:

① 每次改接电路时,必须切断工频电源。

② 在观察输出电压 u_L 波形的过程中,“Y 轴灵敏度”旋钮位置调好以后,不要再变动,否则将无法比较各波形的脉动情况。

2. 串联型稳压电源性能测试

切断工频电源,在图 2.11.3 基础上按图 2.11.2 连接实验电路。

(1)初测

稳压器输出端负载开路,断开保护电路,接通 16V 工频电源,测量整流电路输入电压 U_2,

滤波电路输出电压 U_I(稳压器输入电压)及输出电压 U_0。调节电位器 R_W,观察 U_0的大小和变化情况,如果 U_0能跟随 R_W线性变化,这说明稳压电路各反馈环路工作基本正常。否则说明稳压电路有故障,因为稳压器是一个深负反馈的闭环系统,只要环路中任一个环节出现故障(某管截止或饱和),稳压器就会失去自动调节作用。此时可分别检查基准电压 U_Z,输入电压 U_I,输出电压 U_0,以及比较放大器和调整管各电极的电位(主要是 U_{BE}和 U_{CE}),分析它们的工作状态是否都处在线性区,从而找出不能正常工作的原因。排除故障以后就可以进行下一步测试。

(2)测量输出电压可调范围

接入负载 R_L(滑线变阻器),并调节 R_L,使输出电流 $I_0 \approx 100mA$。再调节电位器 R_W,测量输出电压可调范围 $U_{0min} \sim U_{0max}$。且使 R_W动点在中间位置附近时 $U_0 = 12V$。若不满足要求,可适当调整 R_1、R_2之值。

(3)测量各级静态工作点

调节输出电压 $U_0 = 12V$,输出电流 $I_0 = 100mA$,测量各级静态工作点,记入表 2.11.3。

表 2.11.3　静态测试　$U_2 = 16V$　$U_0 = 12V$　$I_0 = 100mA$

	T_1	T_2	T_3
U_B(V)			
U_C(V)			
U_E(V)			

(4)测量稳压系数 S

取 $I_0 = 100mA$,改变整流电路输入电压 U_2(模拟电网电压波动),分别测出相应的稳压器输入电压 U_I及输出直流电压 U_0,记入表 2.11.4。

(5)测量输出电阻 R_0

取 $U_2 = 16V$,改变滑线变阻器位置,使 I_0为空载、50mA 和 100mA,测量相应的 U_0值,记入表 2.11.5。

表 2.11.4　测量稳压系数 S　$I_0 = 100mA$

测试值			计算值
U_2(V)	U_I(V)	U_0(V)	S
14			S_{12} =
16		12	
18			S_{23} =

表 2.11.5　测量输出电阻 R_0　$U_2 = 16V$

测　试　值		计算值
I_0(mA)	U_0(V)	R_0(Ω)
空载		R_{012} =
50	12	
100		R_{023}

(6)测量输出纹波电压

取 $U_2=16V$,$U_0=12V$,$I_0=100mA$,测量输出纹波电压 U_0,记录之。

(7)调整过流保护电路

①断开工频电源,接上保护回路,再接通工频电源,调节 R_W 及 R_L 使 $U_0=12V$,$I_0=100mA$,此时保护电路应不起作用。测出 T_3 管各极电位值。

②逐渐减小 R_L,使 I_0 增加到 120mA,观察 U_0 是否下降,并测出保护起作用时 T_3 管各极的电位值。若保护作用过早或迟后,可改变 R_6 之值进行调整。

③用导线瞬时短接一下输出端,测量 U_0 值,然后去掉导线,检查电路是否能自动恢复正常工作。

五、实验报告

(1)对表 2.11.2 所测结果进行全面分析,总结桥式整流、电容滤波电路的特点。

(2)根据表 2.11.4 和表 2.11.5 所测数据,计算稳压电路的稳压系数 S 和输出电阻 R_0,并进行分析。

(3)分析讨论实验中出现的故障及其排除方法。

六、预习要求

(1)复习教材中有关分立元件稳压电源部分内容,并根据实验电路参数估算 U_0 的可调范围及 $U_0=12V$ 时 T_1,T_2 管的静态工作点(假设调整管的饱和压降 $U_{CE1S}\approx1V$)。

(2)说明 U_2、U_I、U_0 及 $\widetilde{U}_0$ 的物理意义,并从实验仪器中选择合适的测量仪表。

(3)在桥式整流电路实验中,能否用双踪示波器同时观察 U_2 和 U_L 波形,为什么?

(4)在桥式整流电路中,如果某个二极管发生开路、短路或反接三种情况,将会出现什么问题?

(5)为了使稳压电源的输出电压 $U_0=12V$,则其输入电压的最小值 U_{Imin} 应等于多少?交流输入电压 U_{2min} 又怎样确定?

(6)当稳压电源输出不正常,或输出电压 U_0 不随取样电位器 Rw 而变化时,应如何进行检查并找出故障所在?

(7)分析保护电路的工作原理。

(8)怎样提高稳压电源的性能指标(减小 S 和 R_0)?

第三章 模拟电路提高型实验

提高型实验是为了培养学生具有初步设计简单电路的能力而设计的。它要求学生在掌握课堂知识的基础上,根据题目的指标要求,查阅有关的参考资料,在教师的指导下进行电路设计,并对设计方案中的单元电路进行计算,选用元器件画出总体电路原理图,最后进行电路的安装、调试和测试,并写出设计性总结报告。

实验一 共射极放大器的设计

一、实验目的

(1)学会根据一定的技术指标设计单级阻容耦合共射极放大器。

(2)练习安装技术,学会检查、调整、测量电路的工作状态。

(3)掌握测量放大器的电压放大倍数、频率响应曲线和动态范围的方法。

二、设计方法

共射极放大器的设计,是指根据技术指标要求,确定电路方案、选择晶体管和直流电源电压,确定静态工作点和电路元件的数值。对于信号幅度较大的放大器,除了应有适当的电压放大倍数外,还应有足够的动态范围(指放大器最大不失真输出信号的峰 - 峰值)。这时对工作点的选择必须考虑外接负载的影响,只有恰当的选择 E_C、R_c 和静态工作点 Q,才能达到所需的动态范围。

设计一个共射极放大器,通常是给出所要达到的放大倍数 A_u、负载电阻 R_L 的值、输出电压幅度 U_{om}(或动态范围 U_{op-p})和某一温度范围内的工作条件。然后根据这些指标进行电路的设计和参数的计算。

1. 动态范围与电路参数的关系

对于图 3.1.1 所示的放大器,当输出信号的动态范围有一定的要求时,应根据给定的负载电阻 R_L 的值和动态范围 U_{op-p},以及发射极电压 U_{EQ} 来选择电源电压 E_C、确定直流负载 R_c 和静态工作点 Q。

具体步骤如下:

(1)选择电源电压 E_C

通常稳定条件为:

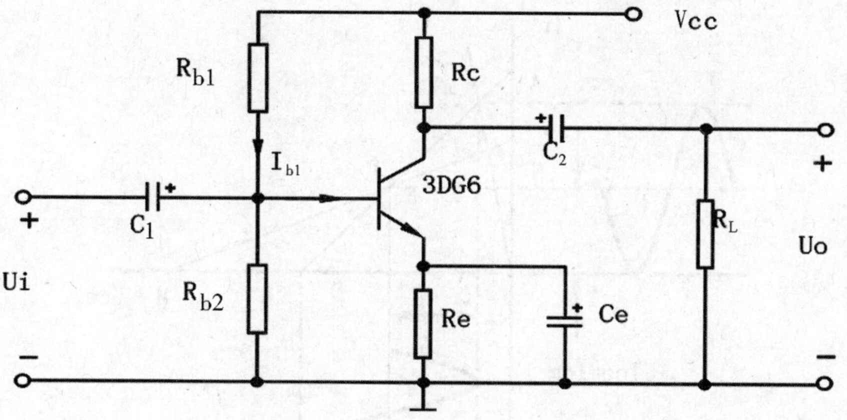

图 3.1.1　共射极放大器电路图

$$U_B = (5 \sim 10)_{UBEQ} \tag{3.1.1}$$

$$I_{b1} = (5 \sim 10) I_{BQ} \tag{3.1.2}$$

$$V_{CC} \geqslant 1.5(U_{OP-P} + U_{CES}) + U_{EQ} \tag{3.1.3}$$

U_{CES}为晶体管的反向饱和压降,一般小于 1V,计算时取 1V, $U_{EQ} \approx U_B$ 。

(2)确定直流负载 R_c

$$R_c = \left(\frac{V'_{CC} - U_{CES}}{U_{om}} - 2\right) R_L \tag{3.1.4}$$

其中, $V'_{CC} = V_{CC} - U_{EQ}$ 。

(3)确定静态工作点 Q

$$I_{CQ} = \beta I_{BQ} \tag{3.1.5}$$

$$U_{CEQ} \approx E_C - I_{CQ} R_C - U_B \tag{3.1.6}$$

另外,根据图 3.1.2 所示放大器的电压最大输出范围可得:

$$U_{CEQ} = Uom + U_{CES} \tag{3.1.7}$$

$$I_{CQ} = \frac{(V'_{CC} - U_{CES}) - U_{om}}{R_c} \tag{3.1.8}$$

(4)偏置电路元件计算公式

$$R_{b1} = \frac{V_{CC} - U_B}{I_{b1}} \tag{3.1.9}$$

$$R_{b2} = \frac{U_B}{I_{b1} - I_B} \approx \frac{U_B}{I_{b1}} \tag{3.1.10}$$

$$R_e = \frac{U_E}{I_{EQ}} \approx \frac{U_B - U_{BE}}{I_{CQ}} \tag{3.1.11}$$

2. 单级放大器的设计方法举例

设计一个放大器,它的主要技术指标为:

(1)电压放大倍数 $A_u \geqslant 80$;

(2)输出电压峰峰值 $U_{op-p} = 6V$;

(3)负载电阻 $R_L = 3.6\ K\Omega$;

(4)信号源内阻 $R_s = 600\Omega$;

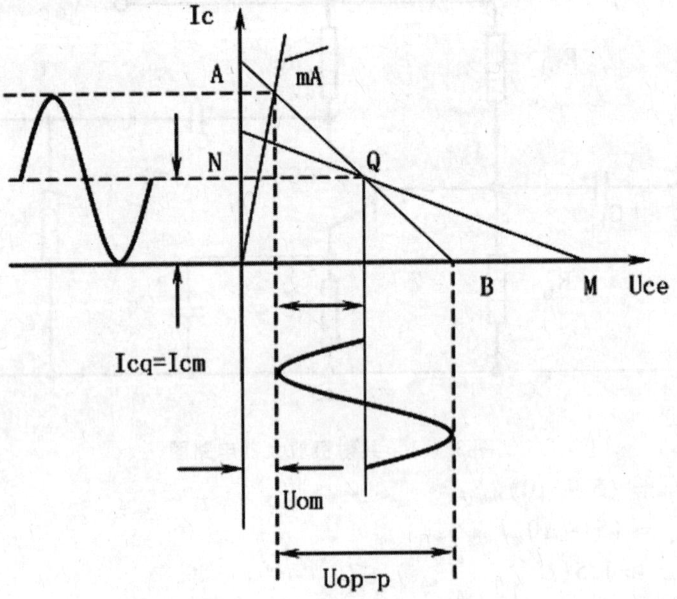

图 3.1.2　放大器的电压最大输出范围

(5)带宽$\Delta f = 100Hz - 100kHz$;

(6)有较好的温度稳定性。

设计步骤:

(1)确定电路方案,选择晶体管

要求有较好的温度稳定性,放大器的静态工作点必须比较稳定,为此采用具有电流负反馈的共射极放大器,如图 3.1.1 所示。因放大器的上限频率要求较高,故选用高频小功率管 3DG6。其特性参数为:

$I_{CM} = 20mA$, $U_{CEO} \geqslant 20V$, $f_T \geqslant 150MHz$, $\beta = 60$

由于 $\beta U_{CEO} > E_C$, $I_{CM} > I_C$一倍以上,因此可以满足要求。

(2)选择电源电压 E_C

根据(3.1.3)式,$U_{EQ} \approx U_B = (5 \sim 10) U_{BE} = 3.5 \sim 7V$,对于硅管,$U_{EQ} = 3 \sim 5V$,现取 $U_{EQ} = 4V$,饱和压降 U_{CES}一般取 1V,于是 E_C为:

$$V_{CC} \geqslant 1.5(U_{OP-P} + U_{CES}) + U_{EQ}$$
$$= 1.5(6+1) + 4 = 14.5\ V$$

取 $V_{CC} = 15V$

(3)计算 R_c

直流负载电阻 R_c与放大倍数、动态范围等都有关系。在本例中,要求有较大的动态范围,故应用下式计算 R_c的值:

$$R_c = \left(\frac{V'_{CC} - U_{CES}}{U_{om}} - 2\right) R_L$$

其中,$V'_{CC} = V_{CC} - U_{EQ} = 15 - 4 = 11$

$$R_c = \left(\frac{11-1}{3} - 2\right) \times 3.6 \times 10^3$$

$$= 4.8\times10^3\Omega$$
$$= 4.8k\Omega$$

(4)确定静态工作点

静态工作点的电流 I_{CQ} 和电压 U_{CEQ} 分别为：

$$I_{CQ} = \frac{(V_{CC}' - U_{CES}) - U_{om}}{R_c}$$
$$= \frac{11-1-3}{4.8} = 1.46\times10^{-3}A$$
$$U_{CEQ} = U_{om} + U_{CES} = 3+1 = 4V$$

(5)校核放大器倍数

$$A_u = \frac{-\beta R_L'}{r_{be}}$$

其中，$R'_L = R_L /\!/ R_c$

$$r_{be} = r_{bb'} + (1+\beta)\frac{26(mV)}{I_{EQ}(mA)}$$
$$= 300 + (1+60)\frac{26}{1.46}$$
$$= 1386\Omega$$
$$\approx 1.4k\Omega$$
$$R_L' = \frac{R_c R_L}{(R_c + R_L)}$$
$$= \frac{4.8\times10^3\times3.6\times10^3}{(4.8+3.6)\times10^3}$$
$$\approx 2.1\times10^3\Omega$$
$$A_u = \frac{-\beta R_L}{r_{be}}$$
$$= \frac{-60\times2.1\times10^3}{1.4\times10^3}$$
$$\approx -86$$

所以 A_u 值达到指标要求。

(6)计算偏置电路元件 R_{b1}、R_{b2} 与 R_e 等

从(3.1.2)、(3.1.5)式可得：$I_{BQ} = I_{CQ}/\beta$，$I_{b1} = 8I_{BQ}$，因要求 Q 点较稳定，故 I_{b1} 取大点，于是：

$$I_{b1} = 8I_{BQ}$$
$$= 8\frac{I_{CQ}}{\beta}$$
$$= \frac{8\times1.46\times10^{-3}}{60}$$
$$= 0.195\times10^{-3}A = 0.195mA$$
$$R_{b1} = \frac{E_C - U_B}{I_{b1}}$$

$$= \frac{15-4-0.7}{0.195\times10^{-3}}$$
$$= 52.8\times10^{3}\Omega$$
$$= 52.8k\Omega$$
$$R_{b2} = \frac{U_{BQ}}{I_{b1}}$$
$$= \frac{4+0.7}{0.195\times10^{-3}}$$
$$= 24.1\times10^{3}\Omega$$
$$= 24.1k\Omega$$
$$R_e = \frac{U_{EQ}}{I_{EQ}}$$
$$= \frac{4}{1.46\times10^{-3}}$$
$$= 2.74\times10^{3}\Omega$$
$$= 2.74k\Omega$$

其中，$U_{BQ} = U_{EQ} + U_{BEQ} = 4 + 0.7 = 4.7V$；实验时，$R_{b1}$可用4.7kΩ电阻与100 kΩ电位器串联来代替，R_{b2}取24 kΩ，R_e取2.7 kΩ，R_c取4.7 kΩ，R_L为3.6 kΩ。

(7)选择电容 C_1、C_2和 C_e

单级放大器的低频响应是由 C_1、C_2和 C_e决定的，如果放大器的下限频率f_L已知，可按下列公式估算 C_1、C_2和 C_e：

$$C_1 \geqslant (3\sim10)\frac{1}{2\pi f(R_s + r_{be})}$$
$$= (3\sim10)\times\frac{1}{2\times3.14\times100\times(600+1386)}$$
$$= (3\sim10)\times0.8\times10^{-6}F$$
$$C_2 \geqslant (3\sim10)\frac{1}{2\pi f(R_c + R_L)}$$
$$= (3\sim10)\times\frac{1}{2\times3.14\times100\times(4800+3600)}$$
$$= (3\sim10)\times0.19\times10^{-6}F$$
$$C_e \geqslant (1\sim3)\frac{1+\beta}{2\pi f(R_s + r_{be})}$$
$$= (1\sim3)\times\frac{1+60}{2\times3.14\times100\times(600+1386)}$$
$$= (1\sim3)\times4.89\times10^{-5}F$$

取 $C_1 = C_2 = 10$ uF，$C_e = 100$uF 的电解电容，就可满足要求。

三、实验内容与步骤

设计一个单级放大器。其技术指标如下：

(1)电压放大倍数 $A_u > 60$；
(2)输出电压峰峰值 $U_{op-p} = 4V$；
(3)负载电阻 $R_L = 3K\Omega$；
(4)信号源内阻 $R_s = 600\Omega$；
(5)带宽$\Delta f = 20Hz \sim 200kHz$；
(6)有较好的温度稳定性。
步骤如下：
(1)根据技术要求选好放大器电路后，计算放大器各元件的参数值。
(2)将设计好的电路先在计算机上仿真，适当改变元件的参数，确定最佳值。
(3)按设计好的电路进行安装、调试与参数测量(参看基础型实验三)。
(4)把测量参数的值填入表3.1.1和表3.1.2中。

表3.1.1　静态工作点　$I_C = 2mA$

测量值				计算值		
U_B(V)	U_E(V)	U_C(V)	R_{B2}(KΩ)	U_{BE}(V)	U_{CE}(V)	I_C(mA)

表3.1.2　测量的技术指标

测量值					计算值		
U_{opp}(V)	Av(V)	Ri(KΩ)	R_o(KΩ)	F(Hz)	U_{opp}(V)	Av(V)	f(Hz)

四、实验报告

(1)实验目的。
(2)实验内容。
(3)根据给定的指标要求，计算元件参数，列出计算机仿真的结果。
(4)绘出设计的电路图，并标明元件的数值。
(5)实验数据处理，分析测量值与设计要求的偏差的原因。

五、预习要求

(1)共射极放大器静态工作点的选择原则是什么？
(2)放大器主要指标的定义及测量方法？
(3)根据给出的技术指标计算出放大器电路各元件数值，制定出实验方案，选择实验仪器设备，并在计算机上进行电路仿真，找出元件最佳值。

实验二　多级交流放大器的设计

一、实验目的

(1)学习多级交流放大器的设计方法。

(2)掌握多级交流放大器的安装、调试与测量方法。

二、设计方法、设计举例和设计步骤

当需要放大低频范围内的交流信号时,可用集成运算放大器组成具有深度负反馈的交流放大器。由于交流放大器的级与级之间可以采用电容耦合方式,所以不用考虑运算放大器的失调参数和漂移的影响。因此,用运算放大器设计的交流放大器具有组装简单、调试方便、工作稳定等优点。

如果需要组成具有较宽频带的交流放大器,应选择宽带集成放大器,并使其处于深度负反馈。若要得到较高增益的宽带交流放大器,可用两个或两个以上的单级交流放大器级联组成。

在设计小信号多级宽带交流放大器时,输入到前级运算放大器的信号幅值较小,为了减小动态误差,应选择宽带运算放大器,并使它处于深度负反馈。由于运放的增益带宽积是一个常数,因此,加大负反馈深度,可以降低电压放大倍数,从而达到扩展频带宽度的目的。由于输入到后级运放的信号幅度较大,因此,后级运放在大信号的条件下工作,这时,影响误差的主要因素是运放的转换速率,运放的转换速率越大,误差越小。

1. 设计方法

(1)确定放大器的级数 n

根据多级放大器的电压放大倍数 $A_{u\Sigma}$ 和所选用的每级放大器的放大倍数 A_{ui},确定多级放大器的级数 n。

(2)选择电路形式

(3)选择集成运算放大器

先初步选择一种类型的运放,然后根据所选运放的单位增益带宽 BW,计算出每级放大器的带宽。

$$f_{Hi} = \frac{BW}{A_{ui}} \tag{3.2.1}$$

按式(3.2.1)算出:

$$f'_{Hi} = f_{Hi}\sqrt{2^{\frac{1}{n}} - 1} \tag{3.2.2}$$

多级放大器的总带宽 f_H 必须满足:

$$f_H \leqslant f'_{Hi} \tag{3.2.3}$$

若 $f_H > f'_{Hi}$,就不能满足技术指标提出的带宽要求,此时可再选择增益带宽积更高的运放。一直到多级放大器的总带宽 f_H 满足式(3.2.3)为止。

当所选择的运放满足带宽要求后，对末级放大器所选用的运放，其转换速率 S_R 必须满足：

$$S_R \geqslant 2\pi f_{max} \cdot U_{om} \tag{3.2.4}$$

否则会使输出波形严重失真。

(4)选择供电方式

在交流放大器中的运放可以采用单电源供电或正负双电源供电方式。单电源供电与正负双电源供电的区别是，单电源供电的电位参考点为负电源端(此时负电源端接地)，而正负双电源供电的参考电位是总电源的中间值(当正负电源的电压值相等时，参考电位为零)。

(5)计算各电阻值

根据交流放大器的输入电阻和对第一级电压放大倍数的要求，先确定出第一级的输入电阻和负反馈支路的电阻，然后再根据第二级电压放大倍数的要求，确定出第二级的输入电阻和负反馈支路的电阻。按此顺序，逐渐地把每级的电阻值确定下来。

(6)计算耦合电容

当信号源的内阻和运放的输出电阻被忽略时，信号源与输入级之间、级与级之间的耦合电容可按下式计算：

$$C = \frac{(1 \sim 10)}{2\pi f_L R_i} \tag{3.2.5}$$

上式中，R_i 是耦合电容C所在级的输入电阻。类似的输出电容可按下式计算：

$$C = \frac{(1 \sim 10)}{2\pi f_L R_L} \tag{3.2.6}$$

2. 设计举例

要求设计一个交流放大器，性能指标为：

中频电压放大倍数：$A_u = 1000$；

输入电阻：$R_i = 20k\Omega$；

通频带：$\Delta f = f_H - f_L$，其中 $f_L \leqslant 20Hz$，$f_H \geqslant 10kHz$；

已知负载电阻：$R_L = 2k\Omega$。

3. 设计步骤

(1)确定放大器的级数n

由于所要求的电压放大倍数 $Au = 1000$，同相放大器的电压放大倍数在1~100之间，反相放大器的电压放大倍数在0.1~100之间，因此采用两级就可以满足设计要求。在本例中放大器的级数选用两级。

(2)选择电路形式

由于同相放大器的输入电阻比较高，在不接同相端平衡电阻 R_P 时，同相放大器的输入电阻在10MΩ~100MΩ之间，接了同相端平衡电阻 R_P 后，输入电阻主要由 R_P 的值决定。反相放大器的输入电阻 $R_i = R_1$，R_1 的取值一般在1kΩ~1MΩ之间，对于所设计的交流放大器，要求输入电阻 $R_i = 20k\Omega$，因此输入级无论采用同相放大器还是反相放大器都能满足要求。

由于交流放大器所要求的最大不失真输出电压 $U_{om} = 5V$，因此最大不失真输出电流：

$$I_{om} = \frac{U_{om}}{R_L} = \frac{5}{2 \times 10^3} = 2.5 \times 10^{-3}A = 2.5mA$$

对于普通运放，其输出电流一般都在几毫安与十几毫安之间，因此无须采用扩流方式。根据以上分析，采用图 3.2.1 所示两极交流放大电路。

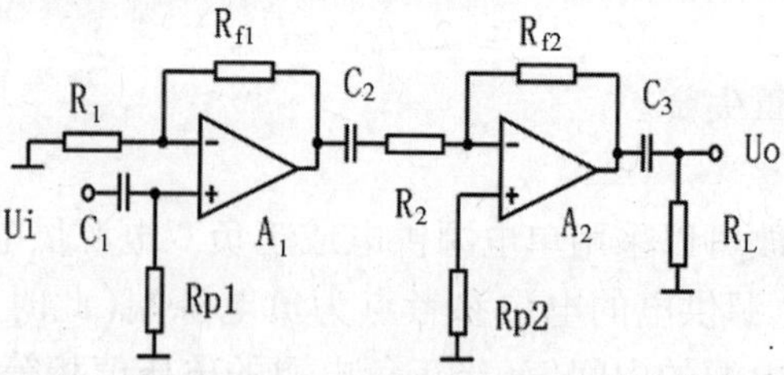

图 3.2.1　两极交流放大电路

在图3.2.1的交流放大电路中，第一级采用同相放大器，选择其电压放大倍数 $A_{u1}=10$，以降低放大电路的信噪比。第二级采用反相放大器，选择其电压放大倍数 $A_{u2}=100$。此时，第一级运放工作在小信号情况下，第二级运放工作在大信号的情况下。

（3）选择集成运算放大器

第一级交流放大器中，$A_{u1}=10$，若该级运放选择 $\mu A741$，由于其单位增益带宽 $BW=1MHz$，因此第一级交流放大器的带宽 f_{H1} 为：

$$f_{H1}=\frac{BW}{A_{u1}}=\frac{10^6}{10}=10^5=100kHz$$

$$f'_{H1}=f_{H1}\sqrt{2^{\frac{1}{n}}-1}=100\times10^3\times\sqrt{2^{\frac{1}{2}}-1}=64.4\times10^3Hz$$

因此 $f'_{H1}>f_H\geqslant10kHz$，故第一级交流放大器采用 $\mu A741$ 型运放，可满足设计要求。

第二级交流放大器中，$A_{u2}=100$，若该级运放也选择 $\mu A741$，则该级放大器的带宽为：

$$f_{H2}=\frac{BW}{A_{u2}}=\frac{10^6}{100}=10^4=10kHz$$

$$f'_{H2}=f_{H2}\sqrt{2^{\frac{1}{n}}-1}=10\times10^3\times\sqrt{2^{\frac{1}{2}}-1}=6.44\times10^3Hz$$

因此 $f'_{H2}<f_H$（其中 $f_H\geqslant10kHz$），若第二级交流放大器采用 $\mu A741$，就不能满足设计要求。

若选用 LF347（或 $\mu A774$），由于 LF347 的单位增益带宽为 4MHz，转换速率 $S_R=13\frac{V}{us}$。因此第二级的带宽为：

$$f_{H2}=\frac{BW}{A_{u2}}=\frac{4\times10^6}{100}=4\times10^4=40kHz$$

$$f'_{H2}=f_{H2}\sqrt{2^{\frac{1}{2}}-1}=40\times10^3\times\sqrt{2^{\frac{1}{2}}-1}=25.7\times10^3Hz$$

因此 $f'_{H2}>f_H$，能满足设计的指标要求。

由于第二级运算放大器工作在大信号情况下，因此选择运放时，除了要考虑集成运放的增益带宽积外，还要考虑运放的转换速率 S_R，这要求所选运放的转换速率 S_R 满足：

$$S_R\geqslant2\pi f_{max}\cdot U_{om}$$

将 $U_{om}=5V$，$f_{max}=10kHz$ 代入上式，可求得 $S_R\geqslant0.314V/\mu s$，对于 LF347 集成运放，其转换速率 $S_R=13\frac{V}{us}>0.314\frac{V}{us}$，因此满足设计要求。

（4）选择供电方式

在本设计课题中采用正负双电源供电方式。

(5)计算电阻值

根据性能指标要求,输入电阻 $R_i = 20k\Omega$,第一级放大器的输入电阻 R_{p1} 既是平衡电阻,也是整个放大器的输入电阻,因此取 $R_{p1} = R_i = 20k\Omega$,由 $R_{p1} = R_{f1} // R_1$ 和 $A_{u1} = 1 + R_{f1}/R_1 = 10$,可得: $R_1 = 22k\Omega$, $R_{f1} = 200k\Omega$ 。

对于第二级放大器, $A_{u2} = -\dfrac{R_{f2}}{R_2} = -100$,取 $R_2 = 10k\Omega$,则 $R_{f2} = 1M\Omega$, $R_{p2} = R_2//R_{f2} = 10k\Omega$, $R_{i2} = R_2 = 10k\Omega$ 。

(6)计算耦合电容

对于交流同相放大器,耦合电容:

$$C_1 = \frac{(1 \sim 10)}{2\pi f_L R_i} = \frac{(1 \sim 10)}{2\pi \times 20 \times 20 \times 10^3} = (0.398 \sim 3.98) \times 10^{-6} F$$

取标称值,得: $C_1 = 1\mu F$。

第一级放大器与第二级放大器之间的耦合电容:

$$C_2 = \frac{(1 \sim 10)}{2\pi f_L R_{i2}} = \frac{(1 \sim 10)}{2\pi \times 20 \times 10 \times 10^3} = (0.796 \sim 7.96) \times 10^{-6} F$$

其中, $R_{i2} = R_2 = 10k\Omega$,电容取标称值,得: $C_2 = 1\mu F$。

第二级放大器输出端的的耦合电容:

$$C_3 = \frac{(1 \sim 10)}{2\pi f_L R_L} = \frac{(1 \sim 10)}{2\pi \times 20 \times 2 \times 10^3} = (3.98 \sim 39.8) \times 10^{-6} F$$

取标称值,得: $C_3 = 4.7\mu F$。

(7)调试方法

①按图 3.2.2 所示连接第一级交流放大器。图中: $R_{P1} = 20k\Omega$, $R_1 = 22k\Omega$, $R_{f1} = 200k\Omega$, $C_1 = 1\mu F$, $C_2 = 1\mu F$, $R_2 = 10k\Omega$。其中, R_2 是第一级交流放大器的第二级交流放大器的输入电阻 R_{i2}, C_2 是第一级交流放大器与第二级交流放大器之间的耦合电容。

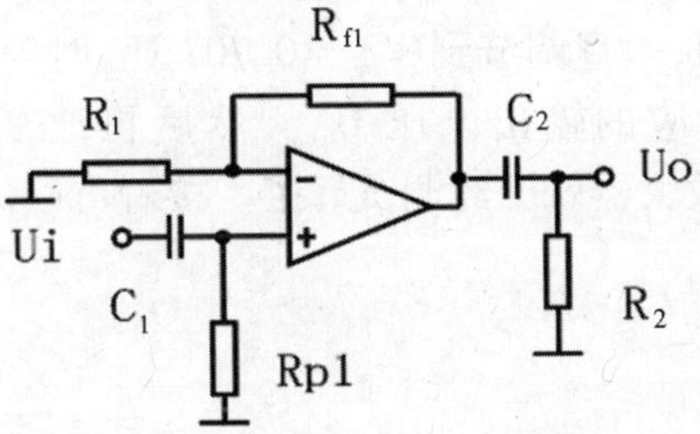

图 3.2.2　第一级交流放大器

②从放大器的输入端输入频率为 1KHz,幅度 $U_{im} = 5mV$ 的交流信号,用示波器在放大器的输出端测出输出电压的幅值 U_{o1m},根据 U_{im} 与 U_{o1m} 算出该级电压放大倍数 A_{u1}。然后将输入信号的频率改为 20Hz,输入信号的幅度保持 5mV 不变,测出对应的输出电压 U'_{o1m},若 $U'_{o1m} = 0.707\ U_{o1m}$,说明已达到指标要求;若 $U_{o1m} < 0.707 U_{o1m}$,说明 C_1、C_2 的值取得太小,此时应先加大 C_1 的值,同时观察对应的输出电压 U'_{o1m},然后再改变 C_2 的值,一直调节到 为止;若 $U_{o1m} > 0.707 U_{o1m}$,说明 C_1、C_2 的值取得太大,此时应先减小 C_1 的值,同时观察对应的输出电压 U'_{o1m},然后再改变 C_2 的值,一直调节到 $U_{o1m} = 0.707 U_{o1m}$ 。此时第一级放大器就已经调试好了,接着

就可以调试第二级放大器。

③按图 3.2.3 所示连接第二级放大器，在第二级交流放大器的输入端输入频率为 1kHz，幅度 $U_{im}=50mV$ 的交流信号，用示波器在放大器的输出端测出输出电压的幅值 U_{o2m}，根据 U_{im} 与 U_{o2m} 算出该级电压放大倍数 A_{u2}。然后将输入信号的频率改为 20Hz，输入信号的幅度保持不变，测出对应的输出电压 U'_{o2m}。若 $U_{o1m}=0.707U_{o1m}$，说明已达到指标要求，若 $U_{o2m}<0.707U_{o2m}$，图中 C_2 取第一级交流放大器调试后的值，说明 C_2、C_3 的值取得太小，此时应先加大 C_2，$R_{P2}=9.1k\Omega$，$R_{f2}=1M\Omega$，$C_3=4.7\mu F$，$R_L=2k\Omega$ 的值，同时观察对应的输出电压 U'_{o2m}，然后再改变 C_3 的值，一直调节到 $U_{o1m}=0.707U_{o1m}$ 为止；若 $U_{o2m}>0.707U_{o2m}'$，说明 C_2、C_3 的值取得太大，此时应先减小 C_2 的值，同时观察对应的输出电压 U'_{o2m}，然后再改变 C_3 的值，一直调节到 $U_{o2m}=0.707U_{o2m}$。此时第二级放大器就已经调试好了。接着就可以将两级放大器连接起来调试。

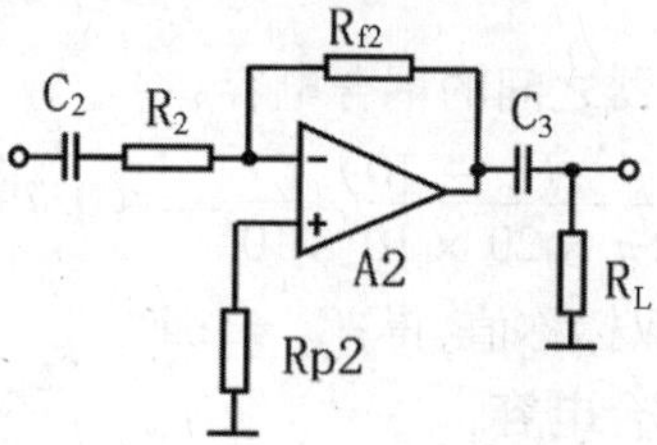

图 3.2.3　第二级交流放大器

④按图 3.2.3 所示连接两级交流放大器（图中的元件值取：$R_{P1}=20k\Omega$，$R_1=22k\Omega$，$R_{f1}=200k\Omega$，$R_2=10k\Omega$，$R_{P2}=10k\Omega$，$R_{f2}=1M\Omega$，$R_L=2k\Omega$，C_1、C_2，C_3 取前面调试后的值）。

从放大器的输入端输入频率为 1kHz，幅度 $U_{im}=5mV$ 的交流信号，用示波器在放大器的输出端测量输出电压的幅值 U_{om}，根据 U_{im} 与 U_{om} 算出总的电压放大倍数 $A_{u\Sigma}$。然后将输入信号的频率改为 20Hz，保持输入信号的幅度不变，测出对应的输出电压 U'_{om}，若 $U'_{om}=0.707\ U_{om}$，说明已达到指标要求；若 $U'_{om}<0.707\ U_{om}$，可适当加大 C_1 的值，同时观察对应的输出电压 U'_{om}，然后再改变 C_2 与 C_3 的值，一直调节到 $U'_{om}=0.707\ U_{om}$ 时为止；若 $U'_{om}>0.707\ U_{om}$，可适当减小 C_1 的值，同时观察对应的输出电压 U'_{om}，然后再改变 C_2 与 C_3 的值，一直调节到 $U'_{om}=0.707\ U_{om}$。此时两级放大器就已经调试好了。接着可以进行其他性能的测试。

三、实验内容与步骤

(1)设计一个交流放大器，性能指标为：

中频电压放大倍数：$A_u=1000$；

输入电阻：$R_i=20k\Omega$；

通频带：$\Delta f=f_H-f_L$，其中 $f_L\leqslant 20Hz$，$f_H\geqslant 20kHz$；

已知负载电阻：$R_L=3k\Omega$。

(2)按照教材中所介绍的方法，设计出满足以上性能指标的交流放大器，计算出交流放大器中各元件的参数，安装和调试电路。

(3)电路正常工作后，测出交流放大器的性能参数：中频电压放大倍数 A_u、输入电阻 R_i、输出电阻 R_o、交流放大器的下限频率 f_L 和上限频率 f_H。

四、实验报告

(1)列出设计题目和技术指标要求。
(2)列出设计步骤和电路中各参数的计算结果。
(3)画出标有元件值的电路图。
(4)列出性能指标的测试过程
(5)整理实验数据,并与理论值进行比较。

五、预习要求

(1)根据教材中介绍的方法,设计一个满足指标要求的多级交流放大器,计算出多级交流放大器中各元件的参数,画出标有元件值的电路图。

(2)预习多级交流放大器的调试与测量方法,制定出实验方案,选择实验用的仪器设备。

实验三 测量放大器的设计

一、实验目的

(1)学习测量放大器的设计方法。
(2)掌握测量放大器的调试方法。

二、设计方法

测量放大器由两个同相放大器和一个差动放大器组成,如图 3.3.1 所示。该电路具有输入阻抗高,电压放大倍数容易调节,输出不包含共模信号等优点。

测量放大器的第一级由两个同相放大器采用并联方式,组成同相并联差动放大器,如图 3.3.2 所示。该电路的输入电阻很大。若不接 R 时,该电路的差模输入电阻 $R_{id} \approx 2r_{ic}$。共模输入电阻 $R_{ic} \approx r_{ic}/2$。由于运放的共模输入电阻 r_{ic} 很大,当接入电阻 R 后,由于 R 小,则 R 与 R_{id} 或 R_{ic} 并联后,该电路的输入电阻就近似等于 R。

图 3.3.1 电路的差模电压放大倍数为:

$$A_{u021} = \frac{u_{02} - u_{01}}{u_i} = 1 + \frac{2R_2}{R_1}$$

由上式可知,改变 R_1 的值就能改变电路的电压放大倍数。通常用一个电位器与一个固定电阻串联来代替 R_1。这样调节电位器的值,就能改变电路的电压放大倍数。

图 3.3.2 电路的优点是输入电阻很大,电压放大倍数调节简单,适用于不接地的“浮动”负载。缺点是把共模信号按 1:1 的比例传送到输出端。

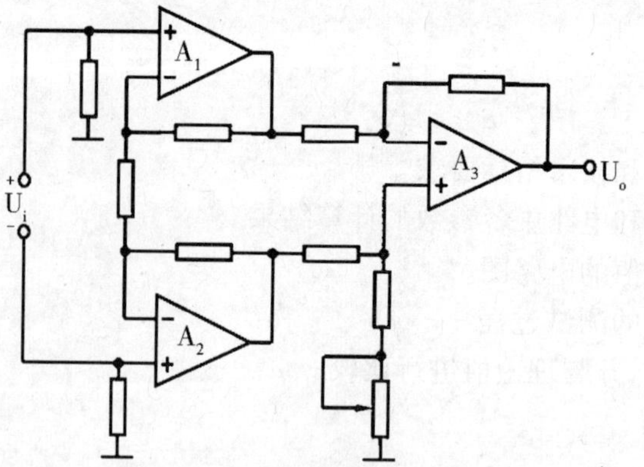

图 3.3.1　测量放大器电路

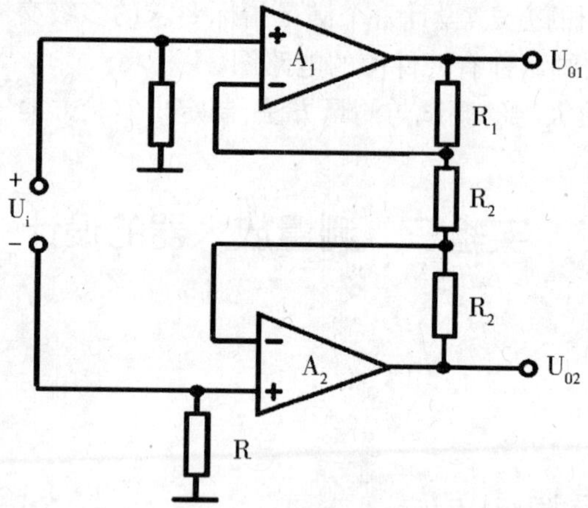

图 3.3.2　同相并联差动放大器

测量放大器的第二级由运算放大器 A_3 与电阻 R_3、R_4、R_5、R_w 一起组成基本差动放大器。如图 3.3.3 所示。该电路的差模输入电阻：$R_{id} = 2R_3$。

共模输入电阻：$R_{ic} = R_3 + R_4$

差模电压放大倍数为：$A_{uo3} = \dfrac{R_4}{R_3}$

因此，图 3.3.1 测量放大器的输入阻抗由 R 的值决定。放大器差模电压放大倍数为：

$$A_{uo} = A_{uo12} \cdot A_{uo3} = \left(1 + \frac{2R_2}{R_1}\right) \cdot \frac{R_4}{R_3}$$

设计及调试时的注意事项：

(1) 设计时要考虑电路的实际性能和方便调试。要注意增益的分配，若一级增益过大则不容易测量，而且输出失调电压也将加大。R_3、R_4 不可太小，要考虑到前级运算放大器的带负载能力。R 的选取与输入电阻的要求和运放的偏置电流有关。

(2) 调试时要一级一级的进行。实验中的信号 U_i 是浮空的交流信号，而调试的信号源则一端接地，另一端输出往往叠加有直流电平，因此输入端的接法可采用图 3.3.4 所示电路。其中，C_1 是隔直电容，对低频特性有影响，故不能取得太小。C_2 使另一端的交流接地，且不影响直流平衡。在测量高通滤波器的截止频率时，由于截止频率 f_L 为 1Hz，不容易测量，故可用相位

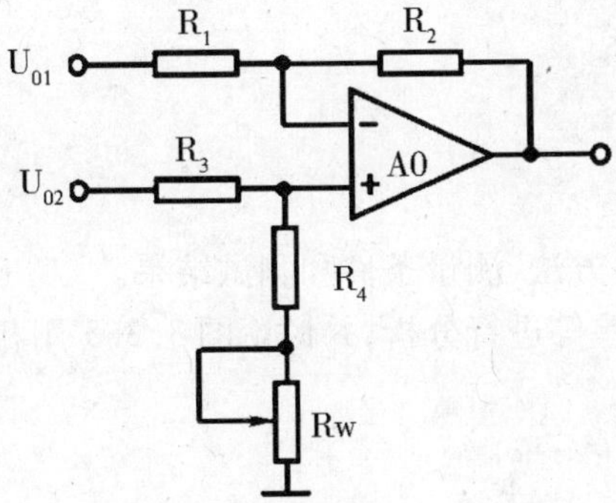

图 3.3.3　基本差动放大器

法来测量。在 f_L 处 U_o 与 U_i 相差 90 度，此时观察到的是一个正椭圆。

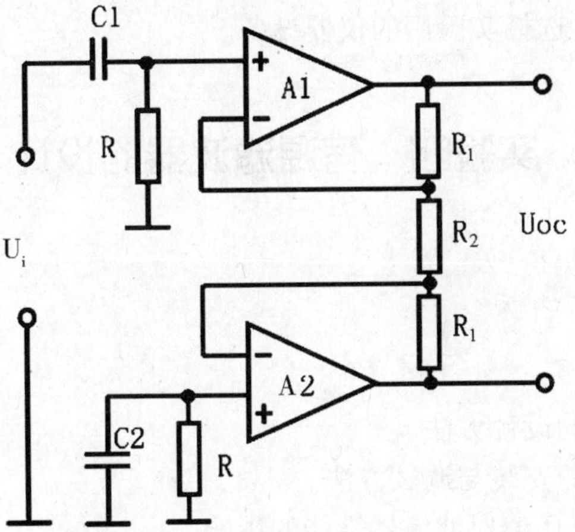

图 3.3.4　单端输入的同相并联差动放大器

三、实验内容及步骤

设计一个如图 3.3.5 所示的测量放大器。

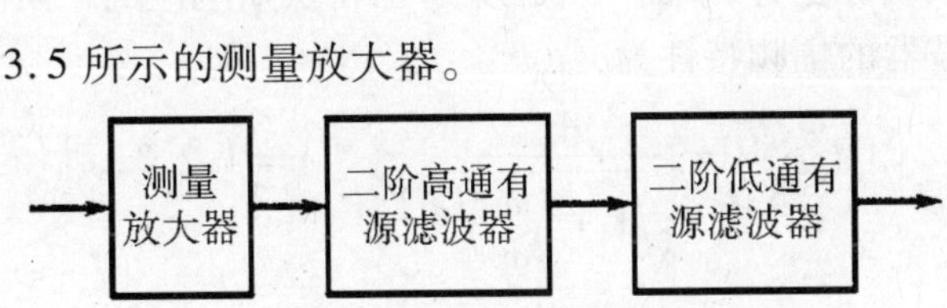

图 3.3.5　测量放大器框图

指标要求：

(1) 当输入信号峰峰值 $U_{ip-p} = 1mV$ 时，输出电压信号峰 - 峰值 $U = 1V$；

(2) 输入阻抗：$R_i > 1M\Omega$；

(3) 频带宽度：$\Delta f(-3dB) = 1Hz \sim 1kHz$；

(4) 共模抑制比：CMRR > 70dB。

四、实验报告

(1)写出设计过程。

(2)写出各项指标的测量方法、测量条件和测试结果。

(3)对实验中的问题、误差等进行分析,并讨论图 3.3.5 用相位法测量截止频率 f_L。

五、预习要求

(1)根据教材中所介绍的方法和技术指标要求,设计一个测量放大器。根据设计的结果,写出设计报告。

(2)制定出实验方案,选择实验用的仪器设备。

实验四　有源滤波器的设计

一、实验目的

(1)学习有源滤波器的设计方法。

(2)掌握有源滤波器的安装与调试方法。

(3)了解电阻、电容和 Q 值对滤波器性能的影响。

二、设计方法

有源滤波器的形式有好多种,下面只介绍具有巴特沃斯响应的二阶滤波器的设计。

巴特沃斯低通滤波器的幅频特性为:

$$|A_u(j\omega)| = \frac{A_{uo}}{\sqrt{1+\left(\frac{\omega}{\omega_c}\right)^{2n}}}, \quad n=1,2,3,... \qquad (3.4.1)$$

写成:

$$\left|\frac{A_u(j\omega)}{A_{uo}}\right| = \frac{1}{\sqrt{1+\left(\frac{\omega}{\omega_c}\right)^{2n}}}\ |A_u(j\omega)| \qquad (3.4.2)$$

其中,A_{uo}为通带内的电压放大倍数,ω_C为截止角频率,n 称为滤波器的阶。从 3.4.2 式中可知,当$\omega=0$时,3.4.2 式有最大值 1;$\omega=\omega_c$ 时,3.4.2 式等于 0.707,即 A_u衰减 n = 23dB;n 取得越大,随着ω的增加,滤波器输出电压衰的减越快,滤波器的幅频特性越接近于理想特性。如图 3.4.1 所示。

当 $\omega \gg \omega_c$ 时,

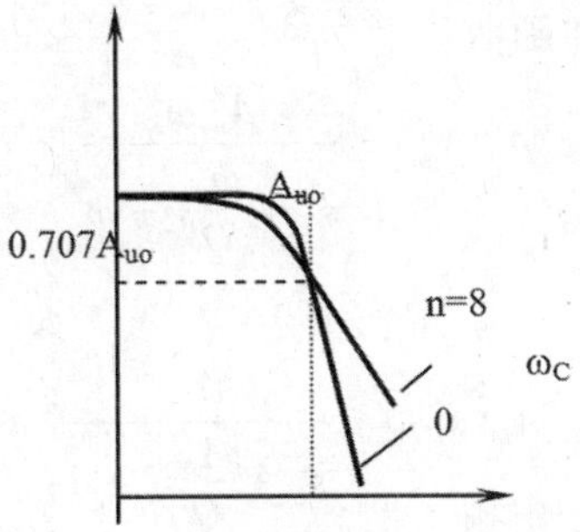

图 3.4.1　低通滤波器的幅频特性曲

$$\left|\frac{A_u(j\omega)}{A_{uo}}\right| \approx \frac{1}{\left(\frac{\omega}{\omega_c}\right)^n} \tag{3.4.3}$$

两边取对数,得:

$$20\lg\left|\frac{A_u(j\omega)}{A_{uo}}\right| \approx -20n\lg\frac{\omega}{\omega_c} \tag{3.4.4}$$

此时阻带衰减速率为:-20ndB/十倍频或-6ndB/倍频,该式称为衰减估算式。

表 3.4.1 列出了归一化的、n 为 1 ~ 8 阶的巴特沃斯低通滤波器传递函数的分母多项式。

表 3.4.1　归一化的巴特沃斯低通滤波器传递函数的分母多项式

n	归一化的巴特沃斯低通滤波器传递函数的分母多项式
1	s_L+1
2	$s_L^2+\sqrt{2}s_L+1$
3	$(s_L^2+s_L+1)\cdot(s_L+1)$
4	$(s_L^2+0.76537s_L+1)\cdot(s_L^2+1.84776s_L+1)$
5	$(s_L^2+0.61807s_L+1)\cdot(s_L^2+1.61803s_L+1)\cdot(s_L+1)$
6	$(s_L^2+0.51764s_L+1)\cdot(s_L^2+\sqrt{2}s_L+1)\cdot(s_L^2+1.93185s_L+1)$
7	$(s_L^2+0.44504s_L+1)\cdot(s_L^2+1.24698s_L+1)\cdot(s_L^2+1.80194s_L+1)\cdot(s_L+1)$
8	$(s_L^2+0.39018s_L+1)\cdot(s_L^2+1.11114s_L+1)\cdot(s_L^2+1.66294s_L+1)\cdot(s_L^2+1.96157s_L+1)$

在表 3.4.1 的归一化巴特沃斯低通滤波器传递函数的分母多项式中,$S_L=\frac{s}{\omega_c}$,ω_c是低通滤波器的截止频率。

对于一阶低通滤波器,其传递函数:

$$A_u(s)=\frac{A_{uo}\omega_c}{s+\omega_c} \tag{3.4.5}$$

归一化的传递函数:

$$A_u(s_L)=\frac{A_{uo}}{s_L+1} \tag{3.4.6}$$

对于二阶低通滤波器，其传递函数：

$$A_u(s)=\frac{A_{uo}\omega_c^2}{s^2+\frac{\omega_c}{Q}s+\omega_c^2} \tag{3.4.7}$$

归一化后的传递函数：

$$A_u(s_L)=\frac{A_{uo}}{s_L^2+\frac{1}{Q}s_L+1} \tag{3.4.8}$$

由表3.4.1可以看出，任何高阶滤波器都可由一阶和二阶滤波器级联而成。对于n为偶数的高阶滤波器，可以由$\frac{n}{2}$节二阶滤波器级联而成；而n为奇数的高阶滤波器可以由$\frac{n-1}{2}$节二阶滤波器和一节一阶滤波器级联而成，因此一阶滤波器和二阶滤波器是高阶滤波器的基础。

有源滤波器的设计，就是根据所给定的指标要求，确定滤波器的阶数n，选择具体的电路形式，算出电路中各元件的具体数值，安装电路和调试，使设计的滤波器满足指标要求。具体步骤如下：

(1)根据阻带衰减速率要求，确定滤波器的阶数n。

(2)选择具体的电路形式。

(3)根据电路的传递函数和表3.4.1归一化滤波器传递函数的分母多项式，建立起系数的方程组。

(4)解方程组求出电路中元件的具体数值。

安装电路并进行调试，使电路的性能满足指标要求。

例1 要求设计一个有源低通滤波器，指标为：

截止频率 $f_C=1kHz$,

通带电压放大倍数：$A_{uo}=2$,

在$f=10f_c$时，要求幅度衰减大于30dB。

设计步骤

(1)由衰减估算式：-20ndB/+倍频，算出$n=2$。

(2)选择图3.4.2电路作为低通滤波器的电路形式。

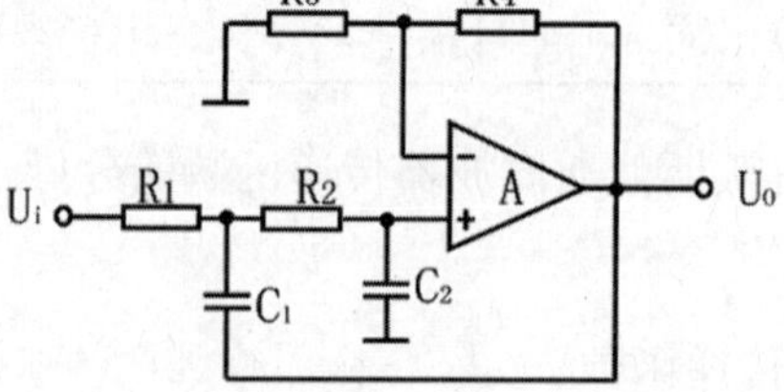

图3.4.2

该电路的传递函数：

$$A_u(s)=\frac{A_{uo}\omega_c^2}{s^2+\frac{\omega_c}{Q}s+\omega_c^2} \tag{3.4.9}$$

其归一化函数：

$$A_u(s_L) = \frac{A_{uo}}{s_L^2 + \frac{1}{Q}s_L + 1} \tag{3.4.10}$$

将上式分母与表 3.4.1 归一化传递函数的分母多项式比较得：$\frac{1}{Q} = \sqrt{2}$

通带内的电压放大倍数：

$$A_{uo} = A_f = 1 + \frac{R_4}{R_3} = 2 \tag{3.4.11}$$

滤波器的截止角频率：

$$\omega_c = \frac{1}{\sqrt{R_1 R_2 C_1 C_2}} = 2\pi f_c = 2\pi \times 10^3 \tag{3.4.12}$$

$$= 2\pi \times 10^3 \times \sqrt{2} \tag{3.4.13}$$

$$R_1 + R_2 = R_3 // R_4 \tag{3.4.14}$$

在上面四个式子中共有六个未知数，三个已知量，因此有许多元件组可满足给定特性的要求，这就需要先确定某些元件的值，元件的取值有几种：

① 当 $A_f = 1$ 时，先取 $R_1 = R_2 = R$，然后再计算 C_1 和 C_2。

② 当 $A_f \neq 1$ 时，取 $R_1 = R_2 = R$，$C_1 = C_2 = C$。

③ 先取 $C_1 = C_2 = C$，然后再计算 R_1 和 R_2。此时 C 必须满足：$C_1 = C_2 = C = \frac{10}{f_c}(\mu F)$

④ 先取 C_1，接着按比例算出 $C_2 = KC_1$，然后再算出 R_1 和 R_2 的值。

其中，K 必须满足条件：$K \leqslant A_f - 1 + \frac{1}{4Q^2}$

对于本例，由于 $A_f = 2$，因此先确定电容 $C_1 = C_2$ 的值，即取：

$$C_1 = C_2 = C = \frac{10}{f_0}(\mu F) = \frac{10}{10^3}(\mu F) = 0.01\mu F,$$

将 $C_1 = C_2 = C$ 代入(3.4.12)和(3.4.13)式，可分别求得：

$$R_1 = \frac{Q}{\omega_c C} = \frac{1}{2\pi \times 10^3 \times \sqrt{2} \times 0.01 \times 10^{16}} = 11.26 \times 10^3 \Omega$$

$$R_2 = \frac{1}{Q\omega_c C} = \frac{\sqrt{2}}{2\pi \times 10^3 \times 0.01 \times 10^{-6}} = 22.52 \times 10^3 \Omega$$

$$R_4 = A_f(R_1 + R_2) = 2 \times (11.26 + 22.52) \times 10^3 = 67.56 \times 10^3 \Omega$$

$$R_3 = \frac{R_4}{A_f - 1} = \frac{67.56 \times 10^3}{2 - 1} = 67.56 \times 10^3 \Omega$$

例 2　要求设计一个有源高通滤波器，指标要求为：

截止频率：$fc = 500Hz$；

通带电压放大倍数为：$A_{uo} = 1$；

在 $f = 0.1fc$ 时，要求幅度衰减大于 $50dB$。

设计步骤：

(1) 由衰减估算式：$-20ndB$ / 十倍频，算出 n = 3。

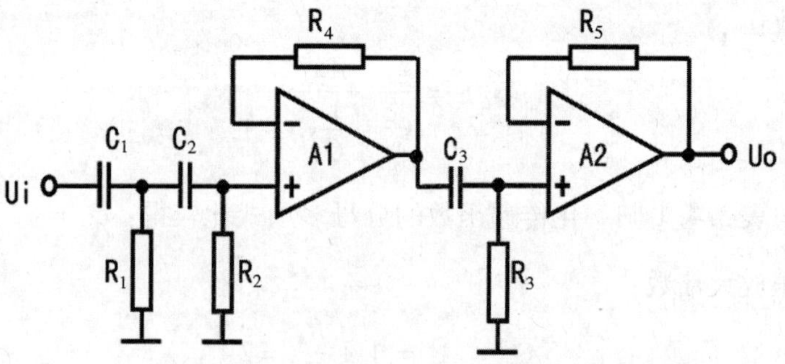

图 3.4.3　三阶压控电压源高通滤波器

(2)一阶高通滤波电路构成该高通滤波器。如图 3.4.3 所示,该电路的传递函数:

$$A_u(s) = A_{u1}(s) \cdot A_{u2}(s)$$
$$= \frac{A_{uo1}s^2}{s^2 + \frac{\omega_{c1}}{Q}s + \omega_{c1}^2} \cdot \frac{A_{uo2}s}{s + \omega_{c2}} \tag{3.4.15}$$

将上式归一化:

$$A_u(s_L) = \frac{A_{uo}}{(1 + \frac{1}{Q}s_L + s_L^2) \cdot (1 + s_L)} \tag{3.4.16}$$

将上式分母与表 3.4.1 归一化传递函数的分母多项式比较得: $\frac{1}{Q} = 1$。

因为通带内的电压放大倍数为: $A_{uo} = A_{uo1} \cdot A_{uo2} = 1$

所以取: $A_{uo1} = A_{uo2} = 1$

第一级二阶高通滤波器的截止角频率:

$$\omega_{c1} = \frac{1}{\sqrt{R_1 R_2 C_1 C_2}} = 2\pi f_c = 2\pi \times 500\ \omega_c \tag{3.4.17}$$

$$\frac{\omega_{c1}}{Q} = \frac{1}{R_2 C_1} + \frac{1}{R_2 C_2} + (1 - A_{uo1})\frac{1}{R_1 C_1} = 2\pi \times 500 \times 1 \tag{3.4.18}$$

第二级一阶高通滤波器的截止角频率:

$$\omega_{c2} = \frac{1}{R_3 C_3} = \omega_c = 2\pi f_c \tag{3.4.19}$$

上面三个式子中共有六个未知数,先确定其中三个元件的值,

取: $C_1 = C_2 = C_3 = C = \frac{10}{f_c}(\mu F) = \frac{10}{500}(\mu F) = 0.02\mu F$

将 $C_1 = C_2 = C_3 = C$ 代入(3.4.17)、(3.4.18)和(3.4.19)式,可求得:

$$R_1 = \frac{1}{2Q\omega_{c1}C} = \frac{1}{2 \times 1 \times 2\pi \times 500 \times 0.02 \times 10^{-6}} = 7.962 \times 10^3\Omega$$

$$R_2 = \frac{2Q}{\omega_{c1}C} = \frac{2 \times 1}{2\pi \times 500 \times 0.02 \times 10^{-6}} = 31.85 \times 10^3\Omega$$

$$R_3 = \frac{1}{\omega_{c2}C} = \frac{1}{2\pi \times 500 \times 0.02 \times 10^{-6}} = 15.92 \times 10^3\Omega$$

为了达到静态平衡,减小输入偏置电流及其漂移对电路的影响,

取: $R_4 = R_2 = 31.85 \times 10^3 \Omega$

$R_5 = R_3 = 15.92 \times 10^3 \Omega$

例3　要求设计一个有源二阶带通滤波器,指标要求为:

通带中心频率: $f_0 = 500Hz$;

通带中心频率处的电压放大倍数: $A_{uo} = 10$;

带宽: $\Delta f = 50Hz$。

设计步骤:

选用附录中图3.4.4电路。

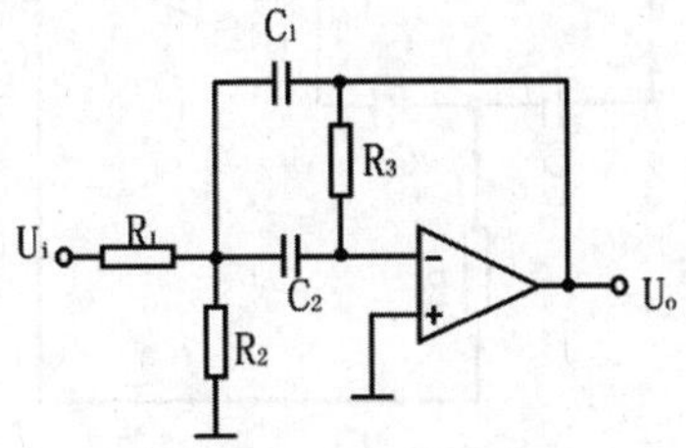

图3.4.4

该电路的传输函数:

$$A_u(s) = \frac{A_{uo}\frac{\omega_o}{Q}s}{s^2 + \frac{\omega_o}{Q}s + \omega_o^2} \tag{3.4.20}$$

品质因数:

$$Q = \frac{f_0}{\Delta f} = \frac{500}{50} = 10 \tag{3.4.21}$$

通带的中心角频率:

$$\omega_o = \sqrt{\frac{1}{R_3 C^2}\left(\frac{1}{R_1} + \frac{1}{R_2}\right)} = 2\pi \times 500 \tag{3.4.22}$$

通带中心角频率 ω_o 处的电压放大倍数:

$$A_{uo} = -\frac{R_3}{2R_1} = -10 \tag{3.4.23}$$

$$\frac{\omega_0}{Q} = \frac{2}{CR_3} \tag{3.4.24}$$

取 $C = \frac{10}{f_0}(\mu F) = \frac{10}{500}(\mu F) = 0.02\mu F$,则:

$$R_1 = -\frac{Q}{CA_{uo}\omega_0} = -\frac{10}{0.02 \times 10^{-6} \times (-10) \times 2\pi \times 500} = 15.92 \times 10^3 \Omega$$

$$R_3 = \frac{2Q}{C\omega_0} = \frac{2 \times 10}{0.02 \times 10^{-6} \times 2\pi \times 500} = 318.5 \times 10^3 \Omega$$

$$R_2 = \frac{Q}{C\omega_0(2Q^2 + A_{uo})} = \frac{10}{0.02 \times 10^{-6} \times 2\pi \times 500 \times (2 \times 10^2 - 10)} = 838\Omega$$

例4　要求设计一个有源二阶带阻滤波器，指标要求为：

通带中心频率：$f_0 = 500Hz$；

通带电压放大倍数：$A_{uo} = 1$；

带宽：$\Delta f = 50Hz$。

设计步骤：

(1)选用图3.4.5电路。

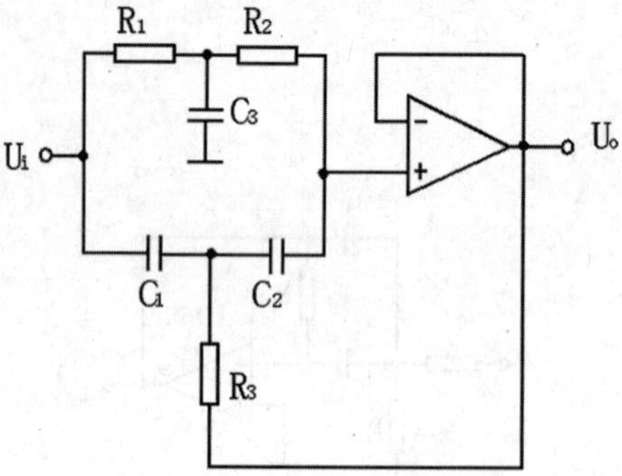

图3.4.5

(2)该电路的传递函数：

$$A_u(s) = \frac{A_f\left(s^2 + \frac{1}{C^2R_1R_2}\right)}{s^2 + \frac{2}{R_2C}s + \frac{1}{R_1R_2C^2}} = \frac{A_{uo}(\omega_o^2 + s^2)}{s^2 + \frac{\omega_o}{Q}s + \omega_o^2} \tag{3.4.25}$$

其中，通带的电压放大倍数：$A_f = A_{uo} = 1$

阻带中心处的角频率为：

$$\omega_o = \sqrt{\frac{1}{R_1R_2C^2}} = 2\pi f_0 = 2\pi \times 500 \tag{3.4.26}$$

品质因数：

$$Q = \frac{f_0}{\Delta f} = \frac{500}{50} = 10 \tag{3.4.27}$$

阻带带宽：

$$BW = \frac{\omega_0}{Q} = \frac{2}{R_2C} \tag{3.4.28}$$

$$\frac{1}{R_3} = \frac{1}{R_1} + \frac{1}{R_2} \tag{3.4.29}$$

取：$C = \frac{10}{f_0}(\mu F) = \frac{10}{500}(\mu F) = 0.02\mu F$，则：

$$R_1 = \frac{1}{2Q\omega_0C} = \frac{1}{2 \times 10 \times 2\pi \times 500 \times 0.02 \times 10^{-6}} = 796.2\Omega$$

$$R_2 = \frac{2Q}{\omega_0C} = \frac{2 \times 10}{2\pi \times 500 \times 0.02 \times 10^{-6}} = 318.5 \times 10^3\Omega$$

$$R_3 = \frac{R_1R_2}{R_1 + R_2} = \frac{796.2 \times 318.5 \times 10^3}{796.2 + 318.5 \times 10^3} = 794.2\Omega$$

三、实验内容与步骤

(1)按以下指标要求设计滤波器,计算出电路中元件的值。

1)设计一个低通滤波器,指标要求为:

截止频率:$f_c = 1kHz$;

通带电压放大倍数:$A_{uo} = 1$;

在 $f = 10f_c$ 时,要求幅度衰减大于 35dB。

2)设计一个高通滤波器,指标要求为:

截止频率:$f_c = 500Hz$;

通带电压放大倍数:$A_{uo} = 5$;

在 $f = 0.1f_c$ 时,幅度至少衰减 30dB。

3)(选作)设计一个带通滤波器,指标要求为:

通带中心频率:$f_0 = 1kHz$;

通带电压放大倍数:$A_{uo} = 2$;

通带带宽:$\Delta f = 100Hz$。

(2)按照所设计的电路,将元件安装在实验板上。

(3)对安装好的电路按以下方法进行调整和测试

1)仔细检查安装好的电路,确定元件与导线连接无误后,接通电源。

2)在电路的输入端加入 $U_i = 1V$ 的正弦信号,慢慢改变输入信号的频率(注意保持 U_i 的值不变),用晶体管毫伏表观察输出电压的变化,在滤波器的截止频率附近,观察电路是否具有滤波特性,若没有滤波特性,应检查电路,找出故障原因并排除之。

3)若电路具有滤波特性,可进一步进行调试。对于低通和高通滤波器应观测其截止频率是否满足设计要求,若不满足设计要求,应根据有关的公式,确定应调整哪一个元件才能使截止频率既能达到设计要求又不会对其他的指标参数产生影响。然后观测电压放大倍数是否满足设计要求,若达不到要求,应根据相关的公式调整有关的元件,使其达到设计要求。

4)当各项指标都满足技术要求后,保持 $U_i = 2V$ 不变,改变输入信号的频率,分别测量滤波器的输出电压,根据测量结果画出幅频特性曲线,并将测量的截止频率 f_c、通带电压放大倍数 A_{uo} 与设计值进行比较。

四、实验报告

按以下内容撰写实验报告:

(1)根据给定的指标要求,计算元件参数。

(2)绘出设计的电路图,并标明元件的数值。

(3)实验数据处理,作出 $A_u \sim f$ 曲线图。

(4)对实验结果进行分析。

五、预习要求

(1)根据滤波器的技术指标要求,选用滤波器电路,计算电路中各元件的数值。设计出满足技术指标要求的滤波器。

(2)根据设计与计算的结果,写出设计报告。

(3)制定出实验方案,选择实验用的仪器设备。

实验五　函数发生器的设计

一、实验目的

通过本实验掌握用运放组成函数发生器的基本设计方法。

二、设计方法

函数发生器能自动产生方波、三角波、正弦波及锯齿波、阶梯波等电压波形。其电路中使用的器件可以是分立器件(如低频信号发生器 S101 全部采用晶体管),也可以是集成电路(如单片集成电路函数发生器 ICL8038)。本课题主要介绍由集成运算放大器组成的方波、三角波、正弦波函数发生器的设计方法。

产生正弦波、方波、三角波的方案有多种,如先产生正弦波,然后通过整形电路将正弦波变换成方波,再由积分电路将方波变成三角波;也可以先产生三角波、方波,再将三角波变换成正弦波或将方波变成正弦波。本课题介绍:

1. 产生方波、三角波

先产生方波、三角波再将三角波变换成正弦波的电路设计方法,其电路组成框图如图 3.5.1所示。

2. 方波 - 三角波产生电路

电路图如图 3.5.2 所示。

电路工作原理如下:若 a 点断开,运放 A_1 与 R_1、R_2、R_3、RP_1 组成电压比较器。R_1 称为平衡电阻,C_1 称为加速电容,可加速比较器的翻转;运放的反相端接基准电压,即 $V_-=0$;同相端接输入电压 U_{ia};比较器的输出 U_{o1} 的高电平等于正电源电压 $+V_{CC}$,低电平等于负电源电压 $-V_{EE}$。当输入端 $V_+=V_-=0$ 时,比较器翻转,V_{01} 从高电平 $+V_{cc}$ 跳到低电平 $-V_{ee}$,或从低电平 $-V_{ee}$ 跳到高电平 $+V_{cc}$。设 $V_{01}=+V_{cc}$,则:

$$V+=\frac{R_2}{R_2+R_3+RP_1}(+V_{CC})+\frac{R_3+RP_1}{R_2+R_3+RP_1}V_{ia}=0$$

整理上式,得比较器的下门限电位为:

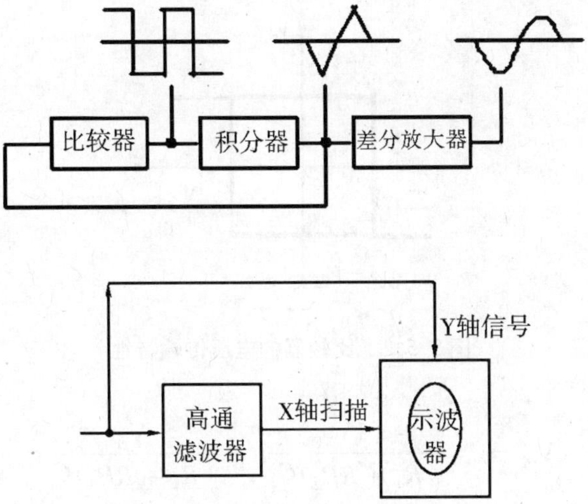

图 3.5.1 函数发生器组成框图

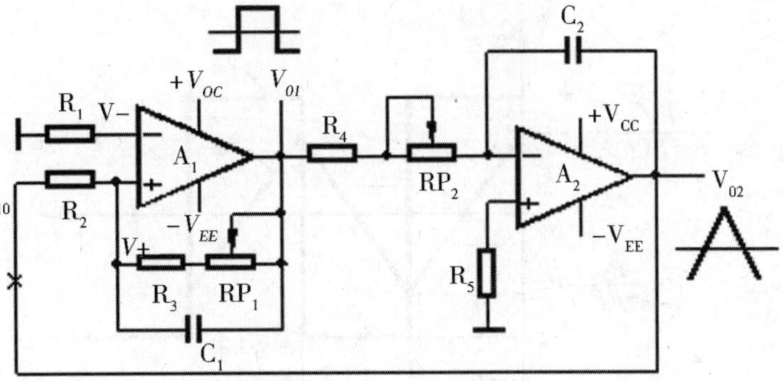

图 3.5.2 方波、三角波产生电路

$$V_{ia-}=\frac{-R_2}{R_3+RP_1}(+V_{CC})=\frac{-R_2}{R_3+RP_1}V_{CC}$$

若 $V_{O1}=-V_{CC}$，则比较器的上门限电位为：

$$V_{ia+}=\frac{-R_2}{R_3+RP_1}(-V_{EE})=\frac{-R_2}{R_3+RP_1}V_{CC}$$

比较器的门限宽度 V_H 为：

$$V_H=V_{ia+}-V_{ia-}=2\frac{R_2}{R_3+RP_1}V_{CC}$$

由上面公式可得比较器的电压传输特性，如图 3.5.3 所示。

从电压传输特性可见，当输入电压 V_{ia} 从上门限电位 V_{ia+} 下降到下门限电位 V_{ia-} 时，输出电压 V_{o1} 由高电平 $+V_{CC}$ 突变到低电平 $-V_{CC}$。a 点断开后，运算放大器 A_2 与 R_4、RP_2、R_5、C_2 组成反相积分器，其输入信号为方波 V_{01} 时，则积分器的输出：

$$V_{02}=\frac{-1}{(R_4+RP_2)C_2}\int V_{01}dt$$

当 $V_{o1}=+V_{CC}$ 时，

$$V_{02}=\frac{-(+V_{cc})}{(R_4+RP_2)C_2}t=\frac{-V_{cc}}{(R_4+RP_2)C_2}t$$

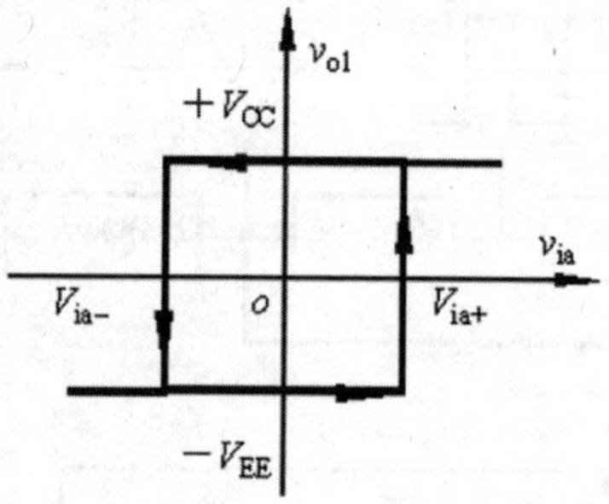

图 3.5.3　比较器的电压传输特性

当 $V_{o1}=-V_{CC}$ 时，

$$V_{02}==\frac{-(1V_{EE})}{(R_4+RP_2)C_2}t=\frac{V_{cc}}{(R_4+RP_2)C_2}t$$

可见，当积分器的输入为方波时，输出是一个上升速率与下降速率相等的三角波，其波形关系如图 3.5.4 所示。

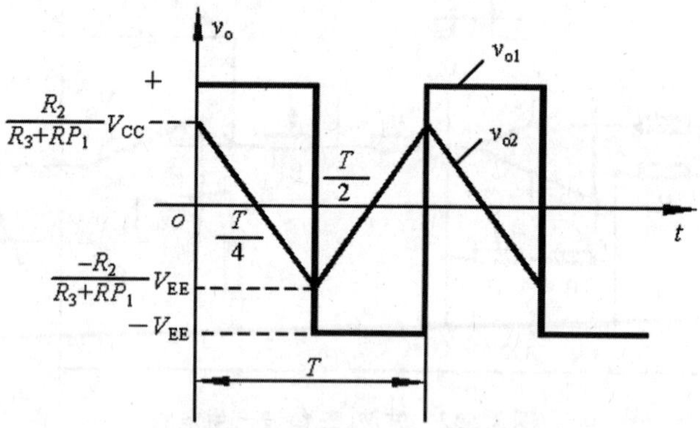

图 3.5.4　方波－三角波

a 点闭合，形成闭环电路，则自动产生方波－三角波，三角波的幅度：

$$V_{O2m}=\frac{R_2}{R_3+RP_1}V_{CC}$$

方波－三角波的频率：

$$f=\frac{R_3+RP_1}{4R_2(R_4+RP_2)C_2}$$

由式上式可见：

(1) 调节电位器 Rp_2，可调节方波－三角波的频率，但不会影响其幅度。若要求输出频率范围较宽，可用 C_2 改变频率，RP_2 实现频率微调。

(2) 方波的输出幅度约等于电源电压 $+V_{cc}$，三角波的输出幅度不会超过电源电压 $+V_{cc}$。电位器 RP_1 可实现幅度微调，但会影响方波－三角波的频率。

3. 三角波变正弦波电路

滤波法。在三角波电压固定频率或频率变化范围很小的情况下，可以考虑采用低通滤波的方法将三角波变换为正弦波，电路框图如图 3.5.5(a) 所示。输入电压和输出电压的波形如图 3.5.5(b) 所示，U_o 的频率等于 U_i 基波的频率。

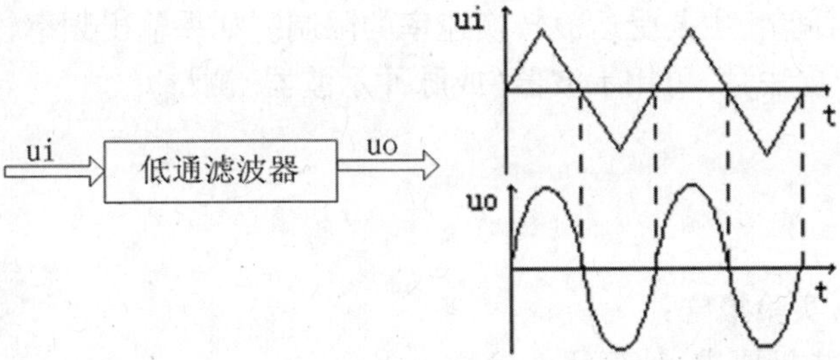

(a)电路框图　　　　　　　　(b)波形分析

图3.5.5　利用低通滤波将三角波变换成正弦波

将三角波按傅立叶级数展开：$u_i(\omega t) = \frac{8}{\pi^2}U_m\left(\sin\omega t - \frac{1}{9}\sin 3\omega t + \frac{1}{25}\sin 5\omega t - \ldots\right)$

其中 U_m 表示三角波的幅值。根据上式可知，低通滤波器的通带截止频率应大于三角波的基波频率且小于三角波的三次谐波频率。当然，也可利用带通滤波器来实现上述变换。例如，若三角波的频率范围为100～200Hz，则低通滤波器的通带截止频率可取250Hz，带通滤波器的通频带可取50～250Hz。但是，如果三角波的最高频率超过其最低频率的3倍，就要考虑采用其他方法来实现变换了。

三、实验内容及步骤

1. 设计一个函数发生器

其性能指标如下：

输出波形：正弦波、方 波、三角波；

频率范围：1Hz～10Hz，10Hz～100Hz，100～1KHz，

1KHz～10KHz，10KHz～100KHz，100KHz～1MHz；

输出电压：一般指输出波形的峰－峰值，即 $V_{P-P} = 2V_m$；

波形特征：表征正弦波特性的参数是非线性失真系数 r_n，一般要求 $r_n < 3\%$；表征三角波特性的参数是非线性系数 $\gamma\triangle$，一般要求 $\gamma\triangle < 2\%$；表征方波特性的参数是上升时间 t_r，一般要求 $t_r < 100$ns(1kHz，最大输出时)。

2. 电路安装与调试技术

(1)方波－三角波发生器的装调

由于比较器 A_1 与积分器 A_2 组成正反馈闭环电路，同时输出方波与三角波，故这两个单元电路需同时安装。要注意的是，在安装电位器 RP_1 与 RP_2 之前，先将其调整到设计值，否则电路可能会不起振。如果电路接线正确，则在接通电源后，A_1 的输出 V_{o1} 为方波，A_2 的输出 V_{o2} 为三角波，在低频点时，微调 RP_1，使三角波的输出幅度满足设计指标要求，再调节 RP_2，则输出频率连续可变。

(2)误差分析

1)方波输出电压 $V_{p-p} \leqslant 2V_{CC}$，是因为运放输出级由NPN型或PNP型两种晶体管组成的复合互补对称电路，输出方波时，两管轮流截止与饱和导通，由于导通时输出电阻的影响，使方波输出幅度小于电源电压值。

2)方波的上升时间 t_r,主要受运放转换速率的限制。如果输出频率较高,则可接入加速电容 C_1(C_1一般为几十皮法)。可用示波器(或脉冲示波器)测量 t_r。

四、实验报告

按以下内容撰写实验报告:
(1)根据给定的指标要求,计算元件参数。
(2)绘出设计的电路图,并标明元件的数值。
(3)实验数据处理,作出各点的波形图。
(4)对实验结果进行分析。

五、预习要求

(1)预习集成运放的相关内容。
(2)掌握三角波发生器的工作原理。
(3)根据设计举例计算出函数发生器的各参数值。

实验六 直流稳压电源的设计

一、实验目的

(1)学习小功率直流稳压电源的设计与调试方法。
(2)掌握小功率直流稳压电源有关参数的测试方法。

二、设计方法

(一)稳压电源的组成

小功率稳压电源由电源变压器、整流电路、滤波电路和稳压电路四个部分组成,如图3.6.1所示。

1. 电源变压器

电源变压器的作用是将来自电网的220V交流电压 U_1 变换为整流电路所需要的交流电压 U_2。电源变压器的效率为:

$$\eta = \frac{P_2}{P_1}$$

其中,P_2 是变压器副边的功率,P_1 是变压器原边的功率。一般小型变压器的效率如表3.6.1所示。

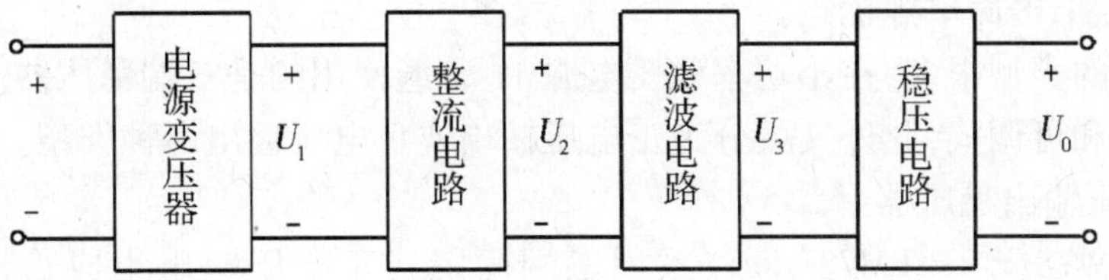

（a）稳压电的组成框图

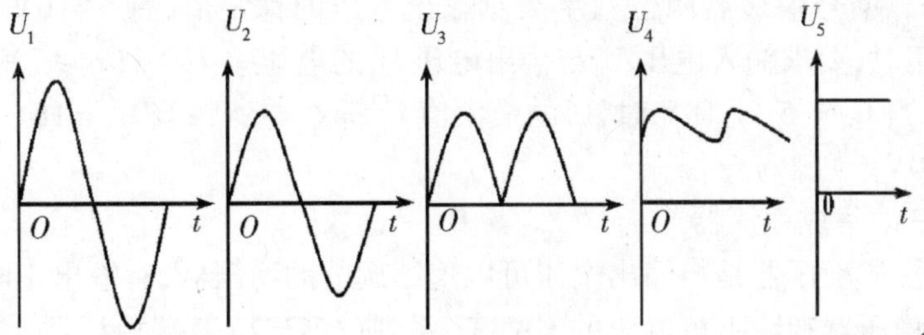

（b）整流与稳压过程

图 3.6.1　稳压电源的组成框图及整流与稳压过程

表 3.6.1　小型变压器的效率

副边功率 P_2	$<10VA$	$10\sim30VA$	$30\sim80VA$	$80\sim200VA$
效率 η	0.6	0.7	0.8	0.85

2. 整流和滤波电路

在稳压电源中一般用四个二极管组成桥式整流电路，整流电路的作用是将交流电压 U_2变换成脉动的直流电压 U_3。滤波电路一般由电容组成，其作用是把脉动直流电压 U_3中的大部分纹波加以滤除，以得到较平滑的直流电压 U_I。U_I与交流电压 U_2的有效值 U_2的关系为：

$$U_I = (1.1 \sim 1.2)U_2$$

在整流电路中，每只二极管所承受的最大反向电压为：

$$U_{RM} = \sqrt{2}U_2$$

流过每只二极管的平均电流为：

$$I_D = \frac{I_R}{2} = \frac{0.45U_2}{R}$$

其中，R 为整流滤波电路的负载电阻，它为电容 C 提供放电通路，放电时间常数 RC 应满足：

$$RC > \frac{(3 \sim 5)T}{2}$$

其中，T = 20ms 是 50Hz 交流电压的周期。

3. 稳压电路

由于输入电压 U_1发生波动、负载和温度发生变化时，滤波电路输出的直流电压 U_I会随着变化。因此，为了维持输出电压 U_I稳定不变，还需加一级稳压电路。稳压电路的作用是当外界因素（电网电压、负载、环境温度）发生变化时，能使输出直流电压不受影响，而维持稳定的输出。稳压电路一般采用集成稳压器和一些外围元件所组成。采用集成稳压器设计的稳压电源具有性能稳定、结构简单等优点。

集成稳压器的类型很多,在小功率稳压电源中,普遍使用的是三端稳压器。按输出电压类型可分为固定式和可调式,此外又可分为正电压输出或负电压输出两种类型。

(1)固定电压输出稳压器

常见的有 CW78 ××(LM78 ××)系列三端固定式正电压输出集成稳压器;CW79 ××(LM79 ××)系列三端固定式负电压输出集成稳压器。三端是指稳压电路只有输入、输出和接地三个接地端子。型号中最后两位数字表示输出电压的稳定值,有 5V、6V、9V、15V、18V 和 24V。稳压器使用时,要求输入电压 U_I 与输出电压 U_o 的电压差 $Ui - Uo \geqslant 2V$。稳压器的静态电流 $I_o = 8mA$。当 $U_o = 5 \sim 18V$ 时,U_I 的最大值 $Ui\max = 35V$;当 $U_o = 18 \sim 24V$ 时,U_I 的最大值 $Ui\max = 40V$。

(2)可调式三端集成稳压器

可调式三端集成稳压器是指输出电压可以连续调节的稳压器,有输出正电压的 CW317 系列(LM317)三端稳压器和输出负电压的 CW337 系列(LM337)三端稳压器。在可调式三端集成稳压器中,稳压器的三个端是指输入端、输出端和调节端。稳压器输出电压的可调范围为 $U_o = 1.2 \sim 37V$,最大输出电流 $I_{omax} = 1.5A$。输入电压与输出电压差的允许范围为:

$$U_I - U_o = 3 \sim 40V$$

(二)稳压电源的设计方法

稳压电源的设计,是根据稳压电源的输出电压 U_o、输出电流 I_o、输出纹波电压 ΔU_{op-p} 等性能指标要求,正确地确定出变压器、集成稳压器、整流二极管和滤波电路中所用元器件的性能参数,从而合理地选择这些器件。

稳压电源的设计可以分为以下三个步骤:

(1)根据稳压电源的输出电压 U_o、最大输出电流 $I_{o\max}$,确定稳压器的型号及电路形式。

(2)根据稳压器的输入电压 U_I,确定电源变压器副边电压 U_2 的有效值 U_2;根据稳压电源的最大输出电流 $I_{0\max}$,确定流过电源变压器副边的电流 I_2 和电源变压器副边的功率 P_2;根据 P_2,从表 3.6.1 查出变压器的效率 η,从而确定电源变压器原边的功率 P_1,然后根据所确定的参数,选择电源变压器。

(3)确定整流二极管的正向平均电流 I_D、整流二极管的最大反向电压 U_{RM} 和滤波电容的电容值和耐压值。根据所确定的参数,选择整流二极管和滤波电容。

设计举例:

设计一个直流稳压电源,性能指标要求为:

$$U_o = +3V \sim +9V, \quad I_{o\max} = 800mA,$$

纹波电压的有效值 $\Delta U_o \leqslant 5mV$, 稳压系数 $S_v \leqslant 3 \times 10^{-3}$。

设计步骤:

(1)选择集成稳压器,确定电路形式

集成稳压器选用 CW317,其输出电压范围为: $U_o = 1.2 \sim 37V$,最大输出电流 $I_{o\max}$ 为 1.5A。所确定的稳压电源电路,如图 3.6.2 所示。

图中,取 $C_1 = 0.01\mu F$,$C_2 = 10\mu F$,$C_0 = 1\mu F$,$R_1 = 200\Omega$,$R_W = 2k\Omega$,二极管用 IN4001,和 R_w 组成输出电压调节电路,输出电压 $U_o \approx 1.25(1 + R_w/R_1)$,$R_1$ 取 $120 \sim 240\Omega$,流过 R_1 的

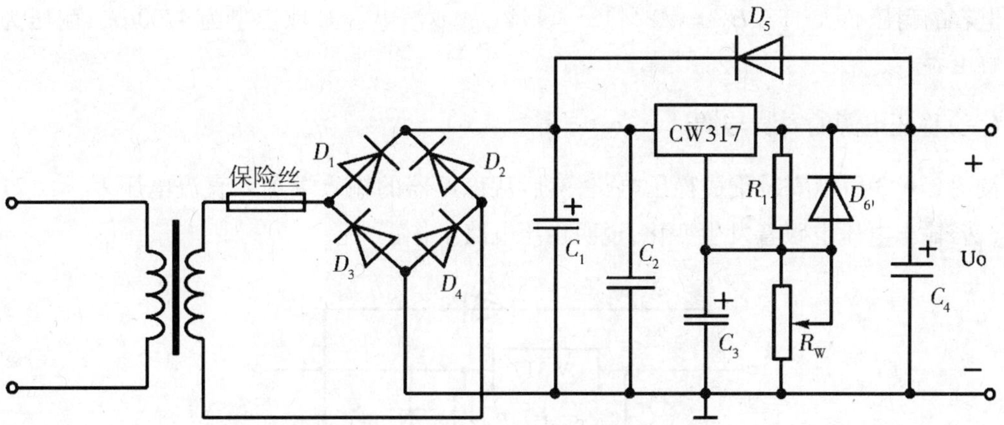

图 3.6.2　输出电压可调的稳压电源

电流为 5 ~ 10mA。取 $R_1 = 240\Omega$，则由 $U_o = 1.25(1 + R_w/R_1)$，可求得：$R_{w\min} = 210\Omega$，$R_{w\max} = 930\Omega$，故取 R_w 为 $2k\Omega$ 的精密线绕电位器。

(2)选择电源变压器

由于 CW317 的输入电压与输出电压差的最小值 $(U_I - U_o)_{\min} = 3V$，输入电压与输出电压差的最大值 $(U_I - U_o)_{\max} = 40V$，故 CW317 的输入电压范围为：

$$U_{o\max} + (U_I - U_o)_{\min} \leqslant U_I \leqslant U_{o\min} + (U_I - U_o)_{\max}$$

即：$9V + 3V \leqslant U_I \leqslant 3V + 40V$

$12V \leqslant U_I \leqslant 43V$

$$U_2 \geqslant \frac{U_{I\min}}{1.1} = \frac{12}{1.1} = 11V，取 U_2 = 12V$$

变压器副边电流：$I_2 > I_{o\max} = 0.8A$，取 $I_2 = 1A$，因此，变压器副边输出功率：$P_2 \geqslant I_2U_2 = 12W$。

由于变压器的效率 $\eta = 0.7$，所以变压器原边输入功率 $P_1 \geqslant \frac{P_2}{\eta} = 17.1W$，为留有余地，选用功率为 20$W$ 的变压器。

(3)选用整流二极管和滤波电容

由于 $U_{RM} > \sqrt{2}U_2 = \sqrt{2} \times 12 = 17V$，$I_{0\max} = 0.8A$。IN4001 的反向击穿电压 $U_{RM} \geqslant 50V$，额定工作电流 $I_D = 1A > I_{0\max}$，故整流二极管选用 IN4001。

根据 $U_0 = 9V, U_I = 12V, \Delta U_{0p-p} = 5mV, S_v = 3 \times 10^{-3}$，以及公式

$$S_v = \frac{\Delta U_0}{U_0} \Big/ \frac{\Delta U_I}{U_I} \Bigg|_{T=常数}^{I_o=常数}$$

可求得：$\Delta U_I = \frac{\Delta U_{op-p}U_I}{U_0S_v} = \frac{0.005 \times 12}{9 \times 3 \times 10^{-3}} = 2.2V$

所以，滤波电容：

$$C = \frac{I_c t}{\Delta U_I} = \frac{I_{0\max} \cdot \frac{T}{2}}{\Delta U_I} = \frac{0.8 \times \frac{1}{50} \times \frac{1}{2}}{2.2} = 0.003636F = 3636uF$$

电容的耐压要大于 $\sqrt{2}U_2 = \sqrt{2} \times 12 = 17V$，故滤波电容 C 取容量为 $4700\mu F$，耐压为 $25V$ 的电解电容。

(三)稳压电源的安装与调试

按图 3.6.3 所示安装集成稳压电路，然后从稳压器的输入端加入直流电压 $U_I \leqslant 12V$，调节 R_W，若输出电压也跟着发生变化，说明稳压电路工作正常。

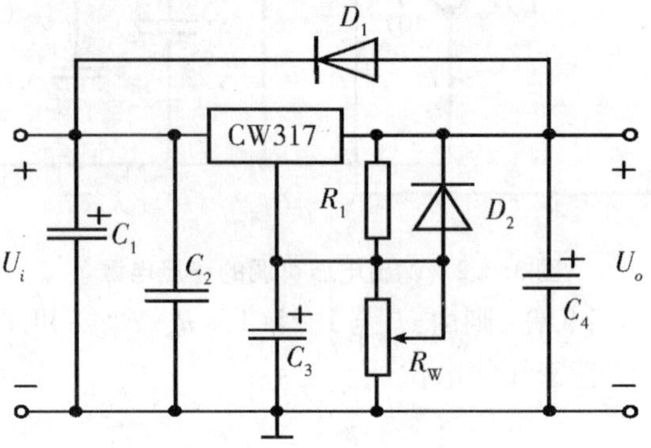

图 3.6.3　稳压电路

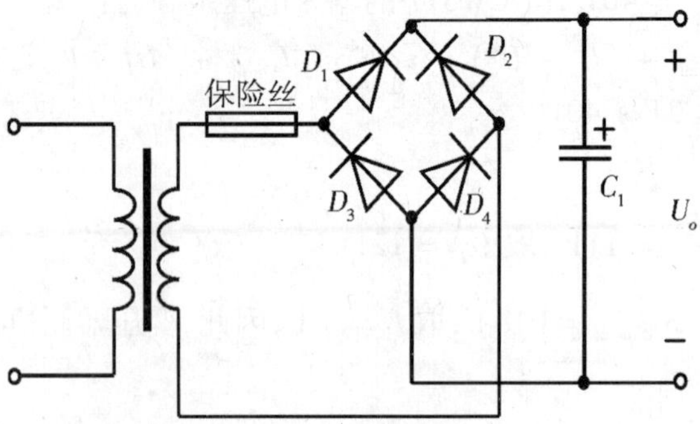

图 3.6.4　整流滤波电路

用万用表测量整流二极管的正、反向电阻，正确判断出二极管的极性后，按图 3.6.4 所示先在变压器的副边接上额定电流为 1A 的保险丝，然后安装整流滤波电路。安装时要注意，二极管和电解电容的极性不要接反。经检查无误后，才将电源变压器与整流滤波电路连接，通电后，用示波器或万用表检查整流后输出电压 U_I 的极性，若 U_I 的极性为负，(其中：D_5、D_6 为 IN4001 型二极管，则说明整流电路没有接对，此时若接入稳压电路，$C_1 = 0.1\mu F$，$C_2 = 10\mu F$，$C_0 = 1\mu F$）就会损坏集成稳压器。因此，确定 U_i 的极性为正后，断开电源，按图 3.6.4 所示将整流滤波电路与稳压电路连接起来，然后接通电源，调节 R_W 的值。若输出电压满足设计指标，说明稳压电源中各级电路都能正常工作，此时就可以进行各项指标的测试。

(四)稳压电源各项性能指标的测试

1. 输出电压与最大输出电流的测试

测试电路如图 3.6.5 所示。一般情况下，稳压器正常工作时，其输出电流 I_o 要小于最大输

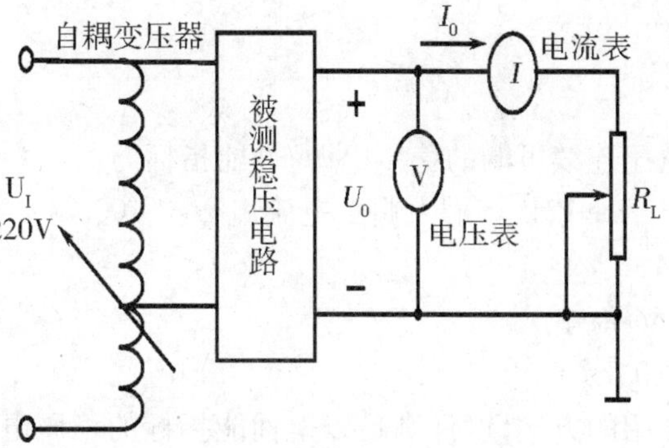

图 3.6.5　稳压电源性能指标的测试电路

出电流 I_{omax}，取 $I_0 = 0.5A$，可算出 $R_L = 18\Omega$，工作时 R_L 上消耗的功率为：$P_L = U_o I_o = 9 \times 0.5 = 4.5W$。

故 R_L 取额定功率为 5W，阻值为 18Ω 的电位器。

测试时，先使 $R_L = 18\Omega$，交流输入电压为 220V，用数字电压表测量的电压值就是 U_o。然后慢慢调小 R_L，直到 U_o 的值下降 5%，此时流经 R_L 的电流就是 I_{omax}，记下 I_{omax} 后，要马上调大 R_L 的值，以减小稳压器的功耗。

2. 稳压系数的测量

按图 3.6.5 所示连接电路，在 $U_1 = 220V$ 时，测出稳压电源的输出电压 U_o。然后调节自耦变压器使输入电压 $U_1 = 242V$，测出稳压电源对应的输出电压 U_{o1}；再调节自耦变压器使输入电压 $U_1 = 198V$，测出稳压电源的输出电压 U_{o2}。则稳压系数为：

$$S_v = \frac{\frac{\Delta U_o}{U_o}}{\frac{\Delta U_1}{U_1}} = \frac{220}{242 - 198} \cdot \frac{U_{o1} - U_{o2}}{U_o}$$

3. 输出电阻的测量

按图 3.6.5 所示连接电路，保持稳压电源的输入电压 $U_1 = 220V$，在不接负载 R_L 时测出开路电压 U_o 的值，记为 U_{o1}，此时 $I_{o1} = 0$，然后接上负载 R_L，测出输出电压 U_o 的值，记为 U_{o2} 和输出电流 I_o 的值，记为 I_{o2}，则输出电阻为：

$$R_o = -\frac{U_{o1} - U_{o2}}{I_{o1} - I_{o2}} = \frac{U_{o1} - U_{o2}}{I_{o2}}$$

4. 纹波电压的测试

用示波器观察 U_o 的峰峰值（此时 Y 通道输入信号采用交流耦合 AC），测量 ΔU_{op-p} 的值（约几 mV）。

5. 纹波因数的测量

用交流毫伏表测出稳压电源输出电压交流分量的有效值，用万用表（或数字万用表）的直流电压档测量稳压电源输出电压的直流分量。则纹波因数为：

$$\gamma = \frac{\text{输出电压交流分量的有效值}}{\text{输出电压的直流分量}}$$

三、实验内容及步骤

(1)设计一个输出电压连续可调的稳压电源,性能指标为:

输出电压 $U_0 = (+3 \sim +12V)$,最大输出电流 $I_{0max} = 100mA$;

负载电流 $I_0 = 80mA$;

纹波电压 $\Delta U_{op-p} \leq 5mV$;

稳压系数 $S_v \leq 5 \times 10^{-3}$。

(2)按照教材中所介绍的方法,设计满足以上性能指标的稳压电源,计算出稳压电源中各元件的参数,安装和调试电路。

(3)在保证电路正常工作后,测出稳压电源的性能参数 U_{0min}、U_{0max}、I_{0max}、S_v、R_0、ΔU_{op-p} 和 γ。

四、实验报告

(1)列出设计题目和技术指标要求。

(2)列出设计步骤和电路中各参数的计算结果。

(3)画出标有元件值的电路图。

(4)列出性能指标的测试过程。

(5)整理实验数据,并与理论值进行比较。

五、预习要求

(1)根据直流稳压电源的技术指标要求,按照教材中介绍的方法,设计出满足技术指标要求的稳压电源。根据设计与计算的结果,写出设计报告。

(2)制定出实验方案,选择实验用的仪器设备。

第四章　模拟电路综合设计型实验

为了发挥和培养学生的创造性,综合设计型实验要求学生根据题目的指标要求,查阅有关的参考资料,在教师的指导下进行方案设计。通过论证与选择,确定出总体方案,然后对方案中的单元电路进行选择与设计计算,包括选用元器件和计算电路参数,最后画出总体电路原理图和布线图。学生的设计方案经指导教师审查通过后,才能进行电路的安装、调试和测试。实验完毕后要写出设计性总结报告。

实验一　模拟集成运算放大器组成万用电表的设计

一、任务和要求

(1)直流电压测量范围:$(5 \sim 15V) \pm 5\%$;

(2)直流电流测量范围:$(0 \sim 10mA) \pm 5\%$;

(3)交流电压测量范围及频率范围:有效值 $(0 \sim 5V) \pm 5\%$　$50Hz \sim 1KHz$;

(4)交流电流测量范围:有效值 $(0 \sim 10mA) \pm 5\%$;

(5)欧姆表测程:$0 \sim 1K\Omega$;

(6)要求自行设计 V_{CC}和 $-V_{EE}$直流稳压电源(不含整流与滤波电路);

(7)要求采用模拟集成电路;

(8)采用 50uA 或 100uA 直流表,要求测试出其内阻 R_M数值。

二、设计与调试提示

用运放组成电流表电路,能够减小普通电流表电路的等效内阻;组成电压表电路,能够提高普通电压表电路的等效输入电阻 。在交流电量测量中,可以大大减小由于二极管伏安特性的非线性和管压降所造成的测量误差。

1. 直流电压表

图 4.1.1 为同相输入直流电压表电路。图中 $R_f = R + R_M$ 。

在理想条件下,I 与被测电压有如下关系:$I = V_I/R_1$ 。

表头中通过的电流 I 与 R_f无关,只要改变 $R_{1值}$就可以实现量程切换。

电压表输入电阻 R_i 为:$R_i \approx R_P + A_{VO}F_VR_{id}$,式中 A_{VO} 为运放开环放大倍数、R_{iD}为差模输入电阻、$F_V = R_1/(R_1 + R_f)$ 、$R_P = R_1//R_f$ 。显然,采用集成运放大大提高了电压表 R_i。应当

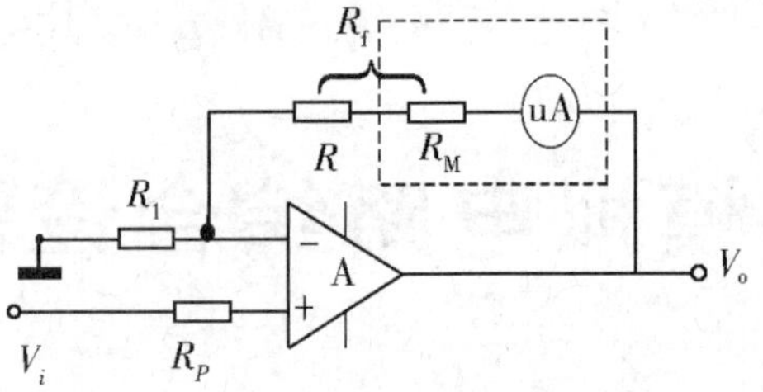

图 4.1.1　同相输入直流电压表电路

指出，图 4.1.1 电路仅适用于测量与运放共地的直流电压；当被测电压较高时，运放输入端应设置衰减器，同时应考虑直流平衡问题。

2. **直流电流表**

图 4.1.2 为直流电流表电路。

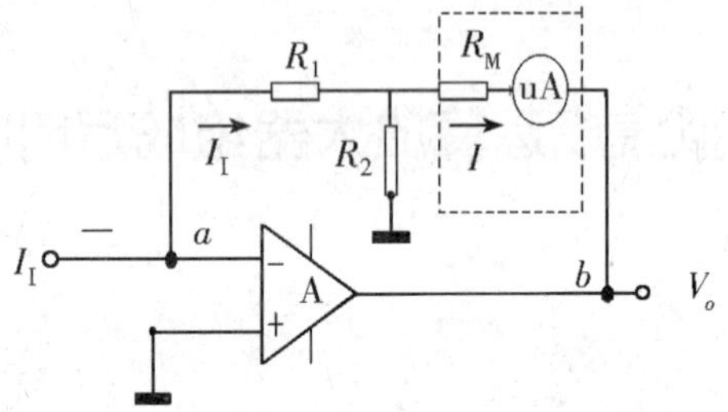

图 4.1.2　直流电流表电路

在理想条件下，$-I_IR_1 = (I_I - I)R_2$。即：$I = (1 + R_1/R_2)I_I$。可见，改变(R_1/R_2)的比值即可调节通过表头的电流，以提高灵敏度。

图 4.1.2 中 a、b 两点间等效电阻为 R_f，则：$I_IR_F = I_IR_1 + IR_M$

将 $I = (1 + R_1/R_2)I_I$ 代入上式，得：$I_IR_F = I_IR_1 + (1 + R_1/R_2)I_IR_M$

所以，$R_F = R_1 + R_M(1 + R_1/R_2)$。

应用密勤定理将 R_f 折算到 a 点对地的电阻（即直流电流表内阻，记为 R_I），则 $R_I = R_F/(1 + A_{VO})$。

可见，使用运放后，电流表电路的内阻比普通电流表电路的内阻减小了 $1 + A_{VO}$ 倍。

应当指出，图 4.1.2 电路仅适用于测量与运放共地电路中的电流。若被测电流回路无接地点，则应把运放的 V_{CC}、V_{EE} 对地悬浮起来；如被测电流较大时，应给表头设置分流电阻。

3. **交流电压表**

图 4.1.3 为交流电压表电路。该电路为同相输入放大器电路，故有很高的输入电阻；把二极管桥路和表头接在运放反馈回路中，以减小二极管非线性的影响。在理想条件下，$I = V_i/R_1$，I 全部流过桥路，其值仅与 V_i/R_1 有关，与桥路和表头参数无关。I 与 V_i 的全波整流平均值成正比，当输入正弦波信号时，表头可按有效值刻度。

被测电压的上限频率 f_H 取决于运放的带宽 BW 和转换速率 S_R。交流电压表的输入电阻 $R_i \approx A_{VO}F_VR_{id}$。

4. **交流电流表**

图 4.1.4 为交流电流表电路。

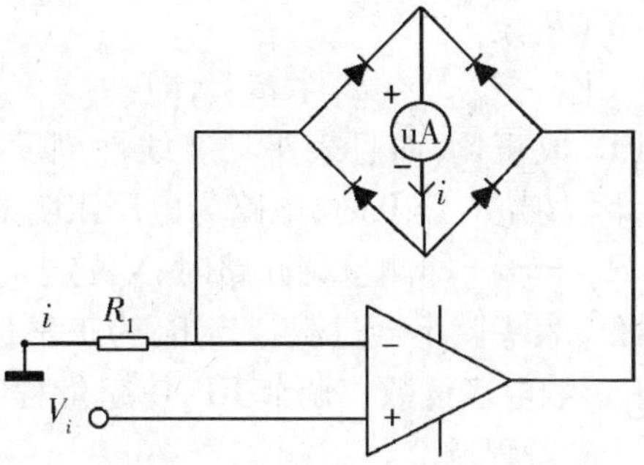

图 4.1.3　交流电压表电路

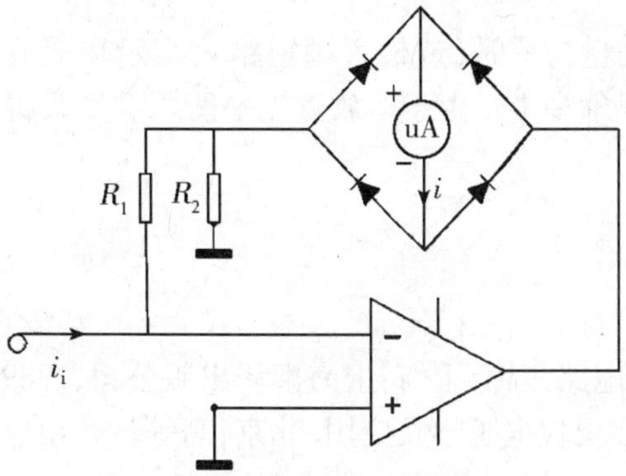

图 4.1.4　交流电流表电路

在理想情况下，$I = 1 + (R_1/R_2)I_i$，显然表头读数仅由被测交流电流全波整流平均值 I_I 和 (R_1/R_2) 比值决定，与二极管和表头参数无关。同样，可应用密勒定理将反馈支路电阻折算到输入端，可证明，交流电流表内阻为：$R_i = R_1/(1 + A_{VO})$。

同样指出，上述电路为不平衡输入式，若测量浮地回路电流，需将运放电源悬浮。

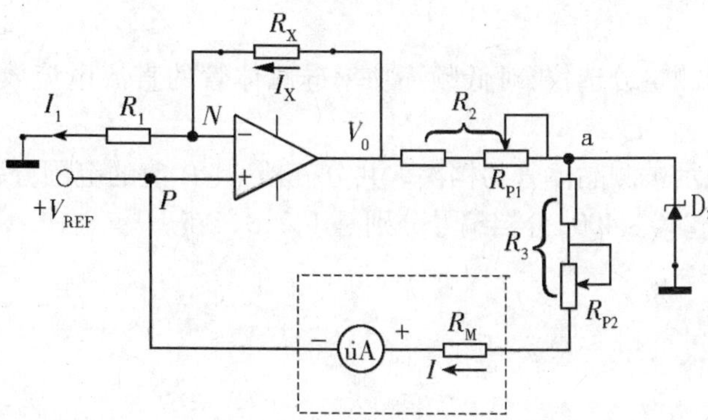

图 4.1.5　欧姆表电路

5. 欧姆表电路

图 4.1.5 为欧姆表电路。

被测电阻 R_X 跨接在运放反馈回路中。运放同相端加基准电压 V_{REF}。在理想条件下：

$$V_N = V_p = V_{REF}$$

$$I_1 = I_X$$

故得：$R_X = (V_0 - V_{REF})R_1/R_{REF}$

流经表头的电流为：$I = (V_0 - V_{REF})/(R_2 + R_3)$，即：$I = V_{REF}R_X/(R_1(R_2 + R_3)$

可见，电流 I 与被测电阻 R_X 成正比，而且表头具有线性刻度，改变 R_1 即可改变欧姆表量程。这个欧姆表能自动调零，因为当 $R_X = 0$ 时，电路为电压跟随器 $V_o = V_{REF}$，I 必为零。稳压管 D_Z 起保护作用。例如，当 $R_X = \infty$，即测量端开路时，V_o 趋于电流电压，如无 D_Z，则表头过载，有了 D_Z，可将图中 a 点钳位，表头就不会过载。当 R_X 为正常量程内的阻值时，因 a 点电位不能使 D_Z 反向击穿，故 D_Z 不影响电表读数。调节 RP_2 使超量程时的表头电流略高于满刻度值，但又不损坏表头。RP_1 用于满量程调节。

最后，需要强调指出：电表电路是多种多样的，设计中不一定照搬"提示"中所介绍的电路。

在调试过程中，当被测量为零时（或输入端短路），指示用微安表也可能指示出较高值或满偏，甚至超量程。这种现象多半是由于运放直流平衡严重失调所致，这时在输入端需外接调零电路。

三、参考文献

（1）王定国编著. 电子电路集锦. 上海：上海翻译出版公司，1989 年

（2）童诗白，徐振英编. 现代电子学及应用. 北京：高等教育出版社，1994 年

实验二　晶体管 β 值自动测量分选仪

一、任务和要求

（1）设计一自动测量分选仪，对低频小功率硅晶体管的直流电流放大系数 β 进行分档选出。

（2）用数码管显示被测晶体管的档次。共分五档，其 β 值的范围分别为 50 ~ 80，80 ~ 120，120 ~ 180，180 ~ 270，270 ~ 400，分档编号分别是 1，2，3，4，5。

二、总体方案设计

1. 设计思路

（1）要测量晶体管的电流放大系数 β，必须给晶体管以合适的静态偏置，若 I_B 一定，则 I_c 正比于 β，使晶体管处在线性放大状态，则有 $I_c = \beta I_B$。

（2）要将晶体管按 β 值进行分档，可将晶体管集电极电流 I_c 转换成相应的电压 V_O 输出，V_O 的大小正比于 β 值，然后将 V_O 信号同时加到具有不同基准电压的比较器的输入端进行比较，对应某一定 V_O 值，则相应的比较器输出为高电平，其余的比较器输出为低电平。例如，分成五档分选，则用五个电压比较器，五个比较器的输出便形成 5 位二进制代码，将 5 位二进制

代码进行分段式译码,便可驱动分段式显示数码管显示相应档次代号。

分选仪的原理框图如图 4.2.1 所示。

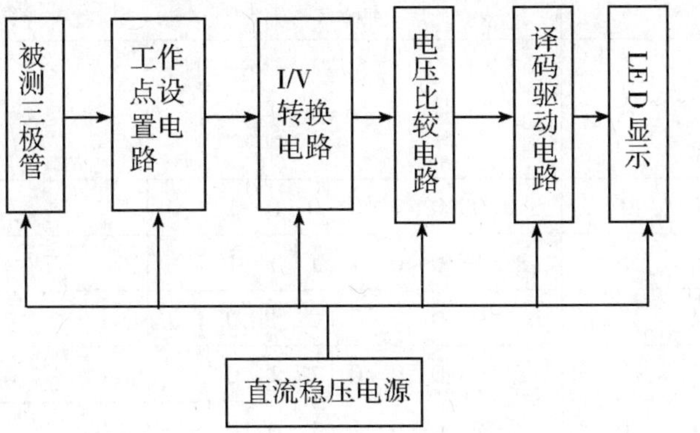

图 4.2.1　分选仪的原理框图

(1)为了使晶体管有合适的静态工作点,设置三种不同的基极偏置电阻(R_{b1}、R_{b2}、R_{b3})供选用。为了便于 I/V 转换,设 V_{CE} 为定值,采用集成运算放大器组成反相输入负反馈放大电路,放大器的输出电压 $V_O = I_C R_f$。以 NPN 管为例,参考电路如图 4.2.2 所示。

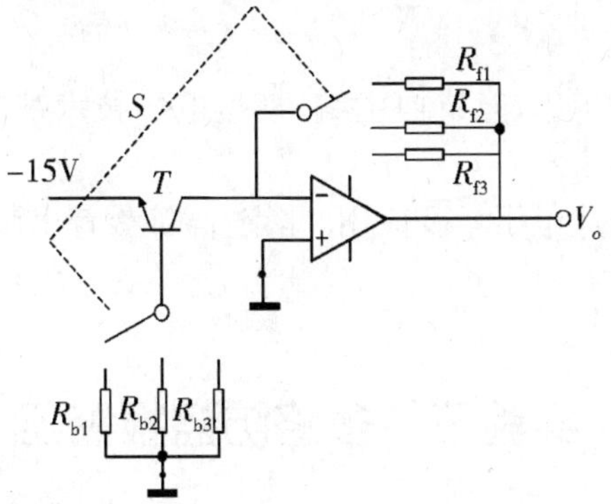

图 4.2.2

图 4.2.2 中,S 采用联动开关,可选择三组不同的 R_b 与 R_f 值中的一组,并使 $R_{f1}/R_{b1} = R_{f2}/R_{b2} = R_f/R_b = k$,则 $V_O = I_C R_f = \beta I_B R_F = \beta(15 - V_{BE})R_f/R_b = \beta k(15 - V_{BE})$。可见,$V_o$ 正比于 β。

(2)设运算放大器的正电源为 15V,为使运放工作在线性区,最大输出电压应小于 13V,若设计 β = 400,V_o = 12V,则 β = 50 ~ 80 时,V_O = 1.5 ~ 2.4V;β = 80 ~ 120 时,V_o = 2.4 ~ 3.6V;β 值在电压范围时的 V_o 值范围如表 4.2.1 所示。

表 4.2.1　V_o 与 β 值的对应值

β 值(倍)	50	80	120	180	270	400
V_0(V)	1.5	2.4	3.6	5.4	8.1	12

将表中对应的电压值分别作为六个比较器的基准电压 V_{REF},六个比较器的输出分别为 V_1 ~ V_6,β < 50 和 β > 400 时,LED 显示 0,β 在各分选档时,LED 分别显示 0 ~ 5。

(3)将六个比较器的输出信号作为译码器的输入信号,可得分段式译码器的真值表,如表

4.2.2 所示。

表 4.2.2　译码器的真值表

输入	输出	数码管显示字符
V_6 V_5 V_4 V_3 V_2 V_1	a b c d e f g	a f|‾|b e|g|c d
0 0 0 0 0 0	0 0 0 0 0 0 1	0
0 0 0 0 0 1	1 0 0 1 1 1 1	1
0 0 0 0 1 1	0 0 1 0 0 1 0	2
0 0 0 1 1 1	0 0 0 0 1 1 0	3
0 0 1 1 1 1	1 0 0 1 1 0 0	4
0 1 1 1 1 1	0 1 0 0 1 0 0	5
1 1 1 1 1 1	0 0 0 0 0 0 1	0

三、参考文献

1. 清华大学电子学教研组编,童诗白主编. 模拟电子技术基础(修订 2 版). 北京:高等教育出版社,1998 年

2. 童诗白,徐振英编. 现代电子学及应用. 北京:高等教育出版社,1994 年

实验三　多路防盗报警器

一、任务和要求

设计一种防盗报警器,适用于仓库、住宅等防盗报警。功能要求:

(1)防盗路数可根据需要任意设定。

(2)在同一地点(值班室)可监视多处的安全情况,一旦出现偷盗,用指示灯显示相应的地点,并通过扬声器发出报警声响。

(3)设置不间断电源,当电网停电时,备用直流电源自动转换供电。

(4)本报警器可用于医院住院病人有线"呼叫"。

二、总体方案设计

设计思路:

(1)防盗报警的关键部分是报警控制电路,由控制电路控制声、光报警信号的产生。控制

电路可采用运算放大器、双稳态触发器或者逻辑门等部件进行控制。较简单的办法是采用晶体管控制。无偷盗情况时，使晶体管处在截止状态，则被控制的声、光信号产生电路不工作；一旦有偷盗情况，立即使晶体管导通，被控制的声、光产生电路产生声、光报警信号，呼叫值班人员采取相应措施。

(2)电网正常供电时，通过电源变压器降压后整流、滤波及稳压得报警器所需直流电压，为防止电网停电，在控制的输入端设置有备用电源，保证报警器在停电时能正常工作。

报警器的原理框图如图 4.3.1 所示。

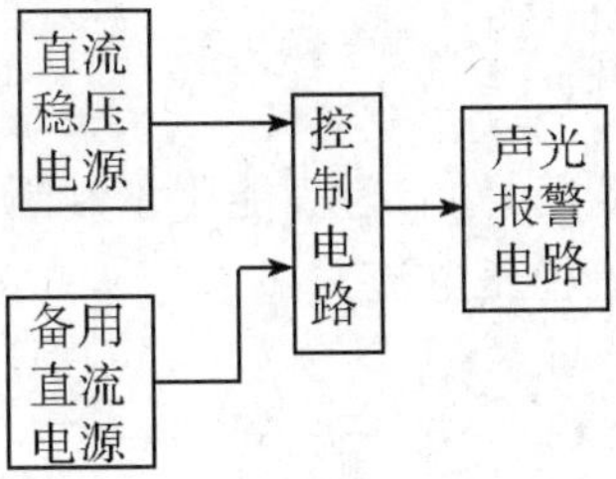

图 4.3.1　报警器的原理框图

1)控制电路由晶体管 T、电阻 R 和稳压二极管 D_Z组成，如图 4.3.2 所示。

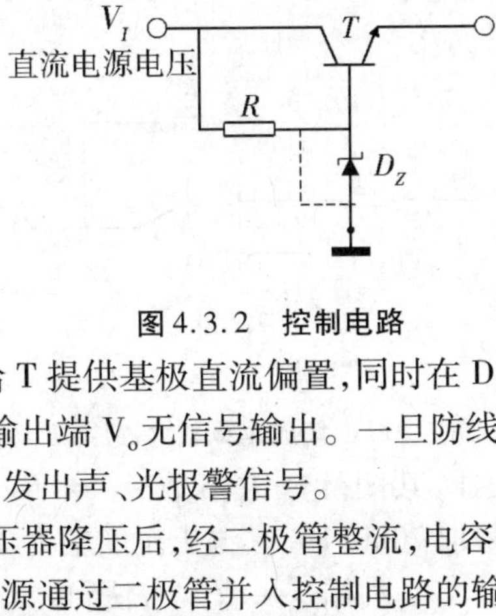

图 4.3.2　控制电路

电源电压 V_I通过 R、D_Z给 T 提供基极直流偏置，同时在 D_Z两端并接设防线使 T 基极对地短路，这时 T 处于截止状态，输出端 V_o无信号输出。一旦防线破坏，D_Z击穿稳压，T 迅速导通，V_o输出信号使报警电路工作，发出声、光报警信号。

2)电网电压通过电源变压器降压后，经二极管整流，电容器滤波，集成稳压器稳压后供给控制电路，同时将备用直流电源通过二极管并入控制电路的输入端。电网电压正常供电时，二极管截止，一旦电网停电，二极管导通，备用电源自动供电。

3)指示灯可采用发光二极管 LED 显示，控制电路输出信号 V_o使其发光。显示可按不同设防地点进行编号。采用 NE555 时基电路和阻容元件组成音调振荡器，控制器输出信号 V_o控制其工作，NE555(3)脚输出音频信号使扬声器发声报警。

三、参考文献

(1)华中理工大学电子学教研室编，康华光主编. 电子技术基础. 北京：高等教育出版社，1999 年

(2)金有锁撰文. 新颖多功能防盗报警器. 电子科学技术，1987 年第 8 期

实验四　集成运算放大器简易测试仪

集成运算放大器性能、参数测试的方法和设备有多种,本课题采用简单电路实现对运放性能好坏的测试,供学生和业余爱好者使用。

一、任务和要求

(1)设计一种集成运算放大器简易测试仪,能用于判断集成运放放大功能的好坏。
(2)设计本测试仪所需的直流稳压电流。

二、总体方案设计

设计思路:

测试集成运算放大器放大功能的好坏,可以采用交流放大法,其原理电路如图 4.4.1 所示。

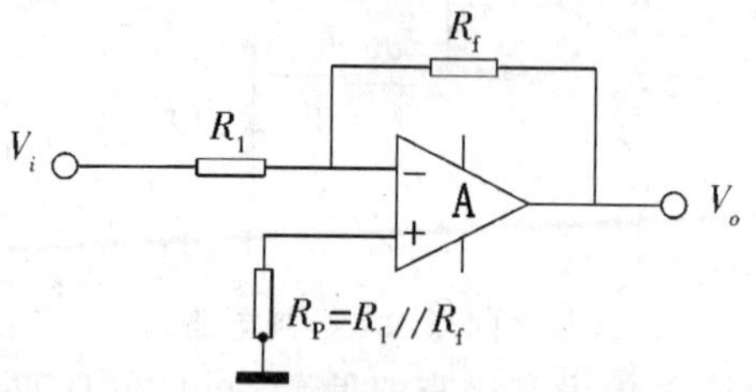

图 4.4.1　集成运算放大器原理

被测运放 A 接成反相放大器,其闭环放大倍数 $A_V = R_F/R_1$,若取 $R_F = 510K\Omega$,$R_1 = 5.1K\Omega$,则 $A_V = -100$。输入信号取 70mV 时,其输出幅度应为 7V 左右,若无输出或输出幅度偏小,则说明运放损坏或者性能不好。利用这一直观方法,可方便地判断运放的好坏。为此,需要有产生正弦信号 U_1 的波形产生电路,而且还需要对被测运放输出信号电压进行计量,即需要有交流毫伏表。

测试仪原理框图如图 4.4.2 所示。

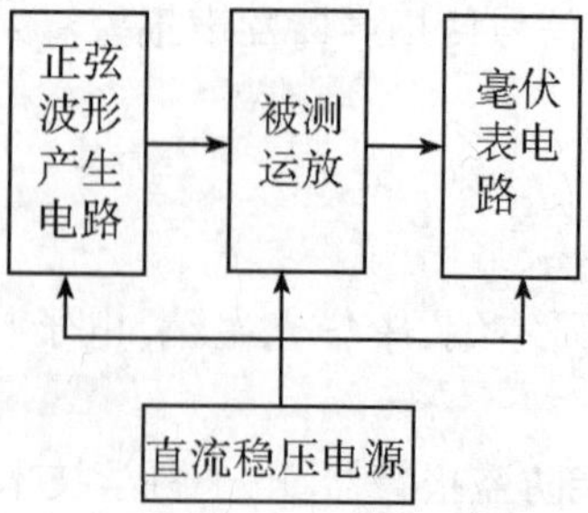

图 4.4.2　测试仪原理框图

(1)正弦波产生器可采用文氏桥正弦振荡电路或者 RC 移相式正弦波信号产生电路。例如,采用三节 RC 网络和运算放大器构成 RC 移相式弦波产生电路,将双向稳压管接于反馈支路起稳压作用,可获得一定频率、幅度稳定、失真较小的正弦波信号输出。

(2)毫伏表可用集成运放、整流电桥和电流表组成,使流过电流表的电流值正比于输入电压值。其原理电路如图 4.4.3 所示。

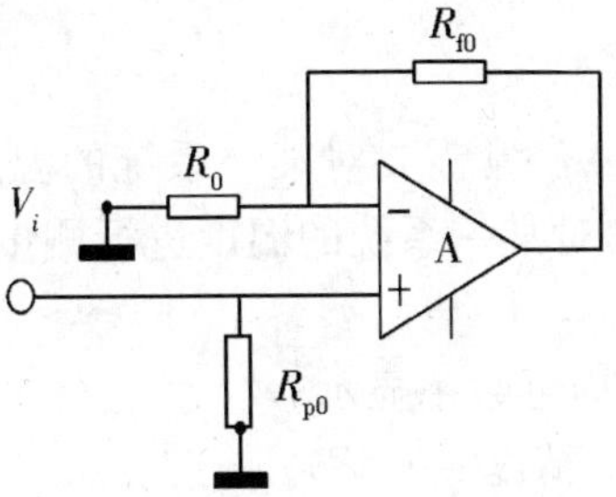

图 4.4.3

毫伏表输入信号通过阻容耦合(电阻可用开关 S 改变不同档次)加到集成运放的同相输入端,其输出信号通过整流电桥、电流表反馈到反相输入端,整流二极管和电流表的电阻可等效为反馈电阻 R_{F0}。由于运放开环增益、输入电阻很高,则其同相端电压与反相端电压近似相等,流过 R_{F0}的电流等于流过 R_o的电流,则 $I_{F0} = V_I/R_0$ 。可见流过表头的电流 i 与 V_1成正比,且与 R_{FO} 无关,因此可构成线性良好的交流毫伏表。R_0可用电位器 R_W代替,用来调整表头满量程。

(3)直流稳压电源:要求有 ±15V 两路电压输出,可采用跟踪式正负输出集成稳压器 SW1568,该稳压器具有 ±15V 对称输出电压,每路电流大于 50mA,并有过流保护电路。

三、参考文献

(1)清华大学电子学教研组编,童诗白主编. 模拟电子技术基础(修订 2 版). 北京:高等教育出版社,1988 年

(2)杨柏钧撰文. 集成化多用信号源、稳压源、毫伏表. 电子科学技术. 1984 年第 4 期

实验五　温度测量与控制器

一、任务与要求

在工农业生产或科学研究中，经常需要对某一系统的温度进行测量，并能自动地控制、调节该系统的温度。现设计并制作对某一系统的温度进行测量与控制的电路。

要求：

（1）被测量温度和控制温度均可数字显示。

（2）测量温度范围 0～120℃，精度 ±0.5℃。

（3）控制温度连续可调，精度 ±1℃。

（4）温度超过额定值时，产生声、光报警信号。

二、总体方案设计

设计思路：

（1）对温度进行测量、控制并显示：首先必须将温度的度数（非电量）转换成电量，然后采用电子电路实现课题要求。可采用温度传感器，将温度变化转换成相应的电信号，并通过放大、滤波后送 A/D 转换器变成数字信号，然后进行译码显示。

（2）恒温控制：将要控制的温度所对应的电压值作为基准电压 V_{REF}，用实际测量值 U_I 与 V_{REF} 进行比较，比较结果（输出状态）自动地控制、调节系统温度。

（3）报警部分：设定被控温度对应的最大允许值 $V_{\max}$，当系统实际温度达到此对应值 $V_{\max}$ 时，发生报警信号。温度显示部分采用转换开关控制，可分别显示系统温度、控制温度对应值 V_{REF} 和报警温度对应值 $V_{\max}$。

三、参考文献

（1）清华大学电子学教研组编，童诗白主编，模拟电子技术基础（修订 2 版）. 北京：高等教育出版社，1988 年

（2）方佩敏撰文. 发酵罐的温度测量与控制. 电子技术应用. 1990 年第 10 期

（3）彭介华主编. 电子技术课程设计指导. 北京：高等教育出版社，1997 年

实验六　电子配料称

一、任务与要求

在工业生产中,经常需要将不同物料按一定重量比例配置进行混合加工,现设计一种加料重量计量装置,用于配料生产的自动控制系统。

要求:

(1)配料精度优于百分之一。

(2)配料重量连续可调,料满自动停止加料。

(3)工作稳定可靠。

(4)设计电路所需的直流电源。

二、总体方案设计

设计思路:

(1)该装置主要功能是用电子电路实现对物料重量的计量,故首先应将物料重量(非电量)转换成电量。被称物料可通过支撑料斗的负重传感器实现将重量信号转换成电信号,电量数值大小与物料的重量成比例。

(2)根据预先设定的配料重量来确定基准电压(类似于天平的砝码),其值大小可以调节。

(3)将表示物料重量的电信号与基准电压进行比较,其比较结果(输出状态)来控制执行机构完成预定的动作。

三、参考文献

(1)华中工学院电子学教研室编,康华光主编. 电子技术基础(修订 3 版). 北京:高等教育出版社,1988 年

(2)史志平撰文. 电子配料称. 电子科学技术. 1984 年第 8 期

(3) 彭介华主编. 电子技术课程设计指导. 北京:高等教育出版社,1997 年

实验七　扩音机的设计

一、任务与要求

（1）设计一台输出功率 5W 的双声道扩音机。技术指标为：

不失真功率：5W；

频率响应：20Hz ~ 20kHz；

输入阻抗：> 50kΩ；

输入电压：< 5mV；

音调控制范围：低音（100Hz）±12dB；高音（10kHz）±12dB。

（2）根据技术指标要求，认真查阅有关资料，设计电路并计算电路中元件的有关参数。画出标有元件值的完整电路，写出预习报告。根据设计的电路图，组装、调试与测量扩音机的性能参数。

（3）根据实验结果与预习报告，写出设计与调试总结报告。

二、参考文献

（1）李铃远、刘时进、李忠明、田原编著. 电子技术基础教程（实验部分）. 武汉：湖北科学技术出版社，2000 年

（2）谢自美主编. 电子电路设计·实验·测试. 武汉：华中理工大学出版社，1994 年

（3）朱耀国编. 模拟电子电路实验. 北京：高等教育出版社，1996 年

（4）陆延璋、宋万年、马建江编. 模拟电子电路实验. 上海：复旦大学出版社，1990 年

（5）彭介华主编. 电子技术课程设计指导. 北京：高等教育出版社，1997 年

实验八　电压 / 频率变换器的设计

一、任务与要求

设计并制作一台电压/频率变换器。

（1）性能指标

①输入直流电压 U_i（控制信号），输出频率为 f_o 的矩形脉冲，而且 $f_o \propto U_i$；

②U_i 的变化范围为：0 ~ 10V；

③f_o 的变化范围为：0 ~ 10kHz；

④转换精度 <1%。

(2)根据技术指标要求,认真查阅有关资料,设计电路并计算电路中元件的有关参数,画出标有元件值的完整电路,写出预习报告,并根据设计的电路图,组装与调试电路。

(3)根据实验结果与预习报告,写出设计与调试总结报告。

二、参考文献

(1)彭介华主编.电子技术课程设计指导.北京:高等教育出版社,1997 年

(2)华中工学院电子学教研室编,康华光主编.电子技术基础(修订 3 版).北京:高等教育出版社,1988 年

(3)施良驹编.集成电路应用集锦.北京:电子工业出版社,1988 年

第五章　MULTISIM 在模拟电路实验中的应用

在模拟电子线路分析与设计过程中,经常需要选择合适的元(器)件。如果在设计过程中,每换一个元件就进行一次测试,则工作量非常大。利用 Multisim 提供的大量的仿真分析法,可以为电路设计提供许多有效的方法。本章将利用 Multisim 所提供的仿真元器件库、仪器仪表库,对模拟电子电路中的一些常见实验进行分析和测试,旨在帮助模拟电路设计者更好地学习模拟电路设计实验,掌握模拟电路的仿真设计方法。

实验一　晶体管单管放大电路的测量

一、实验目的

(1)熟悉 Multisim 2001 仿真软件的环境及主要操作。

(2)学会使用 Multisim 2001 软件进行实际电路的仿真测试。

(3)用 Multisim 2001 软件测量晶体管单管放大电路的工作点及交流性能指标。

二、实验内容

1. 编辑原理图

通过建立电路文件、设计电路界面、放置电路元件、连接线路、编辑处理及保存文件等步骤,建立如图 5.1.1 所示的测试静态工作点,并观察工作点的变化对输出波形影响的电路。

2. 借助示波器,调整电位器确定静态工作点

双击电路窗口中的示波器图标,即可开启示波器面板。如图 5.1.2 所示。

从图 5.1.2 中看出,该示波器的界面与实验室里常用的示波器面板很相似,其基本操作方法也差不多。启动电路窗口右上角的电路仿真开关,示波器窗屏幕上将产生输入和输出两个波形。为了看到较清晰的波形,需适当调节示波器界面上的时基(Timebase)和 A、B 两通道(Channel)中的 Scale 值。这里设置时基的 Scale 值为 200Hz/Div,A、B 两通道的 Scale 值为 1V/Div。电位器 R_W 旁标注的文字“Key = a”表明按动键盘上 a 键,电位器的阻值按 5% 的速度减少;若要增加,按动 Shift + a 键,阻值将以 5% 的速度增加。电位器变动的数值大小直接以百分比的形式显示在一旁。

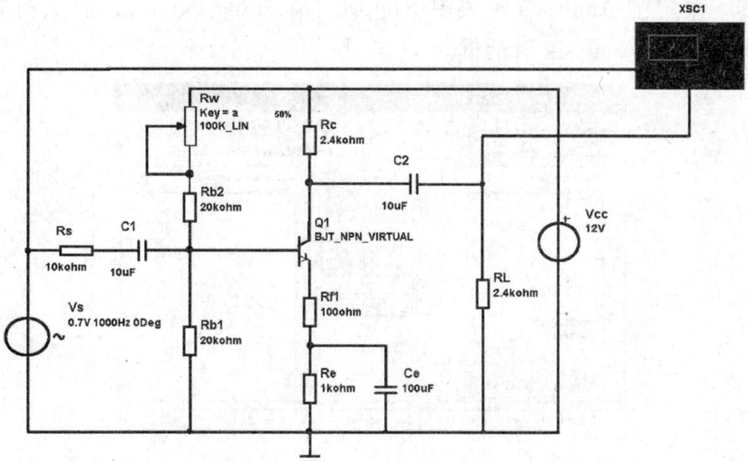

图 5.1.1　测试电路

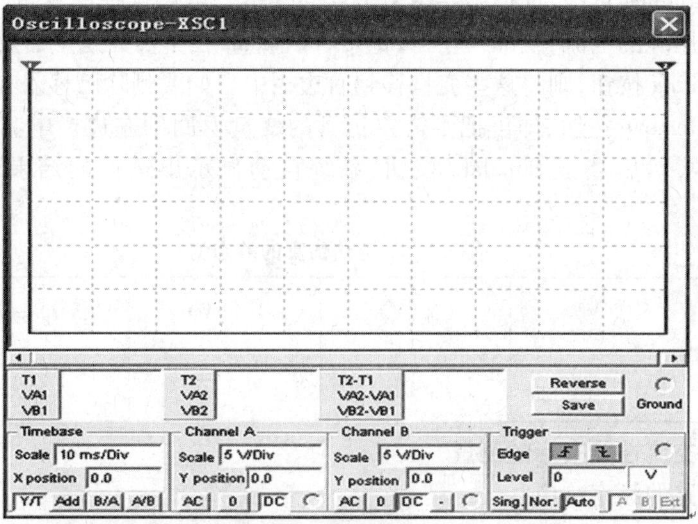

图 5.1.2　示波器面板

3. 观察工作点的变化对输出波形影响

启动仿真开关，反复按键盘上的 a 键，观察示波器波形变化。随着一旁显示的电位器阻值百分比的减少，输出波形产生饱和失真越来越重。当数值百分比调到 35% 时，在同一坐标轴中，记录此时 U_s、U_o的波形。

反之，反复按 Shift + A 键，观察示波器波形变化。随着一旁显示的电位器阻值百分比的增加，输出波形产生饱和失真逐渐减小。当数值百分比为 70% ~80% 时，输出波形已不见失真，电路真正处于放大状态，在同一坐标轴中，记录此时 U_s、U_o的波形记录波形。

如再按 Shift + a 键，继续增大电位器的阻值，从示波器中可观察到输出波形产生截止失真，记录数值百分比为 90% 时的失真波形。在同一坐标轴中，记录此时 U_s、U_o的波形。

4. 放大电路静态工作点测量

取电位器数值百分比为 75% 来确定静态工作点。在 Multisim 的环境下，可以用直流电压表和直流电流表来测定静态工作点，但利用直流工作点分析法会更方便快捷。

启动 Simulate 菜单中 Annlyses 子菜单下的 DC Operating Point... 命令,打开如图 5.1.3 所示的 DC Operating Point Analysis 对话框。

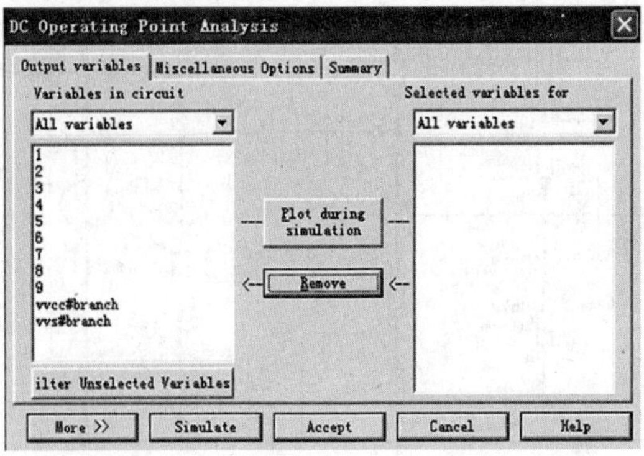

图 5.1.3　DC Operating Point Analysis 对话框

在 Output variables 页中,选择需要用来仿真的变量。可供选择的变量一般包括所有节点的电压和流经电压源的电流,全部列在 variables in circuit 栏中。先选中需要仿真的变量,点击 Plot during simulating 按钮,则将这些变量移到右边栏中。如要删除已移入右边的变量,也只需先选中,再点击 Remove 按钮,即可把不需要仿真的变量返回到左边栏中。对于本实验,把所有的变量都选中,然后点击 Simulate 按钮,系统自动显示出运算的结果,记录数据。填入表 5.1.1。

表 5.1.1　电路仿真的静态值

U_B(V)	U_C(V)	U_{CE}(V)	U_{BE}(V)	$I_E=I_C=\frac{V_{CC}-U_C}{R_C}$

5. 放大电路交流性能指标的测量

(1) 分析电路的频率响应

启动 Simulate 菜单中的 AC Analysis... 命令,打开 AC Analysis 对话框,所需设置如下:

Output variables:8(负载 R_L的输出电压),其余各项保持其默认值。记录晶体管放大电路的幅频和相频特性曲线的仿真结果。

电路的频率特性也可以用波特图仪来测定,请自行测量分析。

(2)确定电路的放大倍数、输入和输出电阻

放大电路在某个频率下的放大倍数、输入和输出电阻,可直接在电路的输入和输出端口接上电压表和电流表(注意:要设置成交流 AC),测出此电压和电流的有效值再相除求得。

1)测量放大倍数、输入电阻、电压表、电流表与电路的连接。如图 5.1.4 所示。

图中的 XMM1、XMM3 应选为交流电流表,XMM2、XMM4 应选为交流电压表。运行仿真开关,记下此时电压表和电流表的读数,填入表 5.1.2 中。

表 5.1.2　测量放大倍数及输入电阻的电压表、电流表读数

XMM1	XMM2	XMM3	XMM4	A_U	Ri

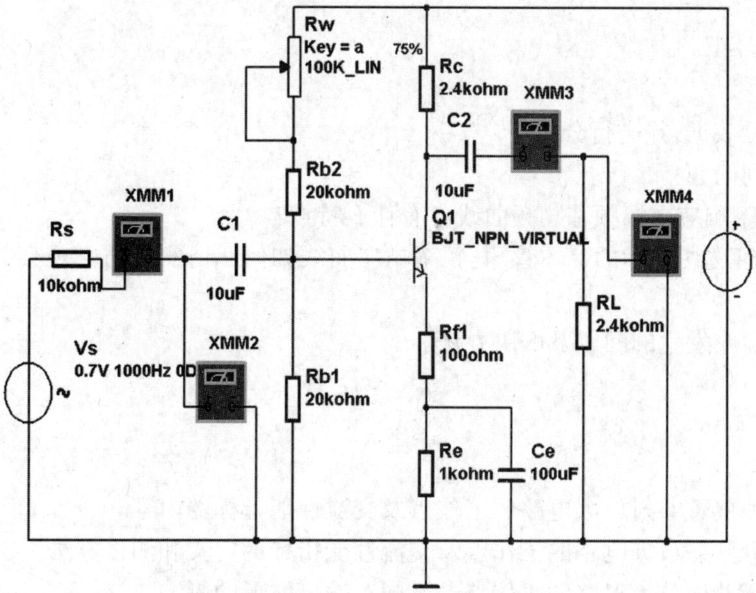

图 5.1.4　测量放大倍数和输入电阻时电压表、电流表与电路的连接

2)测量输出电阻。电压表、电流表与电路的连接如图 5.1.5 所示。

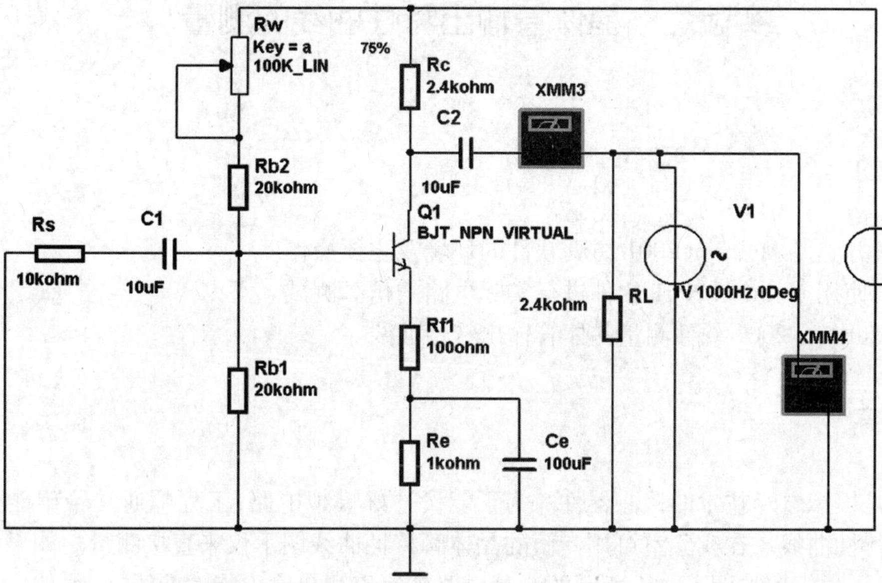

图 5.1.5　测量输出电阻,电压表、电流表与电路的连接

图中的 XMM3 应选为交流电流表,XMM4 应选为交流电压表。运行仿真开关,记下此时电压表和电流表的读数,填入表 5.1.3 中。

表 5.1.3　测量输出电阻的电压表、电流表读数

XMM3	XMM4	R_O

三、实验报告

(1)整理实验数据,并进行分析。

(2)回答下列问题:

①电路的频率响应中幅频和相频曲线各有什么特点?

②如果晶体管选用实际的晶体管,其频率响应曲线如何?请实际仿真观察并记录其特性曲线。

(3)讨论实验中发生的问题及解决办法。

四、预习要求

(1)复习有关单管共射放大电路的工作点及交流性能指标的内容。

(2)了解单管共射放大电路的工作点及交流性能指标的定义和测量方法。

(3)了解单管共射放大电路的工作点的不同对输出波形的影响。

(4)认真学习和掌握 Multisim 2001 软件的使用和仿真测试电路方法。

实验二　晶体管输出特性曲线的测量

一、实验目的

(1)了解并熟悉 Multisim 2001 仿真软件的环境及主要操作。

(2)学会使用 Multisim 2001 软件进行实际电路的仿真测试。

(3)用 Multisim 2001 软件测量晶体管输出特性曲线。

二、实验内容

晶体管是模拟电子技术的核心器件。为了能设计好模拟电路,工程师通常希望能得到晶体管的输出特性曲线。在实验室可用专门的晶体管特性曲线图示仪来直接测量。如果没有晶体管特性图示仪,常用如图 5.2.1 所示的测试电路来逐点测出输出特性曲线。

这种方法称为逐点测量法。其中 XMM1、XMM3 选择电流表档,XMM2、XMM4 选择电压表档。在 Multisim 2001 元件库中也存在着大量的晶体管仿真模型,因为 Multisim 2001 仪表栏中没有晶体管特性曲线图示仪,在调用这些晶体管元件时,如要获知它们的输出特性曲线,可采用如图 5.2.1 所示的测试电路进行测定。但这种测试太繁琐,需要测出一大堆数据后才能画出其特性曲线。其实在 Multisim 2001 环境下,完全没有必要这样做,可利用该软件提供的 DC Sweep 分析功能与后处理器配合,直接得出晶体管的输出特性曲线。

测试电路如图 5.2.2 所示。这里以 NPN 晶体管为例来说明测试的过程,对于现实晶体管

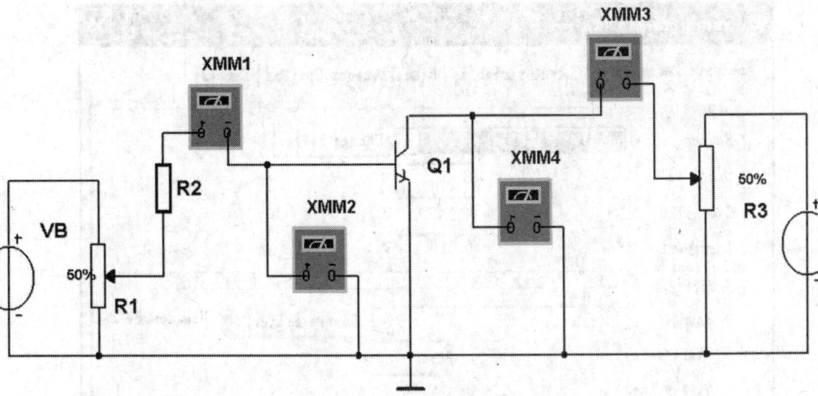

图 5.2.1 逐点测量法电路

元件可做同样的处理。

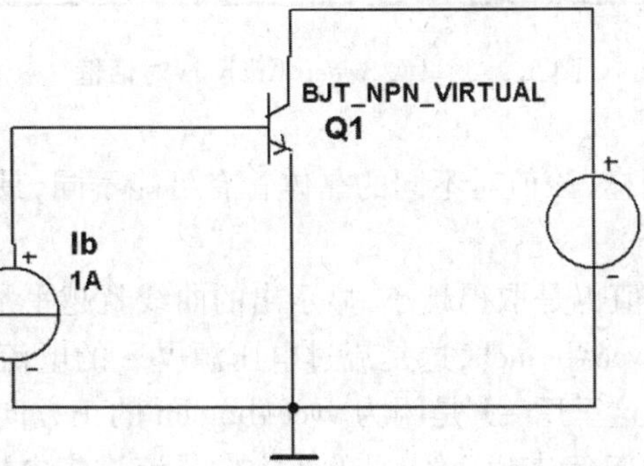

图 5.2.2 晶体管的输出特性曲线测试电路

1. 编辑原理图

晶体管的输出特性曲线测试电路如图 5.2.2 所示。由于本实验的电路非常简单,编辑原理图也很容易。只需注意电流源 I_b 和电压源 Vce 在原理图上的数值可不必专门设置,具体的数值在进行 DC Sweep 分析时设定。

2. DC Sweep 分析

启动 Simulate 菜单中 Analyses 下的 DC Sweep Analysis 命令,打开的 DC Sweep Analysis 对话框,如图 5.2.3 所示。

有关参数设置如下:

Source1 中:

Source:vvce(这是电压源 Vce 的电压,也是集电极 c 和发射极 e 之间的电压,由于需要将 Vce 作为输出特性曲线的横坐标,故要选择 Vce 作为 Source1 来设置)。

Start value:0V。

Stop value:8V(该值对不同的晶体管有可能不同,具体数值需通过几次仿真试验来逐渐调整)。

Increment:0.01V(该值取得越小,其显示出的曲线越平滑,但仿真速度会变慢)。

Source2 中:

Source:iib(这是晶体管的基极电流)。

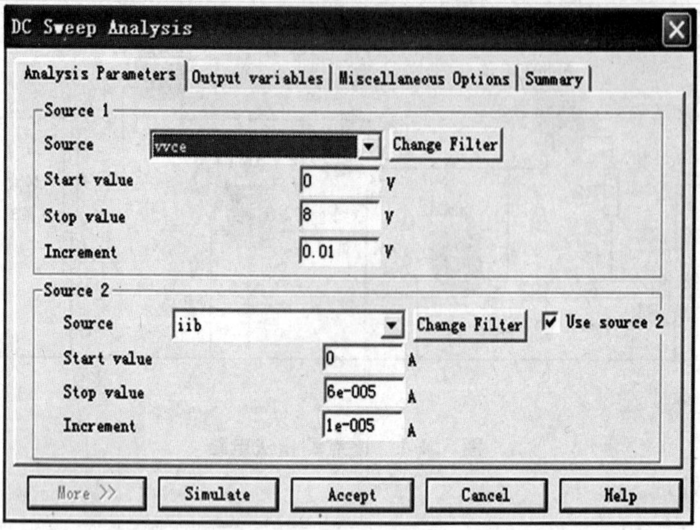

图 5.2.3　DC Sweep Analysis 对话框

Start value:0A。

Stop value:0.0006A(同样,该值对不同的晶体管有可能不同,具体数值需通过几次仿真试验来逐渐调整)。

Increment:0.0001A(该值也是取得越小,显示出的曲线就越平滑,但仿真速度会变慢)。

Output variables:选择 vvce#branch,这是流过电压源 Vce 的电流。在本测试电路中也就是晶体管集电极的电流 $-I_c$。这里用 $-I_c$是因为 vvce#branch 的正方向定义的是从电压源正极流入,负极流出,而习惯上对 NPN 管来说 Ic 定义的正方向是流进集电极 c,故 vvce#branch = -Ic。点击该对话框上的 Simulate 按钮,仔细观察并记录此时的仿真结果。

3. 使用后处理器

由于仿真所得到的曲线图存在这样的问题:一是纵坐标不是电流而是标以电压;二是曲线向负的方向变化而不是向正方向变化。这里的纵坐标实质上是 vvce#branch,即 -Ic 坐标,这不太符合正常习惯,所以仍需要通过后处理器来解决。具体的操作方法这里就不在叙述了。

三、实验报告

(1)整理实验数据,并进行分析。

(2)画频率响应曲线。

(3)讨论实验中发生的问题及解决办法。

四、预习要求

(1)复习有关晶体管特性曲线的内容。

(2)了解晶体管特性曲线的测量方法。

(3)认真学习 Multisim 2001 软件的使用方法。

(4)掌握 Multisim 2001 软件的常用元器件库和仪器仪表库的使用方法。

实验三　有源滤波器特性曲线的测量

一、实验目的

(1)熟悉 Multisim 2001 仿真软件的环境及主要操作。

(2)学会 Multisim 2001 软件中波特图仪的使用方法。

(3)用 Multisim 2001 软件仿真测量有源滤波器的特性曲线。

二、实验原理

由 RC 元件与运算放大器组成的滤波器称为 RC 有源滤波器,其功能是让一定频率范围内的信号通过,抑制或急剧衰减此频率范围以外的信号。可用在信息处理、数据传输、抑制干扰等方面,但因受运算放大器频带限制,这类滤波器主要用于低频范围。根据对频率范围的选择不同,可分为低通(LPF)、高通(HPF)、带通(BPF)与带阻(BEF)等四种滤波器。它们的幅频特性如图 5.3.1 所示。

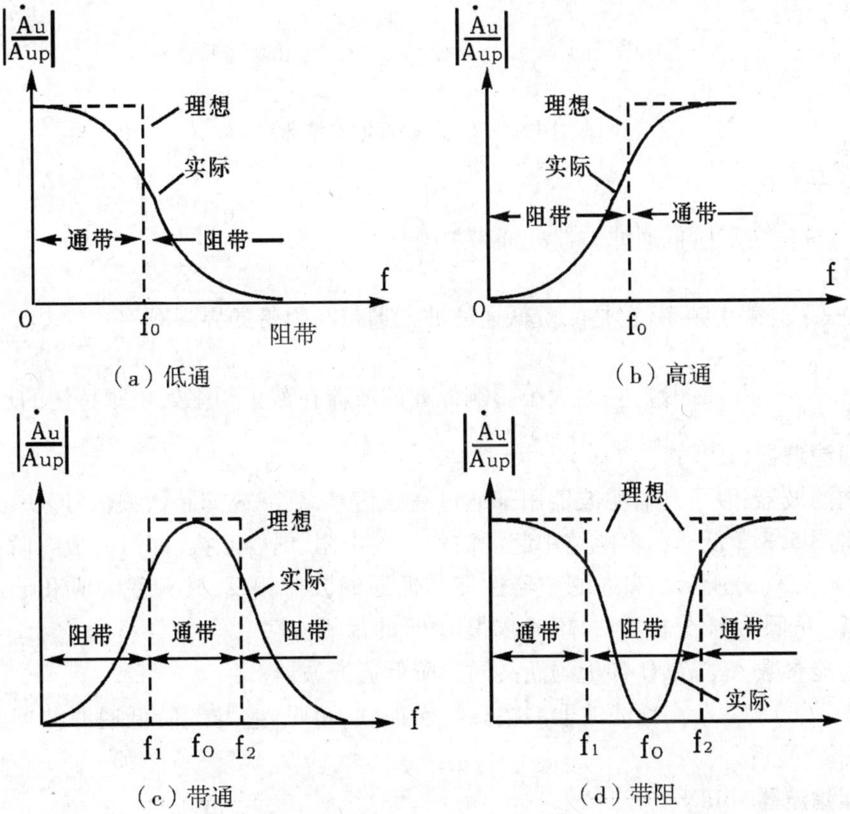

图 5.3.1　四种滤波电路的幅频特性示意图

具有理想幅频特性的滤波器是很难实现的,只能用实际的幅频特性去接近理想的。一般来说,滤波器的幅频特性越好,其相频特性越差,反之亦然。滤波器的阶数越高,幅频特性衰减的速率越快,但 RC 网络的节数越多,元件参数计算越繁琐,电路调试越困难。任何高阶滤波器均可以用较低的二阶 RC 有滤波器级联实现。

1. 低通滤波器(LPF)

低通滤波器是用来通过低频信号衰减或抑制高频信号。

如图 5.3.2(a)所示,为典型的二阶有源低通滤波器。它由两级 RC 滤波环节与同相比例运算电路组成,其中第一级电容 C 接至输出端,引入适量的正反馈,以改善幅频特性。图 5.3.2(b)为二阶低通滤波器幅频特性曲线。

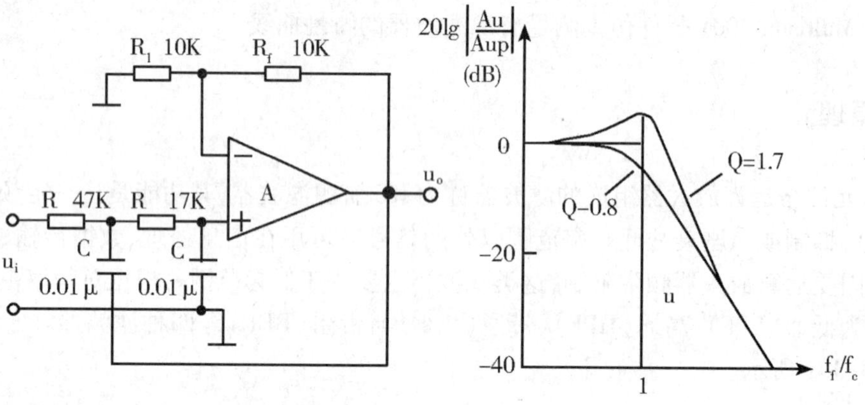

(a)电路图　　(b)频率特性

图 5.3.2　二阶低通滤波器

电路性能参数:

$A_{uP} = 1 + \frac{R_f}{R_1}$:二阶低通滤波器的通带增益。

$f_0 = \frac{1}{2\pi RC}$:截止频率,它是二阶低通滤波器通带与阻带的界限频率。

$Q = \frac{1}{3 - A_{uP}}$:品质因数,它的大小影响低通滤波器在截止频率处幅频特性的形状。

2. 高通滤波器(HPF)

与低通滤波器相反,高通滤波器用来通过高频信号,衰减或抑制低频信号。

只要将图 5.3.2 低通滤波电路中起滤波作用的电阻、电容互换,即可变成二阶有源高通滤波器,如图 5.3.3(a)所示。高通滤波器性能与低通滤波器相反,其频率响应和低通滤波器是"镜像"关系,仿照 LPH 分析方法,不难求得 HPF 的幅频特性。

电路性能参数 A_{uP}、f_0、Q 各量的涵义同二阶低通滤波器。

图 5.3.3(b)为二阶高通滤波器的幅频特性曲线,可见,它与二阶低通滤波器的幅频特性曲线有"镜像"关系。

3. 带通滤波器(BPF)

这种滤波器的作用是只允许在某一个通频带范围内的信号通过,而比通频带下限频率低

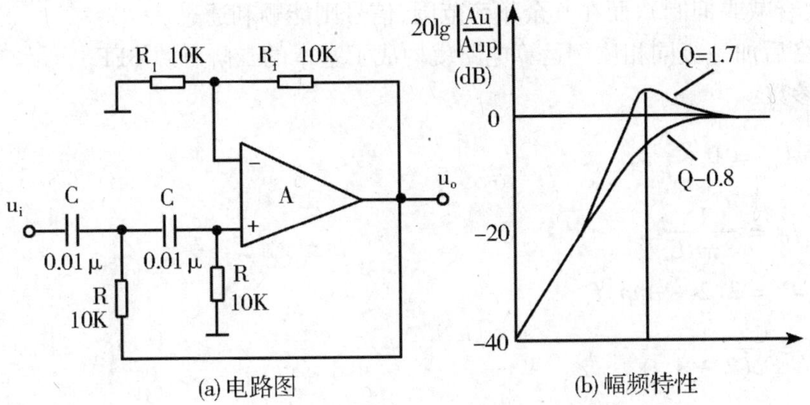

图 5.3.3　二阶高通滤波器

和比上限频率高的信号均加以衰减或抑制。

典型的带通滤波器可以从二阶低通滤波器中将其中一级改成高通而成。如图 5.3.4(a)所示。

电路性能参数:

通带增益: $A_{up} = \dfrac{R_4 + R_f}{R_4 R_1 CB}$

中心频率: $f_O = \dfrac{1}{2\pi}\sqrt{\dfrac{1}{R_2 C^2}\left(\dfrac{1}{R_1} + \dfrac{1}{R_3}\right)}$

通带宽度: $B = \dfrac{1}{C}\left(\dfrac{1}{R_1} + \dfrac{2}{R_2} - \dfrac{R_f}{R_3 R_4}\right)$

选择性: $Q = \dfrac{\omega_O}{B}$

此电路的优点是改变 R_f 和 R_4 的比例就可改变频宽而不影响中心频率。

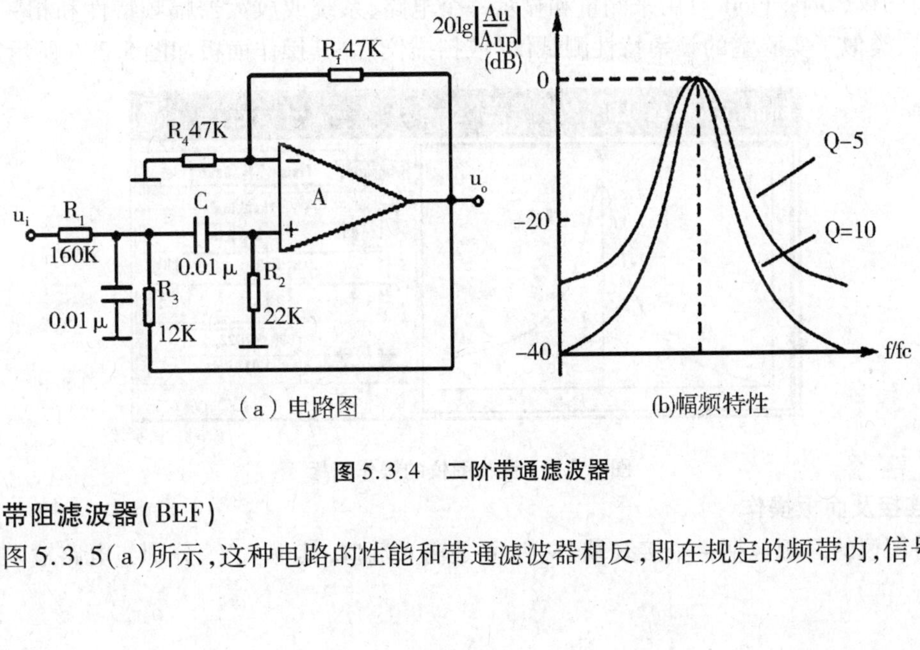

图 5.3.4　二阶带通滤波器

4. 带阻滤波器(BEF)

如图 5.3.5(a)所示,这种电路的性能和带通滤波器相反,即在规定的频带内,信号不能通过(或受到很大衰减或抑制),而在其余频率范围,信号则能顺利通过。

在双 T 网络后加一级同相比例运算电路就构成了基本的二阶有源 BEF。

电路性能参数:

通带增益:$A_{up} = 1 + \dfrac{R_f}{R_1}$

中心频率:$f_O = \dfrac{1}{2\pi RC}$

带阻宽度:$B = 2(2 - Aup)f_o$

选择性:$Q = \dfrac{1}{2(2 - A_{up})}$

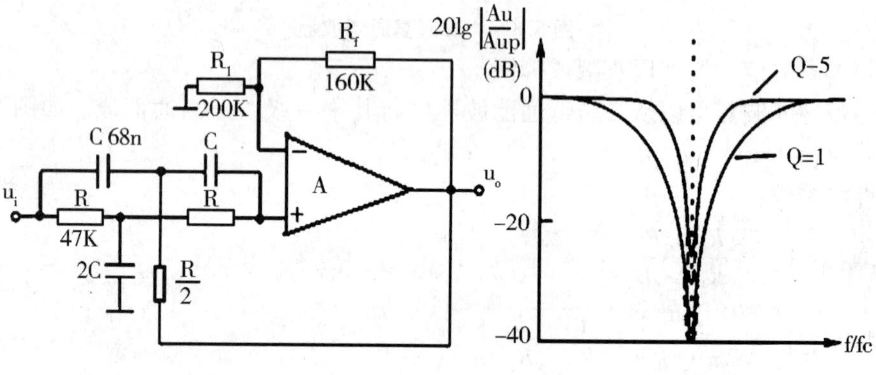

(a) 电路图　　(b) 频率特性

图 5.3.5　二阶带阻滤波器

三、实验内容

波特图仪(Bode Plotter)用来测量和显示一个电路、系统或放大器幅频特性和相频特性的一种仪器,类似于实验室的频率特性测试仪(或扫描仪)。其操作面板如图 5.3.6 所示。

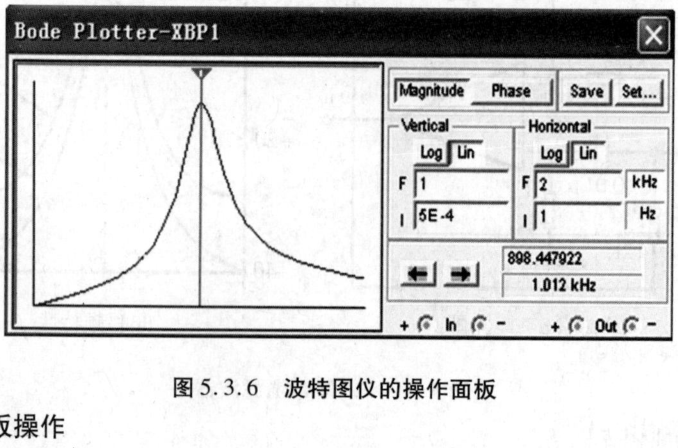

图 5.3.6　波特图仪的操作面板

1. 连接及面板操作

波特图仪的面板包括 4 个接线端,左边 in 是输入端口,其 V_+、V_- 分别与电路输入端的正负端子相接；右边 out 是输出端口，其 V_+、V_- 分别与电路输出端的正负端子相接。由于波特图仪本身没有信号源，所以在使用波特图仪时，必须在电路的输入端口示意性地接入一个交流信号源（或函数信号发生器），且无需对其参数进行设置。

波特图仪的面板按钮功能及其操作如下：

Magnitude：选择左边显示屏里显示幅频特性曲线。

Phase：选择左边显示屏里显示相频特性曲线。

Save：以 BOD 格式保存测试结果。

Set：设置扫描分辨率，点击该按钮后，屏幕出现如图 5.3.7 所示的对话框。

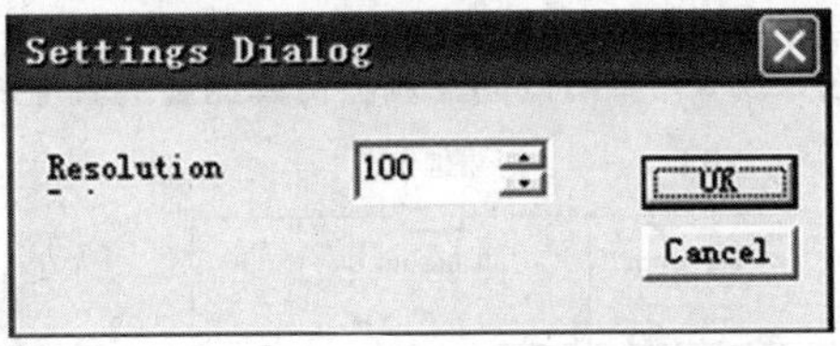

图 5.3.7　设置扫描分辨率对话框

在 Resolution Points 栏中选定扫描的分辨率，数值越大读数精度越高，但将增加运行时间，默认值是 100。

Vertical 区：设定 Y 轴的刻度类型。

测量幅频特性时，若点击 Log（对数）按钮后，Y 轴刻度的单位是 dB（分贝），标尺刻度为 20LogA(*f*)，其中 $A(f) = V_O(f)/V_i(f)$；当点击 Lin（线性）按钮后，Y 轴是线性刻度。一般情况下采用线性刻度。

测量相频特性时，Y 轴坐标表示相位，单位是度，刻度是线性的。该区下面的 F 栏用于设置最终值，而 I 栏则用于设置初始值。需要指出的是，若被测电路是无源网络（谐振电路除外），由于 A(*f*) 的最大值为 1，所以 Y 轴坐标的最终值坐标设置为 0dB，初始值设为负值。对于含有放大环节的网络（电路），A(*f*) 值可大于 1，最终值设为正值（+dB）为宜。

Horizontal 区：确定波特图仪显示的 X 轴频率范围。

选择 Log，则标尺用 Log*f* 表示；若选择 Lin，则坐标标尺是线性的。当测量信号的频范围较宽时，用 Log 标尺为宜，I 和 F 分别是 Initial（初始值）和 Final（最终值）的缩写。为了清楚显示某一频率范围的频率特性，可将 X 轴频率范围设定的小一些。

测量读数：利用鼠标拖动（或点击读数指针移动按钮）读数指针，可测量某个频率处的幅值和相位，其读数在面板右下方显示。

2. 编辑原理图

通过建立电路文件、设计电路界面、放置电路元件、连接线路、编辑处理及保存文件等步骤分别建立四种类型的有源滤波器进行幅频特性曲线测量。

（1）二阶低通滤波器：在 Multisim 2001 环境下画出仿真测量实验电路如图 5.3.8 所示，启动仿真开关，在波特图仪中观察其特性曲线，并记录此时的仿真结果。改变相应的参数（Q 值），观察特性曲线的变化情况。

（2）二阶高通滤波器：在 Multisim 2001 环境下画出仿真测量实验电路如图 5.3.9 所示，启动仿真开关，在波特图仪中观察其特性曲线，并记录此时的结果。改变相应的参数（Q 值），观察特性曲线的变化情况。

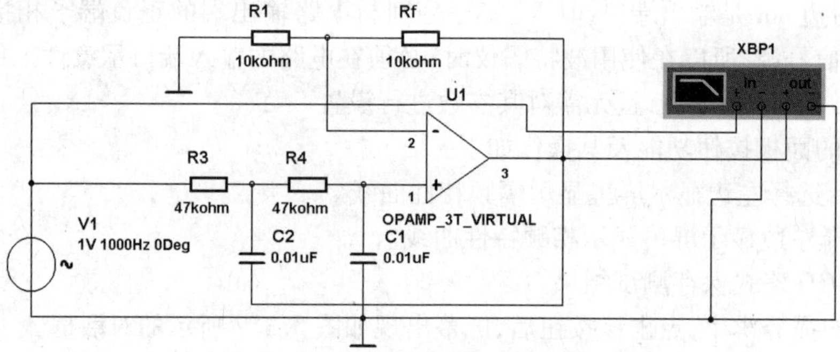

图 5.3.8　二阶低通滤波器仿真测量实验电路

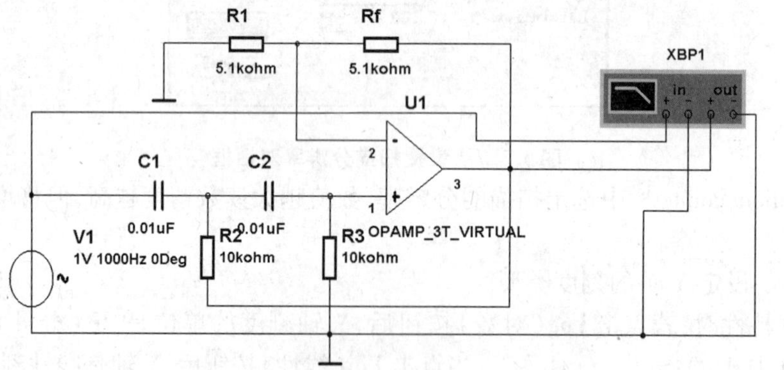

图 5.3.9　二阶高通滤波器仿真测量实验电路

(3)带通滤波器:在 Multisim 2001 环境下画出仿真测量实验电路如图 5.3.10 所示,启动仿真开关,在波特图仪中观察其特性曲线,并记录此时的仿真结果。改变相应的参数(Q 值),观察特性曲线的变化情况。

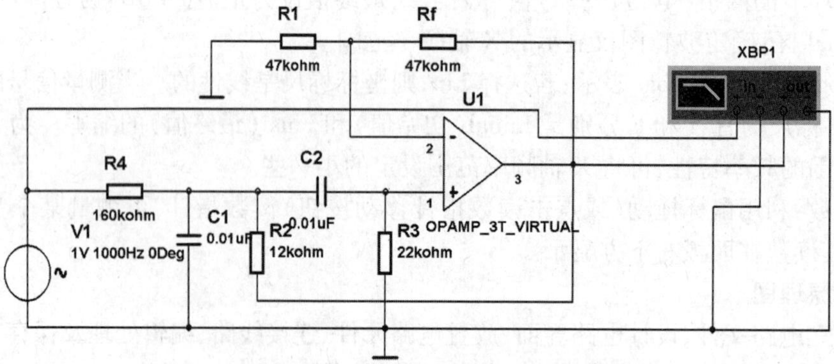

图 5.3.10　带通滤波器仿真测量实验电路

(4)带阻滤波器:在 Multisim 2001 环境下画出仿真测量实验电路如图 5.3.11 所示,启动仿真开关,在波特图仪中观察其特性曲线,并记录此时的仿真结果。改变相应的参数(Q 值),观察特性曲线的变化情况。

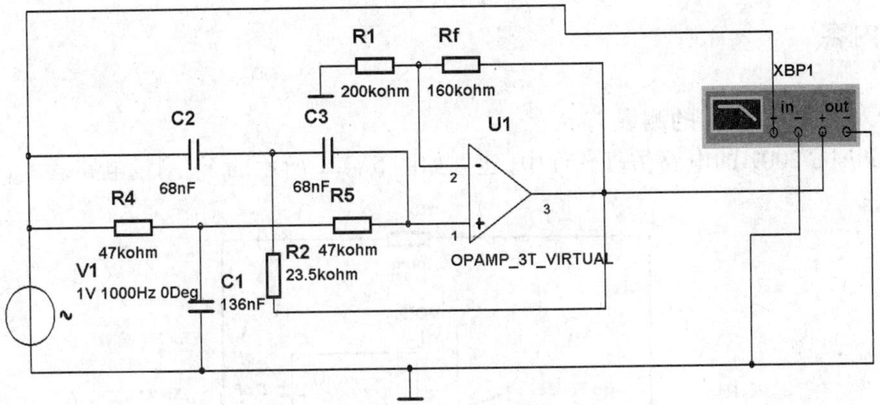

图 5.3.11　带阻滤波器仿真测量实验电路

三、实验报告

(1)整理实验数据,并进行分析。

(2)回答下列问题:

1)电路的频率响应中,幅频和相频曲线各有什么特点?

2)如果通过改变电路中的 Q 值,幅频特性曲线将如何变化?请实际仿真观察并记录其特性曲线。

(3)讨论实验中发生的问题及解决办法。

四、预习要求

(1)复习有关有源滤波器的类型及其特性曲线的内容。

(2)了解 Multisim 2001 软件中波特图仪的使用方法。

(3)认真学习和掌握 Multisim 2001 软件的使用和仿真测试电路方法。

实验四　集成运放的参数测试

一、实验目的

(1)了解运算放大器参数的意义及测试方法。

(2)加深理解运算放大器的参数的定义。

二、实验内容

1. **输入失调电压 V_{os} 的测量**

在 Multisim 2001 的电路仿真软件中，建立如图 5.4.1 所示的 V_{os} 测量电路。

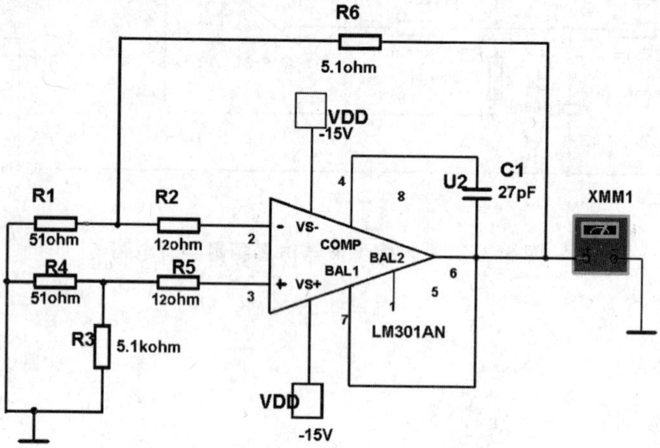

图 5.4.1　Vos 测量电路

单击仿真开关进行仿真分析，记录电压表所显示的电压值 V_o。用公式 计算集成运放的失调电压 V_{os}。

2. **输入失调电压 I_{os} 的测量**

在 Multisim 2001 的电路仿真软件中，建立如图 5.4.2 所示的 I_{os} 测量电路。

单击仿真开关进行仿真分析，记录电压表所显示的电压值 V_o。用公式 $I_{OS} = (V_O - V'_O)/((1 + R_f/R_1)R_2)$ 来计算失调电流 I_{os}。其中，V_o 为测量输入失调电压时的 V_o。

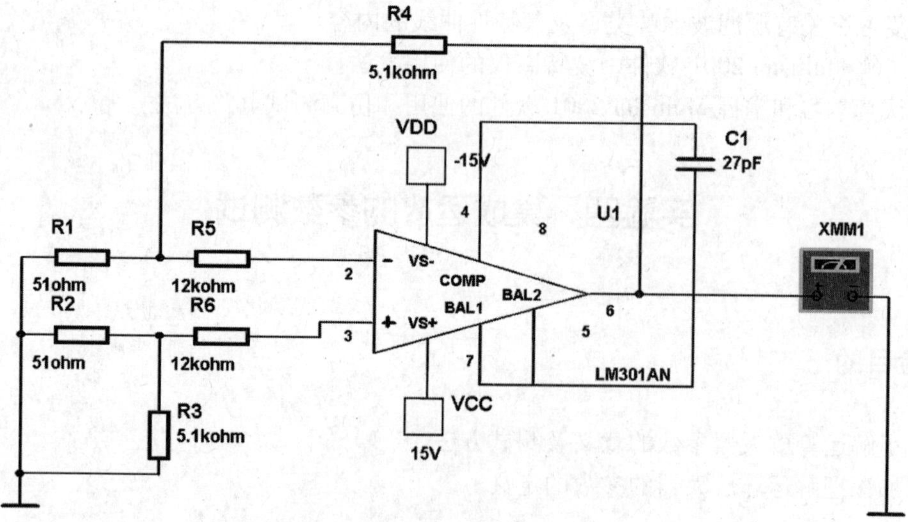

图 5.4.2　I_{os} 测量电路

3. 开环电压增益 A_{od} 的测量

在 Multisim 2001 的电路仿真软件中，建立如图 5.4.3 所示的 A_{od} 测量电路。（正弦波信号源 $V_i = 100mV, f = 50Hz$。）

首先双击正弦波信号源符号，打开信号源的属性对话框，在 Value 页的 Voltage 栏内设置正弦波信号的幅值为 0，按确定按钮退出对话框，则 $V_i = 0V$，或者直接将输入端接地。单击仿真开关进行仿真分析。双击示波器符号，打开示波器面板，调节示波器面板上的参数（示波器输入方式为 DC 方式），观察输出直流信号，并利用测量游标测量输出直流电压 V_o。调节电位器 Rw，使输出电压为 0V，即 $V_o = 0V$。然后向电路输入 f = 50Hz 的正弦波信号（双击正弦波信号源符号，打开信号源的属性对话框，在 Value 页的 Frequencey 栏内设置正弦波信号的频率为 50Hz，按确定按钮退出对话框）。

单击仿真开关进行仿真分析。双击示波器符号，打开示波器面板，调节示波器面板上的参数，观察输出信号波形。在正弦波信号源属性对话框的 Value 页的 Voltage 栏调整输入正弦波信号 V_i 的幅值，使输出交流信号幅值为 4V，即 $V_{op} = 4V$，记录此时的输入信号电压幅值 V_{ip}。画出电压波形。

用公式 $A_{od} = V_{op}/V'_{ip} = ((R_1 + R_2)/R_1)(V_{op}/V_{ip})$ 计算开环电压增益 A_{od}。

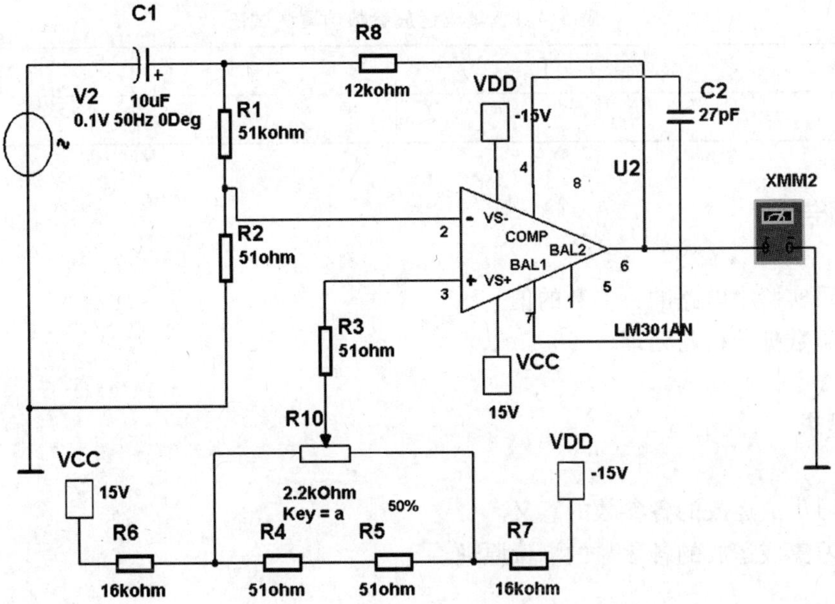

图 5.4.3 Aod 测量电路

4. 共模抑制比 CMRR 的测量

在 Multisim 2001 的电路仿真软件中，建立如图 5.4.4 所示的 CMRR 测量电路。正弦波信号源 $V_i = 4V$，$f = 50Hz$。

单击仿真开关进行仿真分析。双击示波器符号，打开示波器面板，调节示波器面板上的参数，观察输出信号波形。关闭仿真开关，利用测量游标记录输出电压峰值 V_{op}。用公式 $CMMR = (R_f/R_1)/(V_{OP}/V_{ip})$ 计算共模抑制比 CMRR。

5. 实验数据

将通过仿真电路测试出的集成运放的参数填入表 5.4.1。

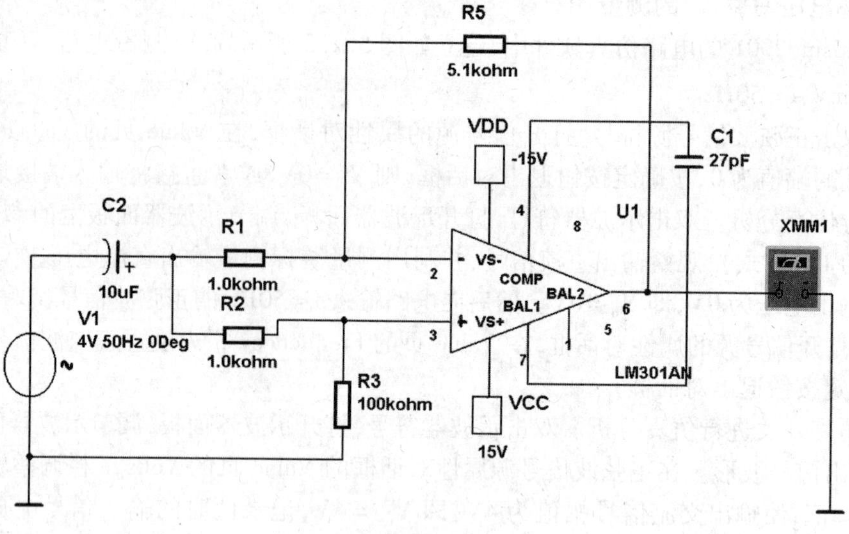

图 5.4.4 CMRR 测量电路

表 5.4.1 集成运放参数仿真测试值

V_{os}	I_{os}	A_{od}	CMRR

三、实验报告

(1)记录实验中电路的各参数的值。
(2)实验数据分析与处理。

四、预习要求

(1)预习集成运放的各参数的意义。
(2)预习集成运放的各参数的测量原理。

实验五 RC 桥式正弦波振荡电路

一、实验目的

(1)集成运算放大器在振荡电路方面的应用。
(2)了解 RC 桥式振荡电路的工作原理。
(3)掌握 RC 桥式振荡电路的设计方法。

(4)掌握由集成运算放大器构成的 RC 桥式振荡电路的调整方法以及振荡频率和输出幅度的测量方法。

二、实验内容

1. 带稳幅电路的 RC 桥式正弦波振荡电路的测量

(1)建立实验电路

在 Multisim 2001 电路仿真软件中,建立如图 5.5.1 所示的带有稳幅电路的 RC 桥式正弦波振荡电路。用示波器观察电路输出电压 V_o和集成运放同相输入端的电压 V_+的波形。

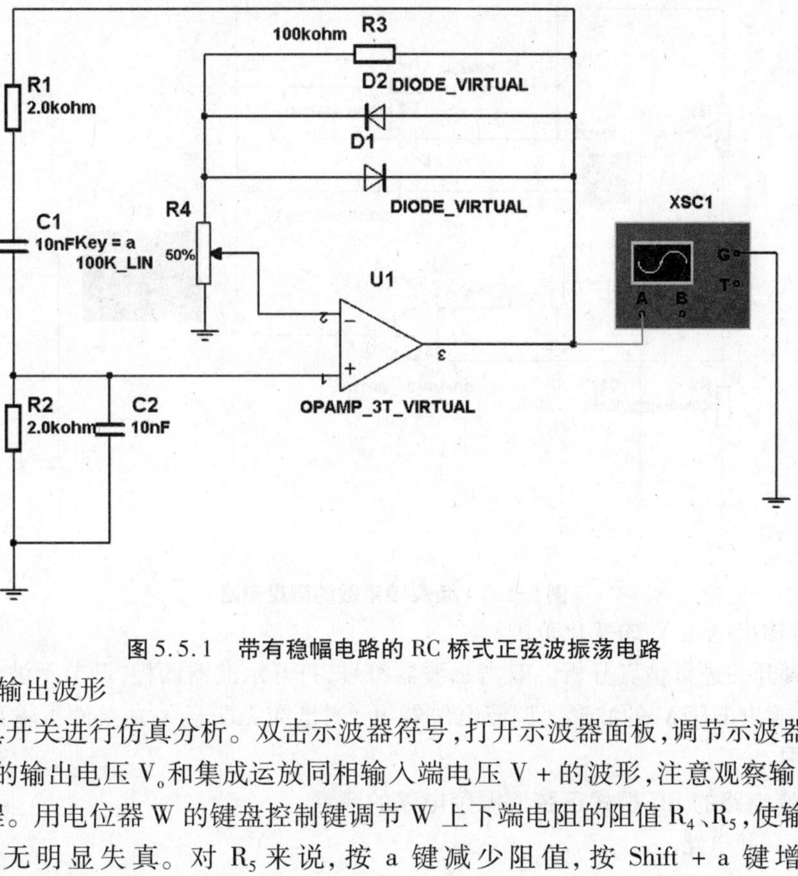

图 5.5.1 带有稳幅电路的 RC 桥式正弦波振荡电路

(2)观察输出波形

单击仿真开关进行仿真分析。双击示波器符号,打开示波器面板,调节示波器面板上的参数,观察电路的输出电压 V_o和集成运放同相输入端电压 V + 的波形,注意观察输出电压 V_o由小变大的过程。用电位器 W 的键盘控制键调节 W 上下端电阻的阻值 R_4、R_5,使输出正弦波电压 V_o 的波形无明显失真。对 R_5 来说,按 a 键减少阻值,按 Shift + a 键增加阻值,而 $R_4 = 100K - R_5$。

当输出信号稳定后,关闭仿真开关,记录输出电压 V_o和同相输入端电压 V_i 的波形,并利用测量游标测量 V_o和 V_+ 的幅值和频率 f_o。

根据测得的 V_o和 V_+ 的电压值,用公式 $F_+ = V_+ / V_O$ 计算电路的正反馈系数 F_+。

(3)测量负反馈系数

如图 5.5.2 所示,保持电位器 W 不变,在电路中加入电压表和电流表,测量电阻 R_3与二极管 D_1、D_2并联电路的交流电压 V_3和交流电流 I_3。电压表、电流表的使用方法参见实验一的预备知识。

双击电压表,打开电压表的属性对话框,在 MODE 栏中选择 AC(交流)方式,则电压表显示为被测交流电压的有效值。同样,双击电流表,在电流表属性对话框的 MODE 栏中选择 AC (交流)方式,则电流表显示为被测交流电流的有效值。

单击仿真开关进行仿真分析。当电路稳定以后,记录电压表和电流表的读数 V_3 和 I_3,用公式 $R'_3 = V_3/I_3$ 计算电阻 R_3 与二极管 D_1、D_2 并联电路的动态电阻 R'_3。

电位器 W 的下端电阻值 $R_5 = 100K*$(*是电位器 W 旁显示的百分数),上端电阻值 $R_4 = 100K - R_5$。根据得到的 R'_3、R_4、R_5 的阻值,用公式 $f\_ = V\_/V_O = R_5/(R'_3 + R_4 + R_5)$ 计算电路的负反馈系数 F_。

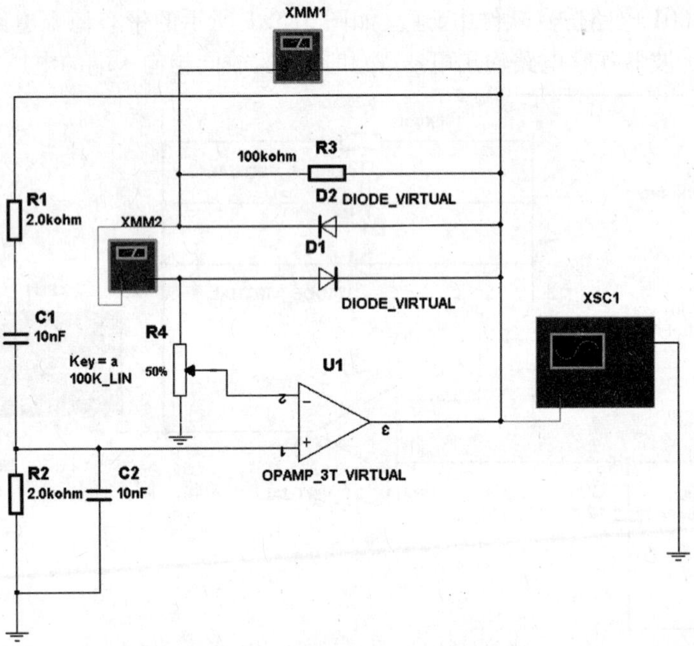

图 5.5.2 负反馈系数的测量电路

(4)测量输出电压 V_o 的变化范围

单击仿真开关进行仿真分析。双击示波器符号,打开示波器面板,调节示波器面板上的参数,观察电路输出电压 V_o 的波形。调节电位器 W,测量在无明显失真条件下输出正弦波电压 V_o 的变化范围。

2. **无稳幅电路的 RC 桥式正弦波振荡电路的测量**

(1)建立实验电路

在 Multisim 2001 电路仿真软件中,建立如图 5.5.3 所示的 RC 桥式正弦波振荡电路。按开关 K 的键盘控制键(Space),使开关 K 断开,构成无稳幅电路的 RC 桥式正弦波振荡电路。用示波器观察电路输出电压 V_o。

(2)观察输出波形

单击仿真开关进行仿真分析。双击示波器符号,打开示波器面板,调节示波器面板上的参数,观察电路的输出电压 V_o 波形。

如果电位器 W 下端 R_5 的阻值过小,则电路的输出电压出现失真;如果 R_5 的阻值过大,则振荡电路无法起振,电路的输出电压为零。

按电位器 W 的键盘控制键调节 R_5 的阻值(按 a 键减少阻值,按 Shift + a 键增加阻值),先

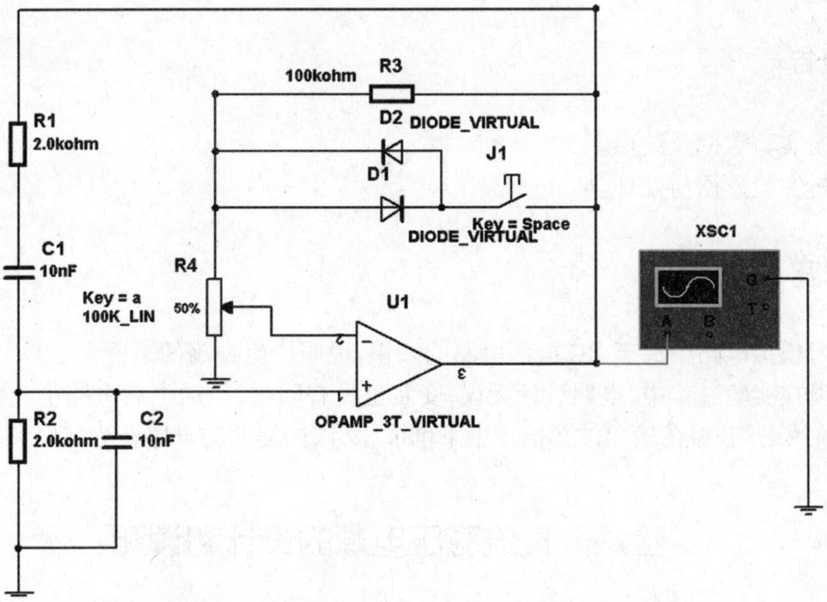

图 5.5.3　无稳幅电路的 RC 桥式正弦波振荡电路

减少 R_5使电路起振，注意观察输出电压 Vo 由小变大的过程。当 V_o幅值适中，略微增大 R_5，使输出电压 Vo 稳定。如果输出电压 V_o出现失真，则增大 R_5，使输出电压 Vo 的失真消失。

当输出信号稳定后，关闭仿真开关，记录输出电压 V_o，并利用测量游标测量 V_o的幅值。

3. 选频网络参数对振荡频率的影响

(1) $R_1 = R_2 = 20K\Omega$，$C_1 = C_2 = 0.01uF$

在图 5.5.1 所示的带有稳幅电路的 RC 桥式正弦波振荡电路中，保持电容 $C_1 = C_2 = 0.01uF$ 不变，将电阻 R_1和 R_2的阻值改为 20KΩ。如果 R_1和 R_2为虚拟电阻，则分别双击电阻 R_1和 R_2，在其属性对话框的 Value 页的 Resistance 栏中将阻值改为 20KΩ，单击确定按钮退出对话框即可。如果 R_1和 R_2为真实电阻，则分别双击电阻 R_1和 R_2，在其属性对话框中按左下角的 Replace 按钮，从打开的 Component Browser 对话框中重新选择 20KΩ 的电阻，按 OK 按钮退出对话框即可。单击仿真开关进行仿真分析。双击示波器符号，打开示波器顺板，调节示波器面板上的参数，观察电路的输出电压 V_o的波形。

按电位器 W 的键盘控制键调节 R_4和 R_5的阻值，使输出正弦波电压 V_o的波形无明显失真。当输出信号稳定后，关闭仿真开关，利用测量游标测量 V_o的频率 f_o。

(2) $R_1 = R_2 = 2K\Omega$，$C_1 = C_2 = 0.022uF$

在图 5.5.1 所示的带稳幅电路的 RC 桥式正弦波振汇电路中，保持电阻 $R_1 = R_2 = 2K\Omega$ 不变，将电容 C_1和 C_2的容值改为 0.022uF。

如果 C_1和 C_2为虚拟电容，则分别双击电容 C_1和 C_2，在其属性对话框的 Value 页的 Capacitance 栏中将容值改为 0.022uF，单击确定按钮退出对话框即可。如果 C_1和 C_2为真实电容，则分别双击电容 C_1和 C_2，在其属性对话框中按左下角的 Replace 按钮，从打开的 Component Browseer 对话框中重新选择 0.022uF 的电容，按 OK 按钮退出对话框即可。

重复实验内容 5.5.1，测量 V_o的频率 f_o。

三、实验报告

(1)记录实验数据及波形。

(2)分析实验数据与处理。

四、预习要求

(1)预习模拟电路中关于 RC 振荡电路的知识,说明产生振荡的条件?

(2)假设在实验过程中,电路设计无误,安装也没有问题,但通电后电路不起振,该调整哪些元件?为什么?若振荡输出波形出现上下削波,又该如何调整电路?为什么?

实验六　直流稳压电源的设计和调测

一、实验目的

(1)掌握串联型直流稳压电源的工作原理和设计方法。

(2)根据给定的电路方案和技术指标,能进行元器件的参数设计及选择。

(3)掌握稳压电源的调整方法及技术指标的测试方法。

二、实验内容

给定直流稳压电源电路图 5.6.1,根据下述的技术指标设计直流稳压电源中的各元件的参数。直流稳压电源的主要技术指标:

(1)直流稳压电源的次级电压 2 路 15V;

(2)直流输出电压 V_o的调节范围: +11 ~ +13V;

(3)输出最大电流 I_{omax} :1A;

(4)电网电压变化 ±10% 时,稳压系数 Sr: ≤ 0.07;

(5)电源内阻 R ≤ 0.1 Ω;

(6)输出纹波电压:U ≤ 5 mV。

1. 建立实验电路

在 Multisim 2001 电路仿真软件中,建立如图 5.6.1 的直流稳压电源电路,根据计算出来的电路中元件的参数确定各元器件。

2. 测量输出电压

在电路输出端空载的情况下,用直流电压表测量电路的输出电压 V_o。

单击仿真开关进行仿真分析。当电路稳定以后,根据电压表显示的数据,记录输出电压 V_o。调节电位器 W(按 a 键或 Shift + a 键调节 W),根据电压表显示的数据,测量输出电压 V_o

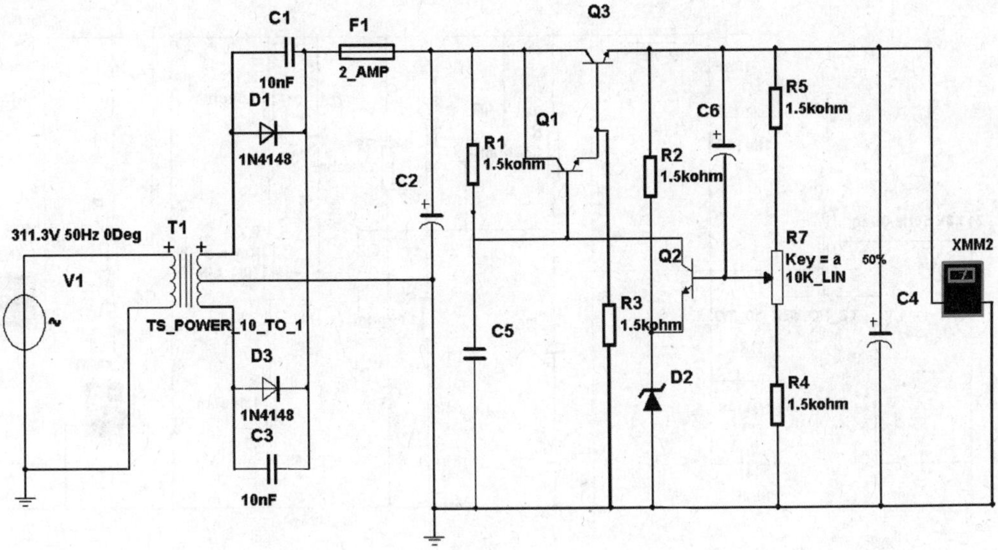

图 5.6.1　直流稳压电源电路图

的变化范围。

调节电位器 W，在 $V_o=12V$ 时，关闭仿真开关。执行 Simulate/Analysis/DC Operating Point…命令，打开 DC Operating Point Analysis（静态工作点分析）对话框，在 Output variable 页，将待测节点（V_i，V_O）等，左边的 Variables in circuit 栏选至右边的 Selected variables for analysis 栏中，按下 Simulate 按钮，即可得到各级工作电压值。

3. 测量最大输出电流 I_{omax}

在电路的输出端接负载 R_L（R_L的初始值为 50 Ω），并用直流电压表监测输出电压 V_o，然后在输出端接直流电流表测量负载电流 I_o，电路如图 5.6.2 所示。

单击仿真开关进行仿真分析。首先调节电位器 W（按 a 键或 Shift + a 键调节 W），使输出电压 $V_o=12V$。然后调节负载 R_L（按 b 键减少阻值，按 Shift + b 键增大阻值），将 R_L由 50 Ω 逐渐减小，同时注意观察电压表的读数。当输出电压 V_o减小 0.05V（即 $V_o=11.95V$）时，根据电流表的读数，记录此时的负载电流 I_o，即为最大输出电流 I_{omax}。

4. 测量内阻 R_o

在图 5.6.2 所示电路中，执行 Simulate \ Analysis \ Transfer Function…命令，在弹出的 Transfer Function Analysis（传递函数分析）对话框的 Analysis Parameters 页中按表 5.6.1 进行设置。设置完毕后，按下 Simulate 按钮进行仿真分析。在分析结果的第二项 Input impedance 和第三项 Output impedance at V（V_o，0）分别列出电路的输入电阻和输出电阻。直流稳压电源电路的输出电阻即为电源的内阻 R_o。

5. 测量稳压系数 Sr

如图 5.6.2 所示，在直流电压源的输出端接负载 R_L，并用直流电压表测量输出电压 V_o和稳压电路输入电压 V_i，用直流电流表测量负载电流 I_o。

单击仿真开关进行仿真分析。调节负载电阻 R_L和稳压电路的电位器 W，同时注意观察电流表的读数。当输出负载电流 $I_o=1A$ 时，根据电压表的读数，记录此时的输出电压 V_o和稳压

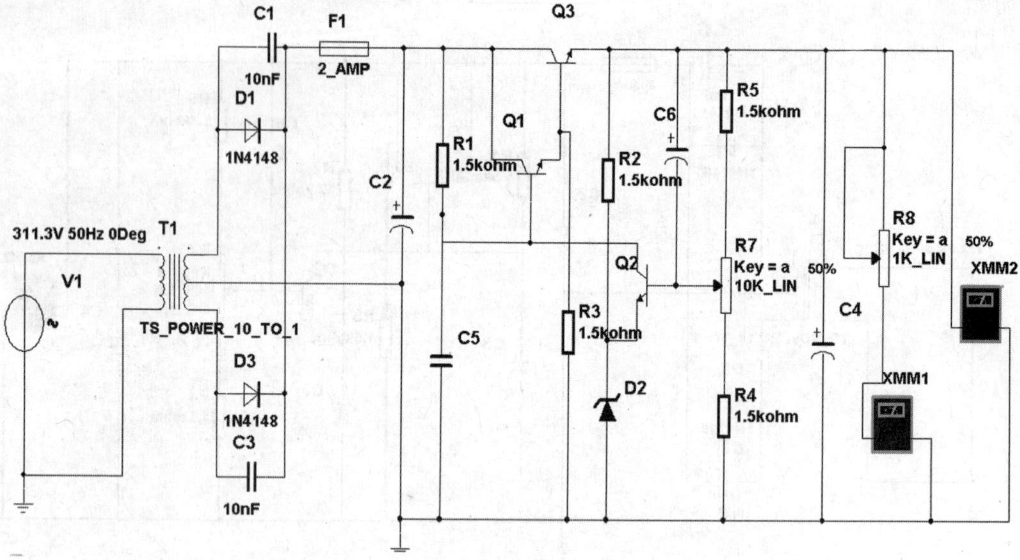

图 5.6.2　参数 I_{omax}、R_o、S_r 测量电路

电路输入电压 V_i。关闭仿真开关，双击正弦波信号源，在打开的属性对话框中将信号电压的有效值改为 198V(即 220 * 90%)。

表 5.6.1　Analysis Parameters 页的设置

页名	栏目名称	参数
Analysis Parameters	Input Source	vvi
	Output Nodes/Source	Voltage
	Output Node	Vo(输出节点)
	Output Reference	0

单击仿真开关进行仿真分析。当电路输出电压稳定以后，根据电压表的读数，记录此时的输出电压 V'_o 和稳压电路输入电压 V'_i。

再次关闭仿真开关，双击正弦波信号源，在打开的属性对话框中将信号电压的有效值改为 242V(即 220 * 110%)。

单击仿真开关进行仿真分析。当电路输出电压稳定以后，根据电压表的读数，记录此时的输出电压 V''_o 和稳压电路输入电压 V''_i。

用公式计算处稳压系数 Sr。

6. 测量输出纹波电压

建立图 5.6.3 所示的输出纹波电压测量电路。双击电压表，在打开的属性对话框中，将电压表的工作方式由 DC 直流方式改为 AC 交流方式。

单击仿真开关进行仿真分析。调节电位器 W(按 a 键或 Shift + a 键调节 W)和负载 R_L(按 b 键或 Shift + b 键调节 R_L)，使输出电压 $V_o = 12V$，输出负载电流 $I_o = 1A$，根据交流电压表显示的数据，记录输出纹波电压。

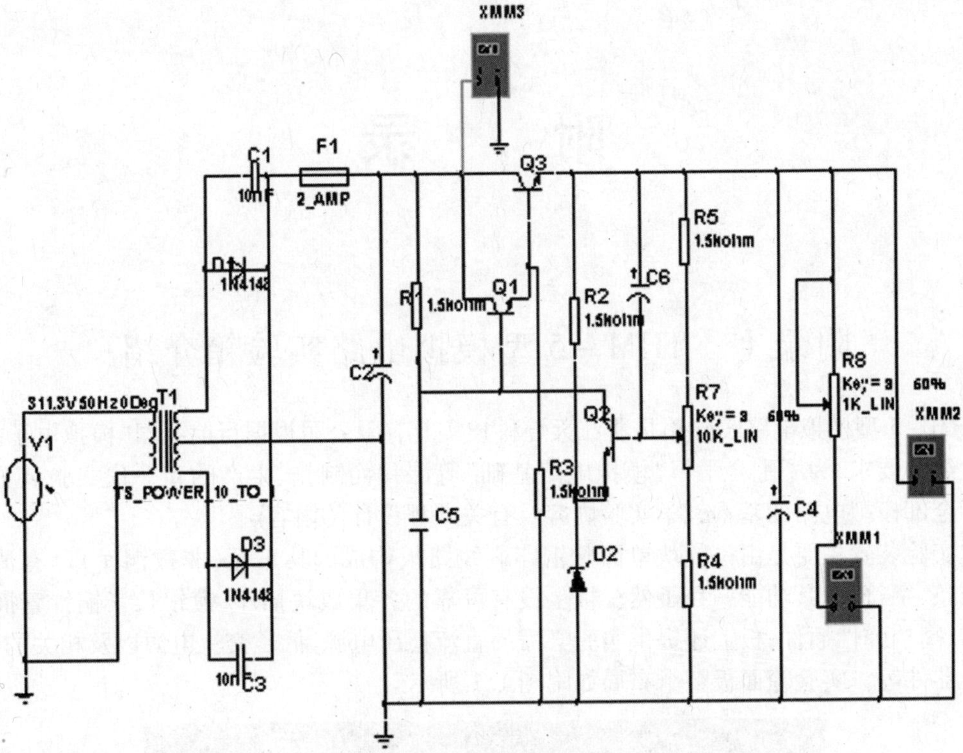

图 5.6.3　输出纹波电压测量电路

三、实验报告

(1) 对实验数据进行分析。

(2) 回答以下思考题：

(3) 如何进一步提高改善稳压系数 S_r，减少电源内阻 R_o？

(4) 整流、滤波后的电压 V_i 是否随负载电流的变化而变化？为什么？

四、预习要求

(1) 复习有关直流稳压电源的原理。

(2) 根据设计要求，计算出各元器件的参数值，并查手册选择相应的型号。

(3) 分析串联型直流稳压电源的效率为什么不可能提高。

附　录

附录Ⅰ　THM-5 型模拟电路实验箱介绍

THM-5 型模拟电路实验箱是浙江天煌科技实业有限公司根据目前我国“模拟电子技术”教学大纲的要求，为了配合学习“模拟电路基础”等课程而制作、生产的新一代实验装置。它包含了全部模拟电路的基本教学实验内容及有关课程设计的内容。

本实验装置主要是由一整块单面敷铜印刷线路板构成。其正面（非敷铜面）印有清晰的图形线条、字符，使其功能一目了然。板上设有可靠的各集成块插座、镀银长紫铜针管插座及高可靠、高档弹性插件；板上还提供实验必需的直流稳压电源、低压交流电源以及相关的电子、电器元器件等。实验箱面板整个布局如附图 1.1 所示。

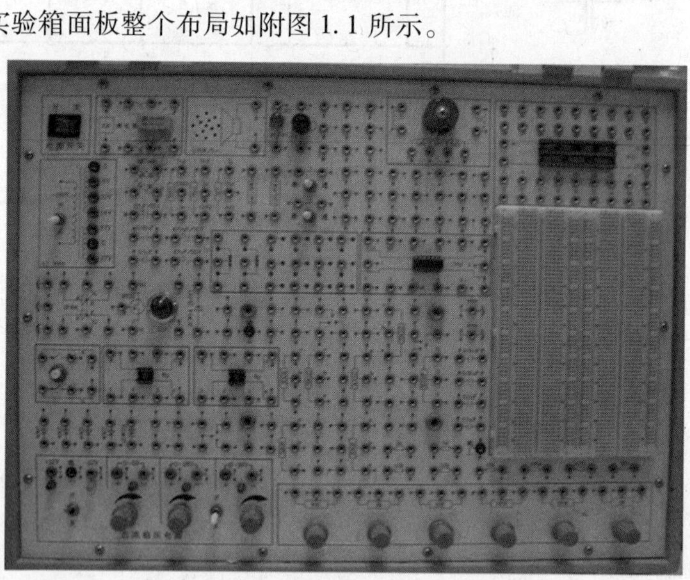

附图 1.1　整体面板

一、实验箱面板的组成

1. 实验箱的供电

实验箱的后方设有带保险丝管（0.5A）的 220V 单相交流电源三芯插座（配有三芯插头电源线一根）。箱内设有两只降压变压器，供五路直流稳压电源用及为实验提供多组低压交流电源。

2. 一块大型（430mm×320mm）单面敷铜印刷线路板

正面丝印有清晰的各部件、元器件的图形、线条和字符；反面则是装接其相应的实际元器件。该板上包含着以下各部分内容：

(1)正面左上方装有带灯电源总开关。

(2)高性能双列直插式圆脚集成电路插座4只(其中40P 1只,14P 1只,8P 2只)。

(3)300多只高可靠的自锁紧式、防转、叠插式插座。它们与集成电路插座、镀银针管座以及其他固定器件之间的连线已设计在印刷线路板上。板正面印有黑线条连接的器件,表示反面(即印刷线路板一面)已装上器件并接通。插件采用直插弹性结构,其插头与插座之间的导电接触面很大,接触电阻极其微小(接触电阻不大0.003 Ω,使用寿命大于10000次以上),同时插头与插头之间可以叠插,从而可形成一个立体布线空间,使用起来极为方便。

(4)390多根镀银长(15mm)紫铜针管插座,供实验时接插小型电位器、电阻、电容、晶体管及其他电子器件之用,它们与相应的锁紧插座已在印刷线路板一面连通。

(5)板的反面装接有与正面丝印相对应的电子元器件,如三端集成稳压块7812、78l5、7912、LM317各1只,晶体晶体管3DG6 3只、3DGl2 2只、3CGl2 1只及场效应管3DJ6F,单结晶体管BT33、可控硅3CT3A 2只、二极管、稳压管(2CW54、2DW231)、整流桥堆、功率电阻、电容等元器件。

(6)装有三只多圈可调的精密电位器(1K、l0K各一只)和一只碳膜电位器l00K及继电器(Relay),蜂鸣器(BUZZ),12V信号灯,发光二极管(LED),扬声器(0.25W,8 Ω),振荡线圈,钮子开关,复位按钮等。

(7)满度为lmA,内阻为1000 Ω的直流毫安表一只,该表仅供“多用表的设计、改装”实验用,作为该实验的器件。

(8)直流稳压电源(DC SOURCE)

提供±5V、0.5A和±12V、0.5A四路直流稳压电源及1.3～18V、0.5A可调直流稳压电源一路,每路均有短路保护自恢复功能。其中,+12V具有短路告警、指示功能。有相应的电源输出插座及相应的LED发光二极管指示。只要开启电源开关(开),就有相应的15V和±12V及1.3～18V(可调)输出指示。

(9)由单独一只降压变压器为实验提供低压交流电源,在相应的锁紧插座处输出6V、10V、14V及两路17V低压交流电源(AC 50Hz),为实验提供所需的交流低压电源。只要开启电源总开关,就可输出相应的电压值。

(10)在本实验板上还装有两块(各166X 55mm)面包板,以保留传统面包板的优点。及提供12个双排插座,用于面包板与紧锁插座转换。

3. 其他实验板附件

主板上设有可装、卸固定线路实验小板直径3.2弹性插拔件四只。配有共射极单管放大器、负反馈放大器实验板、射极跟随器实验板、RC正弦波振荡实验板、差动放大器实验板及OTL功率放大器实验板五块。可采用固定线路及灵活组合进行实验,这样实验更加灵活方便。

二、使用注意事项

(1)使用前应先检查各电源是否正常。检查步骤为:

1) 关闭实验箱的所有电源开关,然后随箱的三芯电源线接通实验箱的220V交流电源。

2)开启实验箱上的电源总开关(置于开端),则相应的船形开关指示灯亮。

3)开启直流稳压电源DC SOURSE的三组开关(置于开端),则与±5V和±12V相应的四只 LED 发光二极管应点亮。

4)用多用表交流低压档(小于 25V 档量程)分别测量 AC50H/6V、10V、14V 的锁紧插座对“0”的交流电压是否一致,再检查两处 17V 插座对“0”的交流电压是否正常。

(2)接线前务必熟悉实验板上各元器件的功能、参数及其接线位置,特别要熟知各集成块插脚引线的排列方式及接线位置。

(3)实验接线前必须先断开总电源与各分电源开关,严禁带电接线。

(4)接线完毕,检查完后,再插入相应的集成电路芯片才可通电,也只有在断电后方可插拔集成芯片。严禁带电插拔集成芯片。

(5)实验始终,实验板上要保持整洁,不可随意放置杂物,特别是导电的工具和多余的导线等,以免发生短路等故障。

(6)本实验箱上的各档直流电源设计时仅供实验使用。一般不外接其他负载。如作它用,则要注意使用的负载不能超出本电源的使用范围。

(7)实验完毕应及时关闭各电源开关,并及时清理实验板面,整理好连接导线并放置规定的位置。

(8)实验时需用到外部交流供电的仪器,如示波器,这些仪器的外壳应妥善接地。

附录 II　Multisim 2001 电路仿真软件的基础知识

一、概　述

Multisim 是加拿大的 Interactive Image Technologies 公司推出的 EDA 软件。它可以进行模拟电路、数字电路和混合电路的仿真。它作为一种电子技术的实验和训练平台,具有界面直观、操作方便等优点。用户可以采用图形输入方式创建电路,选用元件和测试仪器均可以直接从屏幕图形中选取。测试和仿真方法也简便实用,可以大大提高电路分析和设计的效率。通过它构造的虚拟工作环境,不仅可以弥补由于实验经费不足使实验仪器、元器件缺乏的问题,而且排除了实际材料消耗和仪器损坏等现象。使用它可以帮助学生更快、更好地掌握课堂讲授的内容,加深对电子电路概念和原理的理解,弥补课堂理论教学的不足。并且通过仿真,可以熟悉常用电子仪器的使用和测量方法,进一步培养学生的综合分析能力和开发创新能力。特别适合于高校电工电子类课程的教学和实验应用,受到高校师生的欢迎。

二、Multisim 2001 的主界面及菜单介绍

进入 Multisim 2001 后,可看到如附图 1.2.1 的主窗口界面。

注意:以上主界面中,电路绘制窗口的底色为白色,这里为了显示清楚而重新设置的。系统缺省状态下,电路绘制窗口部分的底色为黑色。可以通过系统菜单中的 Options - Preferences - Color 进行合理的设置。

Multisim 2001 的主窗口界面主要由八个部分组成,分别是系统菜单、设计工具栏、已使用元件列表、仿真开关按钮、仪表工具栏、状态栏、元件工具栏、电路绘制窗口。这种显示状态也

是系统缺省时的显示结果，也可以通过菜单中的 View 进行重新调整。为了更好地熟悉和掌握 Multisim 2001 的界面，将系统菜单、设计工具栏介绍如下：

1. 系统菜单命令

下图是主窗口菜单命令栏。主窗口菜单中各命令的意义见附表 1.2.1 至附表 1.3.10。

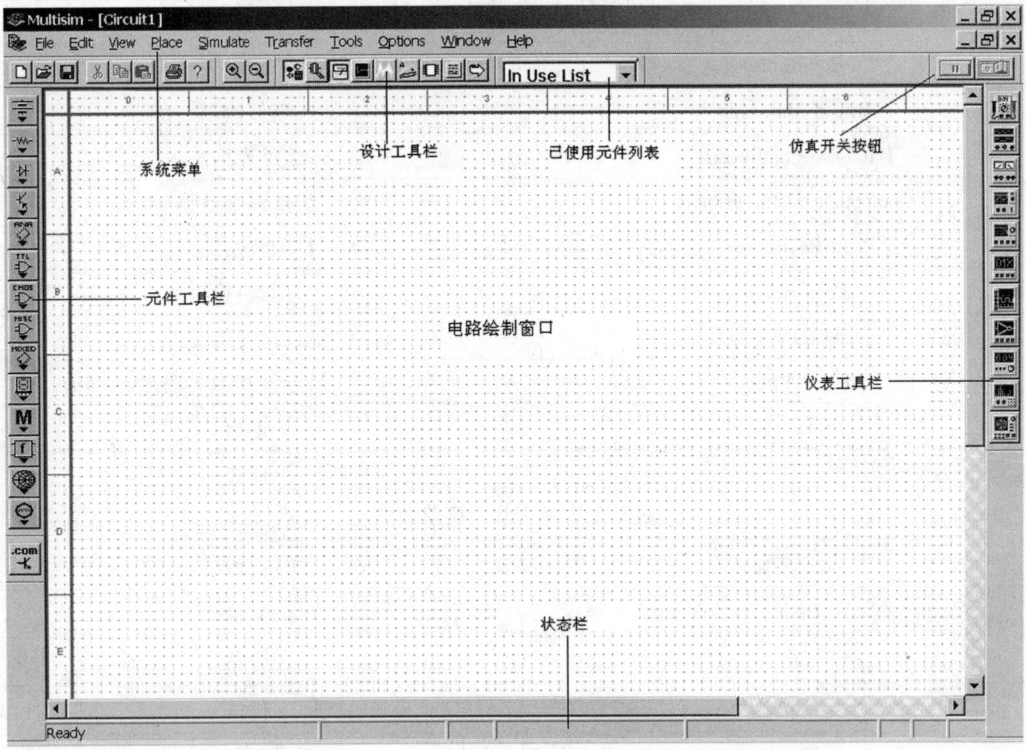

附图 1.2.1　Multisim 2001 电路仿真软件主界面

附表 1.2.1　[File] 菜单命令

命令名称	所执行操作
New	新建文件
Open	打开一个已存在的文件
Close	关闭文件
Save	保存，格式为 *.msm
Save As...	另存为
New Project...	新建工程
Open Project...	打开工程
Save Project	保存工程
Close Project	关闭工程
Version Control...	版本控制

续表

命令名称	所执行操作
Print Circuit	打印电路图
Print	打印
Print Preview	打印预览
Print Circuit Setup	打印电路设置
Print Reports	打印报表
Bill of Materials	组件清单
Database Family List	组件库列表
Component Detail Report	组件详细数据
Print Instrumeats	打印仪表结果
Print Setup	打印机设置
Recent Files	最近打开的文件
Recent Project	最近打开的工程
Exit	退出

表 1.2.2 [Edit] 菜单命令

命令名称	所执行操作
Uode	撤销
Cut	剪贴
Cope	拷贝
Pate	复制
Delete	删除
Select All	全选
Filp Horizontal	水平翻转
Filp Vertical	垂直翻砖
90 Clockwise	顺时针 90 度旋转
90 CounterCW	逆时针 90 度旋转
Update Subcircuits Symbols	更新子电路符号
Remember Components	组建重新编号
Component Properties	组建属性

附表 1.2.3 [View] 菜单命令

命令名称	所执行操作
Toolbars	工具栏

续表

命令名称	所执行操作
Component Bars	组建库
Project Wordspace	工程工作区域
Status Bar	状态栏
Show Simulation Error/Audit Trail	显示仿真错误记录/检查仿真接口
Show XSpice Command Line Interface	显示 XSpice 行窗口
Show Grapber	显示图表
Show Simulate Switch	显示仿真开关
Show Text Description	显示文本描述框
Show Grid	显示栅格
Show page Bound	显示纸张边界
Show title Block and Border	显示标题栏和边界
Zoom In	放大
Zoom Out	缩小
Find	查找

附表 1.2.4　[Place] 菜单命令

命令名称	所执行操作
Place Component...	放置组件
Place Junction	放置接点
Place Input/Output	放置输入/输出
Place Text	放置输入/输出
Place Hierarchical Block	放置分等级块电路
Place Bus	放置总线
Place text Description Box	放置文本
Replace Component...	替换组件
Place subcircuit	放置子电路
Replace by Subcircuit	用子电路替代

附表 1.2.5　[Simulate] 菜单命令

命令名称	所执行操作
Run	运行
Pause	暂停

续表

命令名称	所执行操作
Default Instrument Settings..	默认仪表设置
Digital Simulation Settings..	数字仿真设置
Instruments	选择仿真仪表
Analyses	选择分析方法
Postprocessor	后处理器
VHDL Simulation	VHDL 仿真
Verilog HDL Simulation	Verilog HDL 仿真
Auto Fault Option...	自动设置电路故障
Global Component Toltertance	全局组建容差设置

附表 1.2.6 [Transfer] 菜单命令

命令名称	所执行操作
Transfer to Ultiboard	传送给 Ultiboard
Transfer to other PCB Layout	传送给其他 PCB 软件
Backannotate from Ultiboard	从 Ultiboard 返回注释
Export Simulation Results to MathCAD	仿真结果输出到 MathCAD
Export Simulation Results to Excel	仿真结果输出到 Excel
Export Netlist	输出网表

附表 1.2.7 [Tools] 菜单命令

命令名称	所执行操作
Create Component..	创建组件
Edit Component ..	编辑组件
Cope Component	复制组件
Delete Component	删除组件
Database Management	数据库管理
Update Component	升级组件
Remote Control/Design Sharing	远程控制/设计共享
EDAparts. com	链接 EDAparts. com 网站

附表 1.2.8 ［Options］菜单命令

命令名称	所执行操作
Preferences	参数选择
Cricuit	电路
Workspace	工作区域
Wiring	联机
Component Bin	组件相关项
Font	字体
Macellaneous	杂项
Modify Title Block...	修改标题栏内容
Global Restrictions...	全局限制设置
Circuit Restrictions...	电路限制设置

附表 1.2.9 ［Window］菜单命令

命令名称	所执行操作
Casacde	层选
Tile	平铺
Arrange Locom	重排图示

附表 1.2.10 ［Help］菜单命令

命令名称	所执行操作
Multisim Help	帮助主题目录
Multisim Reference	帮助主题索引
Release Notes	版本注释
About Multisim..	关于 Multisim

2. 设计工具栏

设计工具栏的如下图所示。其图标意义见附表 1.2.11。

附表 1.2.11　设计工具栏图标意义

图示	功能	图示	功能
	打开组件工具栏		组件编辑，用于修改、增加组件
	打开仪表工具栏		仿真按钮，用于确定仿真电路的开始、暂停或结束
	分析按钮，用于选择所需分析的类型		后分析按钮，对仿真结果进行进一步的操作
	使用 VHDL 模型进行设计		打印有关报告，包括材料清单，组件列表和组件细节等
	与其他程序进行数据交流，也可将仿真结果输出到 MathCAD 和 Excel 等程序		

三、Multisim 2001 的元器件及使用

Multisim 2001 中的元器件是通过元件工具栏进行提取的。元件工具栏及其图标意义说明如附表 1.2.12 和附表 1.2.13 所示。

附表 1.2.12　基础元器件库

电流源	基本元件类	二极管类	晶体管类	模拟集成电路类	TLL 元件类	CMOS 元件类

附表 1.2.13　特殊元器件库

其他数字元件类	混合芯片类	指示部件类	其他部件类	控制部件类	射频器件类	机电元件类

元件工具栏是由 14 个元器件大类组成的。每一类下面又有许多具体的元器件供选择。虽然 Multisim 2001 提供了丰富的元件库（如教育版有 6000 个元件，专业版有 12000 个，专业加强版则达到了 16000 个），但设计的需求是多种多样的，有时仍然无法在元件库中找到所需元件。这时可以有以下几种选择，一是利用参数相近的元件替代，但这样仿真的准确性势必受到影响；二是点击从 FreeTradeZone Design Center 购买所需的元件模型；三是点击菜单中 Tools - Create Compnent 命令直接创建一个新元件。三种方法各有其优缺点，可根据自己的需要选择使用。

为了便于查找，把所有元器件图标含义列表说明如下（见附表 1.2.14 ~ 附表 1.2.20）。

附表 1.2.14 电源类

图示	含义	图示	含义	图示	含义
	接地端		数字接地端		直流电压源,为数字组件提供电源或逻辑高电平
	对 CMOS 进行 Real 仿真时只能用 V_{DD}		直流电压源		直流电流源
	正弦交流电压源		正弦交流电流源		时钟电压源
	调幅信号源		调频电压源		调频电流源
	FSK 信号源		压控正弦波电压源		压控方波电压源
	压控三角波电压源		压控电压源		压控电流源
	流控电压源		流控电流源		脉冲电压源
	脉冲电流源		指数电压源		指数电流源
	分线段性电压源		分线段性电流源		压控分线段性电源
	受控单脉冲		多项式电源		非线形相关电源

附表 1.2.15　基本元件类

图示	含义	图示	含义	图示	含义
	电阻		虚拟电阻		电容
	虚拟电容		电解电容		上拉电阻
	电感		虚拟电感		电位器
	虚拟电位器		可变电容		虚拟可变电容
	可变电感		虚拟可变电感		开关
	继电器		变压器		非线形变压器

续表

图示	含义	图示	含义	图示	含义
	磁芯		无芯线圈		连接器
	插座		半导体电阻		半导体电容
	封装电阻		贴片电阻		贴片电容
	贴片电解电容		贴片电感		

附表 1.2.16　二极管类

图示	含义	图示	含义	图示	含义
	普通二极管		虚拟二极管,相当于理想二极管		齐纳二极管
	发光二极管		全波桥式整流器		可控硅整流器
	双向开关二极管		三端开关可控硅开关		变容二极管

附表 1.2.17　晶体管类

图示	含义	图示	含义	图示	含义
	NPN 晶体管		虚拟 NPN 晶体管		PNP 晶体管
	虚拟 PNP 晶体管		虚拟四端式 NPN 晶体管		虚拟四端式 PNP 晶体管
	达灵顿 NPN 晶体管		达灵顿 PNP 晶体管		BJT 晶体管数组
	IGBT,一种 MOS 门控制的功率开关		三端 N 沟道耗尽型 MOS 管		虚拟三端 N 沟道耗尽型 MOS 管
	三端 P 沟道耗尽型 MOS 管		虚拟三端 P 沟道耗尽型 MOS 管		三端 N 沟道增强型 MOS 管

续表

图示	含义	图示	含义	图示	含义
	虚拟三端 N 沟道增强型 MOS 管		三端 P 沟道增强型 MOS 管		虚拟三端 P 沟道增强型 MOS 管
	四端 N 沟道耗尽型 MOS 管		四端 P 沟道耗尽型 MOS 管		四端 N 沟道增强型 MOS 管
	四端 P 沟道增强型 MOS 管		N 沟道 JEFT		虚拟 N 沟道 JEFT
	P 沟道 JEFT		虚拟 P 沟道 JEFT		N 沟道砷化稼 FET
	P 沟道砷化稼 FET		N 沟道功率 MOSFET		P 沟道功率 MOSFET

附表 1.2.18　模拟元件类

图示	含义	图示	含义	图示	含义
	运放		三端虚拟运放		诺顿运放
	五端虚拟运放		宽带运放		七端虚拟运放
	比较器		虚拟比较器		特殊功能运放

附表 1.2.19　指示部件类

图示	含义	图示	含义	图示	含义
	晶振		虚拟晶振		光耦合器
	虚拟光耦合器		真空管		虚拟真空管
	电压校准器		马达		开关电源降压转换器
	开关电源升压转换器		开关电源升降压转换器		保险丝
	无损耗传输线 1		无损耗传输线 2		有损耗传输线

续表

图示	含义	图示	含义	图示	含义
	创建模型的模板,允许用户输入 2 - 20 个引脚的网表				

附表 1.2.20　控制部件类

图示	含义	图示	含义	图示	含义
	乘法器		除法器		传递函数模块
	电压增益模块		电压微分器		电压积分器
	电压磁滞模块		电压限幅器		电流限幅器
	电压控制限制器		电压回转率模块		三通道电压总加器

四、Multisim 2001 的虚拟仪表及使用示例

虚拟仪表是 Multisim 2001 最重要的功能之一。强大的仿真功能、方便真实的操作一直是 Multisim 的最大亮点之一。

1. 仪表工具栏及其图标含义

见附表 1.2.21。

附表 1.2.21　工具栏中图标含义

图示	含义	图示	含义	图示	含义
	数字万用表		函数信号发生器		瓦特表
	示波器		波特图图示仪		字信号发生器
	逻辑分析仪		逻辑转换仪		失真度分析仪
	频谱分析仪		网络分析仪		

2. **模拟电路常用仪表简介**

(1)数字万用表

数字万用表是一种多用途仪器,可完成交流、直流电压、电流及电阻的测量。其操作面板如附图 1.2.2 所示。

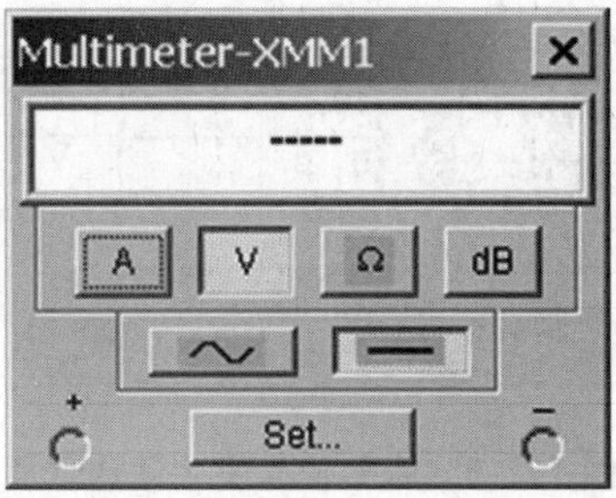

附图 1.2.2　数字万用表操作面板

点击 Set 即可对万用表的参数进行设置。如附图 1.2.3 所示。

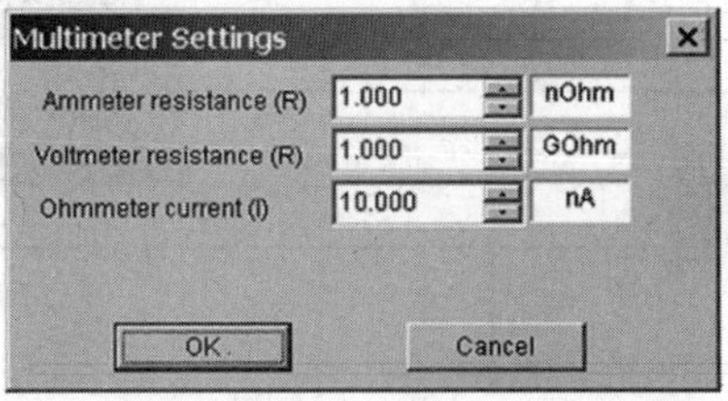

附图 1.2.3　万用表的参数设置

分别是设定测试电流时表头的内阻,设定测试电压时表头内阻,设定测试电阻时表头所流出的电流。

应用实例如附图 1.2.4 所示。

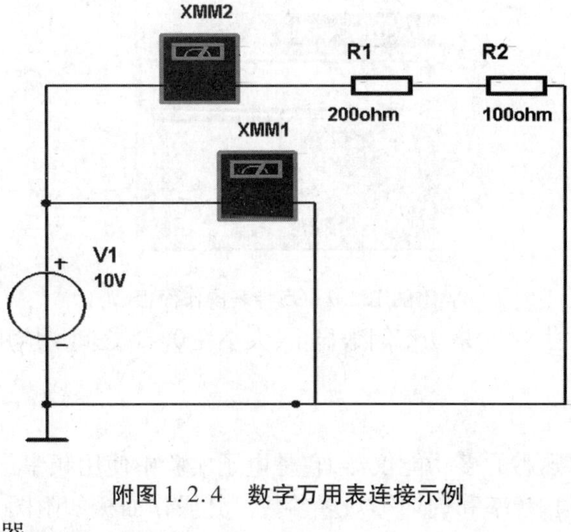

附图 1.2.4　数字万用表连接示例

(2)函数信号发生器

函数信号发生器常用于产生正弦波、方波和锯齿波等,它可以设置方波和锯齿波的占空比,也可将指定的波形叠加到设置的偏置电压上输出。其操作面板如附图 1.2.5 所示。

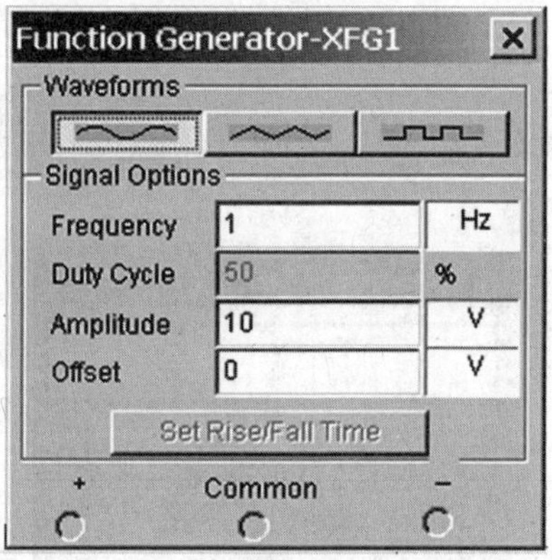

图 1.2.5　函数信号发生器操作面板

应用实例如附图 1.2.6 所示。

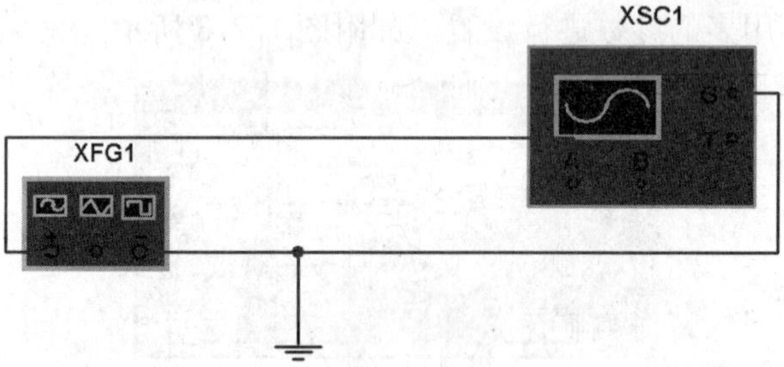

附图 1.2.6　用示波器观察数字信号发生器产生信号

(3)瓦特表

瓦特表是用于测试电路功率的仪器,在交流、直流状态下均可测量。其操作面板如附图 1.2.7 所示。

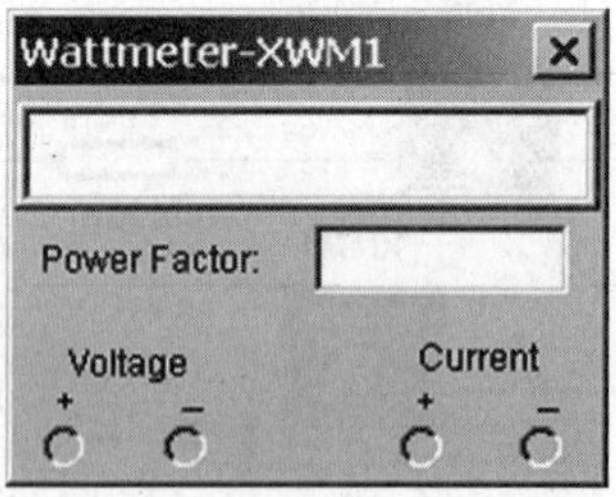

附图 1.2.7　瓦特表操作面板

最上面是功率显示栏,中间是功率因数显示,大小在 0 ~ 1 之间。应用实例如图附图 1.2.8所示。

(4)示波器

示波器是大家都很熟悉的多功能仪器,它是电子实验中使用频率最高的仪器之一,可用来观察波形,测量信号幅值、频率和周期等众多参数。其操作面板如附图 1.2.9 所示。

可以看出这是一个双踪示波器,A、B 是两个通道,G 是接地端,T 是外部触发信号输入端。示波器波形颜色由 A、B 端点连线的颜色决定,而连线颜色则通过执行右键 Color 命令改变。

与真实示波器的区别:

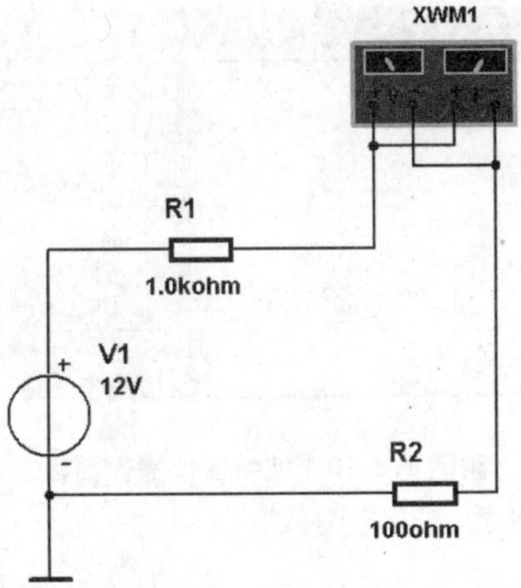

附图 1.2.8 测量电阻功率

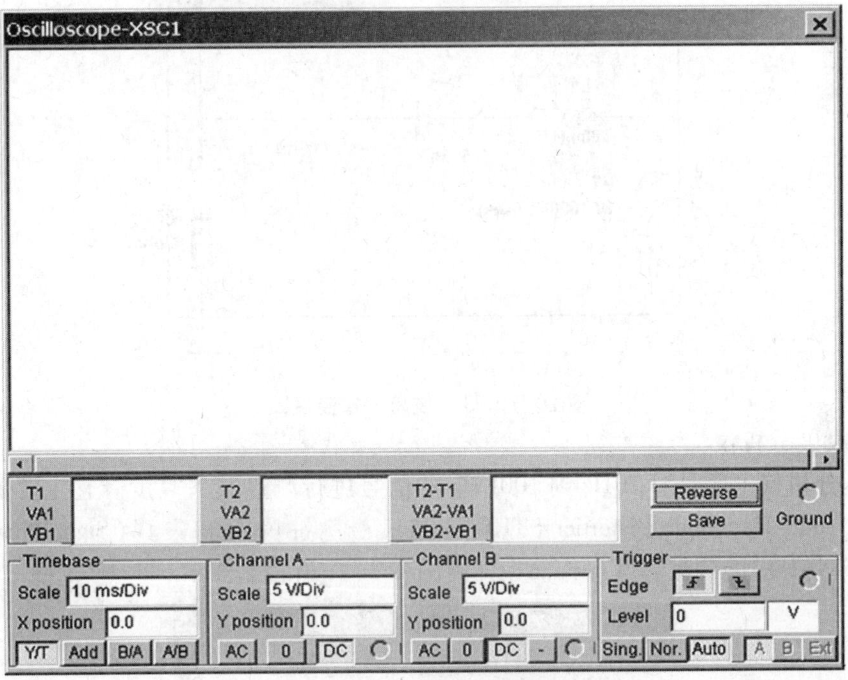

附图 1.2.9 示波器操作面板

A、B 通道只需一根线与被测点相连，所测为该点与地之间的波形；接地端 G 一般需接地，但若电路中已有接地符号，亦可不接。

(5)波特图仪

波特图仪是用来测量和显示电路、系统或放大器幅频特性和相频特性的一种仪器，其作用相当于频率特性测试仪或扫频仪，其符号中有 in +、in -、out +、out - 四个端点，其中 in +、in - 连接系统信号输入端，out +、out - 连接系统信号输出端。需要注意的是，波特图仪的信号输入端必须连接交流信号源或函数信号发生器，此信号源由波特图仪自行控制，设置时只需对波特图仪本身进行设置。其操作面板如附图 1.2.10 所示。

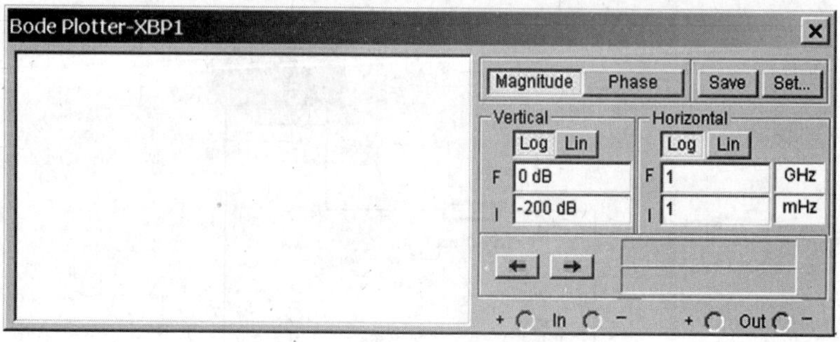

附图 1.2.10 波特图仪操作面板

应用实例如附图 1.2.11 所示。

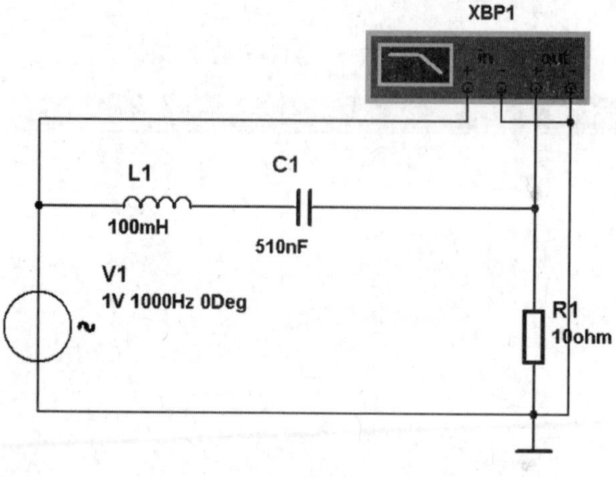

附图 1.2.11 波特图仪连接图

(6)失真度分析仪

失真度分析仪主要是对 20Hz 到 100KHz 的信号进行测量其失真度。它主要提供总的谐波失真度(Total Harmonic Distortion(THD))和信号脉冲噪声和失真(SignalPlus Noise and Distortion(SINAD))的测量。其操作面板如附图 1.2.12 所示。

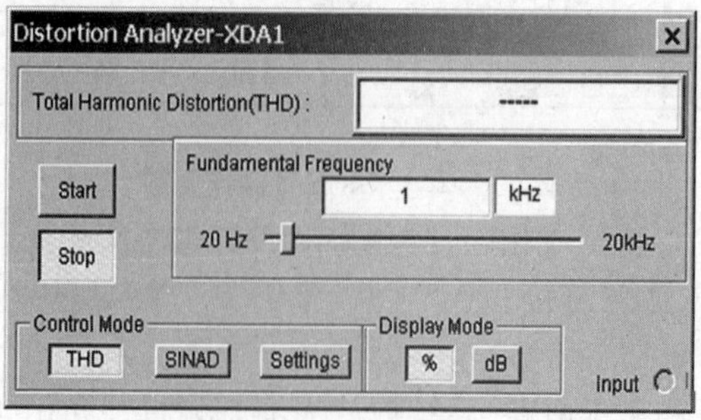

附图 1.2.12 失真度分析仪

点击 Settings 可以对其参数进行设置,如附图 1.2.13 所示。

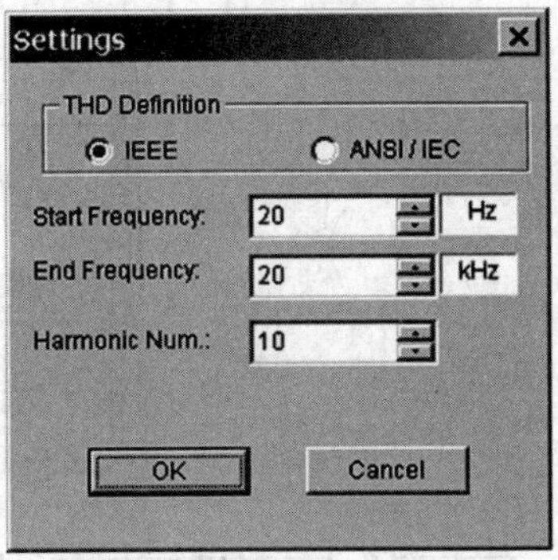

附图 1.2.13　失真度分析仪

分别对起始频率、谐波数进行设置。

五、Multisim 2001 的分析功能及操作方法

Multisim 2001 的另一个突出特点是它的分析功能。点击设计工具栏中的 Analyes 按钮或通过系统菜单中的 Simulate - Analyes 命令，就可以打开分析功能选择菜单，如附图 1.2.14 所示。

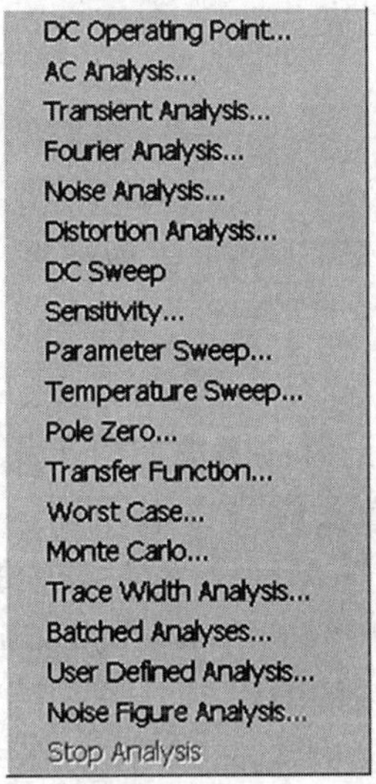

附图 1.2.14

点击设计工具栏中图标，打开菜单，选取所需的分析方法（simulate/Analvses 命令亦可实现这一点）。

六、Multisim 2001 应用实例

本节以一个有源滤波电路为例，简略介绍 Multisim 仿真过程，这其中包括电路窗口的设置，元器件的调用，电路的连接，虚拟仪表的使用和电路分析方法等内容。

电路如附图 1.2.15 所示。

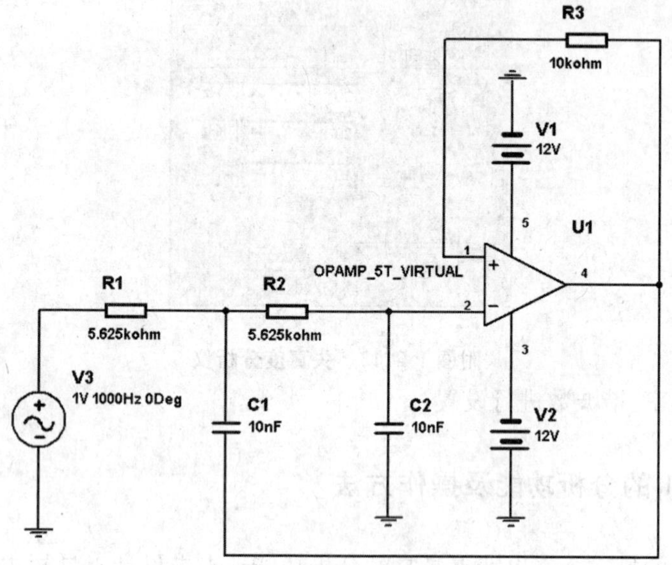

附图 1.2.15 有源滤波电路

这是一个运算放大电路,从图中可以看出该电路由一个运放,2 个电容,2 个电阻以及 15V 的直流电源和 1 个 1KHZ 的信号源组成。

(一)编辑原理图

1. 建立电路元件

点击工具栏中 NEW 按钮,出现一个空白的电路文件,系统自动命名为 Circuit1,在再次保存时可重新命名电路文件。

2. 电路界面

在进行某个实验电路实验之前,通常会考虑如何布置工作界面,如需要多大范围的操作空间,元器件及仪器仪表放在什么位置。应当考虑设计一个富有个性的电路界面,这可通过 View 菜单的各个选项,或 Options 的 Preferences 对话框中的若干个选项来实现。

(1)选取 Opions/Preference,即打开 Preference 的 Componrentbin 页面。

首先,选中 Symbolstandard 方块内的 DIN 项。这是因为 Multisim 提供了两套电气元器件符号标准,ANSI 是美国标准,DIN 是欧洲标准,其中 DIN 与我国现行的标准非常相近,应该选择 DIN 项。

(2)切换到 Preference 的 workspace 页面。

选中 Show 方块的选项 Show grid(也可以从 View 菜单中选取 Show Grid 项),在电路窗口中将会有栅格出现,使用这些栅格能方便电路元器件之间的连接,使创建出的电路图整齐美观。

(3)再选中图中 Show 方块内的块内的 Show Ttitle block and Bordder 选项(也可以从菜单 VIEW 中选取 Show Ttitle block and Bordder 项),这时设计窗口就像一张标准的设计图纸。其中图纸的右下角有一个标准块(Title block),通过启动菜单 Options/modify title block 命令,打开 Title block 对话框,如附图 1.2.16 所示,可对其相关内容进行设计,对话框经过以上简单的几步设置后,可以得到一个空白的电路界面,如附图 1.2.1 所示。附图 1.2.1 用户设置的界面,如果再对Preference对话框或 View 菜单中其他选项进行选择,还可以对电路的颜色,大小,文字的放置等若干内容进行设置,这些将在以后介绍。

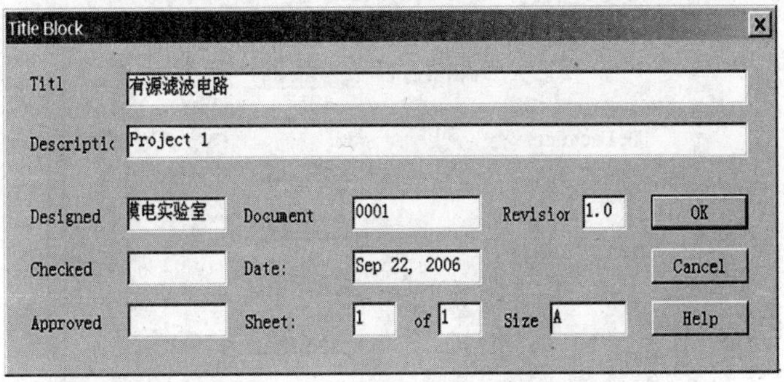

附图 1.2.16 Title Block 对话框

3. 在电路窗口内放置元件

Multisim 已将精心设计的若干元器件模型分门别类地放置在元件工具栏的元件库中,这些元器件模型是进行电路仿真设计的基础。在进行电路仿真设计的第一步,就是要考虑如何选择与放置所需元器件。

(1)放置电阻

当鼠标指针点击元件工具栏上的 Basic 元件库按钮时,它就打开基础元件库,如附图 1.2.17 所示。从图中可以看出该元件库里有两个电阻箱按钮,左边一个存放现实存在的电阻元件,其电阻值符合实际标准,如 3.3kΩ ,6.3kΩ 等。这些元件通常是可以买到的标准电阻,不妨称为现实电阻箱。而像 3.4kΩ ,3.5kΩ 等非标准化电阻元件,在现实电阻箱里是不会有的。右边一个带有绿色衬底的电阻箱按钮,这里放着一个可设置任意阻值的虚拟电阻,其缺省值为 1kΩ ,习惯称为虚拟电阻箱。为了与现实电路相接近,应该尽量选用符合现实标准的电路元件,也就是说,应该尽量从现实电阻箱中选取电阻元件。

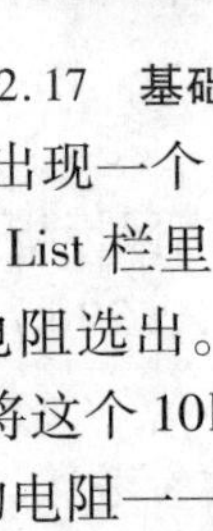

附图 1.2.17 基础元件库

先取 10kΩ 的电阻,单击现实电阻箱,出现一个 Component Browser 对话框。该对话框显示出元器件的许多信息,在 Component Name List 栏里列出的是若干个现实电阻元件,拉动滚动条,找到 10kohm,单击 OK,即将 10kΩ 的电阻选出。选出的电阻紧随着鼠标指针在电路窗口内移动,移到合适位置后,单击左键,即可将这个 10kΩ 的电阻放置在这个位置上。同理,可将 100kΩ 、1kΩ 和两个 2.4kΩ 、两个 20kΩ 的电阻一一选放到电路窗口适当的位置。与 10kΩ 不同的是,这几个电阻是要竖着放置的,可在选中他们后,启动 Edit 菜单,选取 90Clockwise 或 90 CounterCW命令即可。

(2)放置虚拟电阻

在虚拟电阻箱中取一个电阻,设置阻值为5.625kΩ,设置对话框如下附图1.2.18所示。

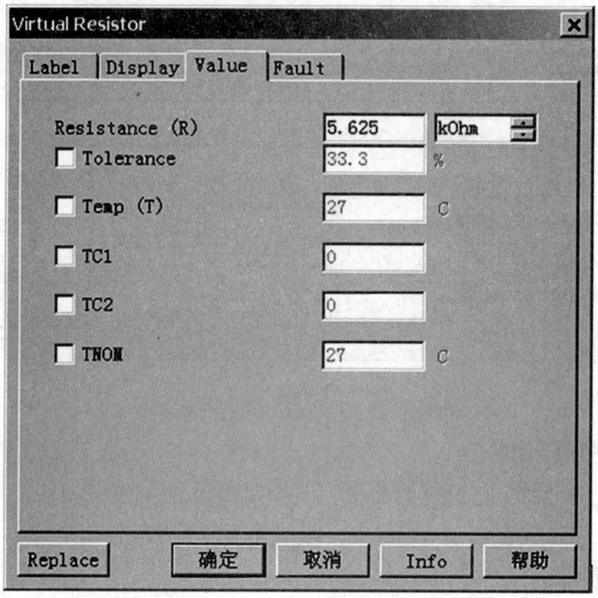

附图1.2.18　虚拟电阻对话框

(3)放置电容

同理设置两个0.01uF的电容器元件。

(4)放置15V的直流电源

直流电源为放大电路提供着电能,Multisim环境下的这个电压源可直接从Source元件库中选取。当鼠标指针指向Source元件库按钮,立刻显示出28个电源箱,1个接地端和1个数字接地端。可选的直流电压源有两个,前者是一个电压值可设置的理想电压源,而后者是直流电压源的简化表示形式,主要用于数字电路中。

这里选用理想电压源,只需要单击,随即能取出一个正好是15V的电压源。

(5)放置交流信号源

单击Source库中的图标,带出一个参数是1V 1000Hz 0Deg的交流信号源,放到电路窗口适当的位置上。本例要求的信号源是0.7V 1KHz 0Deg,双击电路窗口中的该信号源符号,打开AC Voltage对话框,如附图1.2.19所示。

在Value页,Voltage改成1V,这是最大电压值,其相应Voltage RSM(电压有效值)自动显示是0.71V。

(6)放置运算放大器集成块

运算放大器集成块是该电路的核心。当鼠标指针指向ANA模块集成电路库时,就出现5个现实元件箱和4个虚拟元件箱,如附图1.2.20所示。

(7)放置接地端

对一个电路来说,接地端就是一个公共参考点,这一点的电位值是0V。一般来说,一个电路必须有一个公共参考点,而且只能有一个。在同一个电路中,不管放置多少个0V,均属于同一点。如果一个电路中没有接地端,通常不能进行有效的仿真分析。

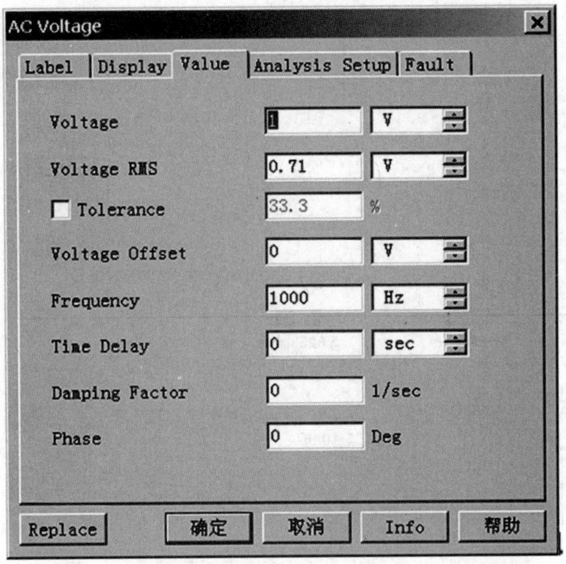

附图 1.2.19　AC Voltage 对话框

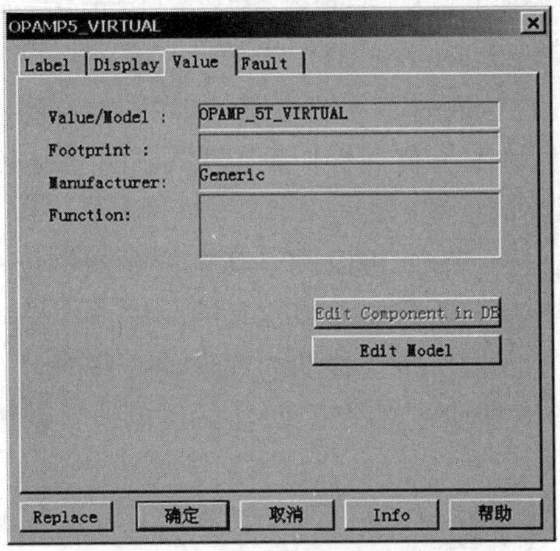

附图 1.2.20　运算放大器对话框

调用接地端非常方便，只需在点击 Source 元件库中的接地按钮后拖出来即可。

全部放置在电路窗口中的元件器件如附图 1.2.21 所示。

该电路所用的这些元器件都会在 Multisim 界面上的 In Use List 栏里出现，以此可以检查所调用的元器件是否正确。

4. 连接线路

在 Multisim 里连接线路是极其方便的，不必按动任何按钮，也不必启动鼠标，即可拉出一条虚线。如果从某点转弯，则可先点击一下鼠标左键，固定住该点，再移动鼠标，到达终点后，再点击一下鼠标左键即可。

5. 根据需要，对电路图进一步编辑处理

为了使电路窗口中已编辑的电路图更整洁、更能便于仿真分析，可以对电路图做进一步编辑处理。

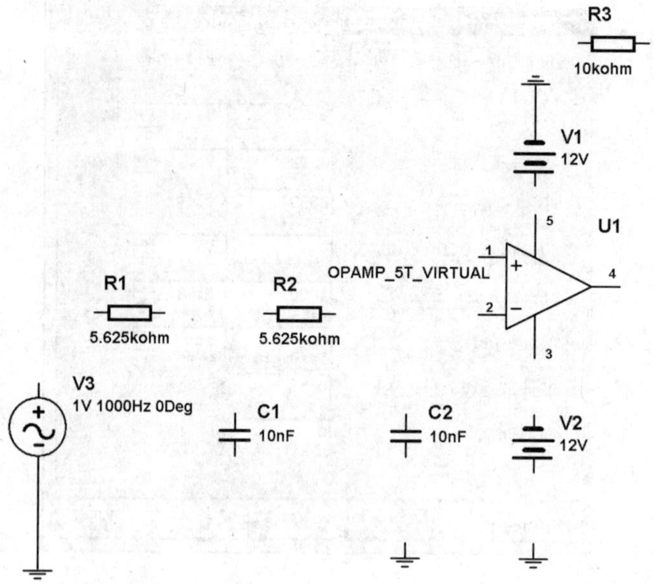

附图 1.2.21　已放置在电路窗口中的元器件

(1)修改元件的参考序号(Peference ID)

元件的参考序号是在元件选取时由系统自动给定的,但有时需要更改,如将 R1 改为 R2。这可以通过双击该元件符号,在其元件属性对话框 Label 的 Reference ID 栏中修改。

(2)调整元件和文字标注的位置

如对某些元件放置的位置不满意,可以调整其位置。调整位置的方式是首先选中这些元件,单个元件只要将鼠标指针指向所需要调整位置的元件,单击左键;若要多个元件同时选中,可按住鼠标左键,拉出一个虚线框住所要移动的元件,松开左键后,选中的元件的四个角落上将出现四个小方块。要大幅度移动可直接拖曳;小幅度的位置调整,最好是利用键盘上的方向键。

当对电路上的元件进行连线、移动、翻转或旋转时,元件的序号(如 R1)或数值(如 10kohm)等文字标注可能会出现在不恰当的位置上,调整的方法是,指针指向所要调整的元件序号或元件值上,单击左键,该文字的四个角落上出现四个小方块,此时就选中了,按住鼠标左键直接拖曳或利用键盘上的方向键移动。

(3)显示电路的节点号

电路元件连接好后,系统会自动给定各个节点的序号,但有时这些节点号并没有出现在电路图上,这时可启动菜单 Optiions/Prefence…命令,在 Preference 的 Circuit 页面,选中 Show 方块内 Show node names。如附图 1.2.22 所示。

(4)修改元件或连线的颜色

修改电路中某些元件的颜色将使电路更加清晰可辨。方法之一是,指针指向此元件或连线,单击右键,出现下拉菜单,选定 Color 项,得到颜色对话框,选取需要的色彩即可。

(5)删除元件或连线

电路图中不合适的元件或连线可以删除,方法就是先选中要删除的元件或连线,然后选取系统工具栏中的 Cut 按钮即可。万一删错了,可启动 Edit/Undo 命令将它恢复。另外,当删除

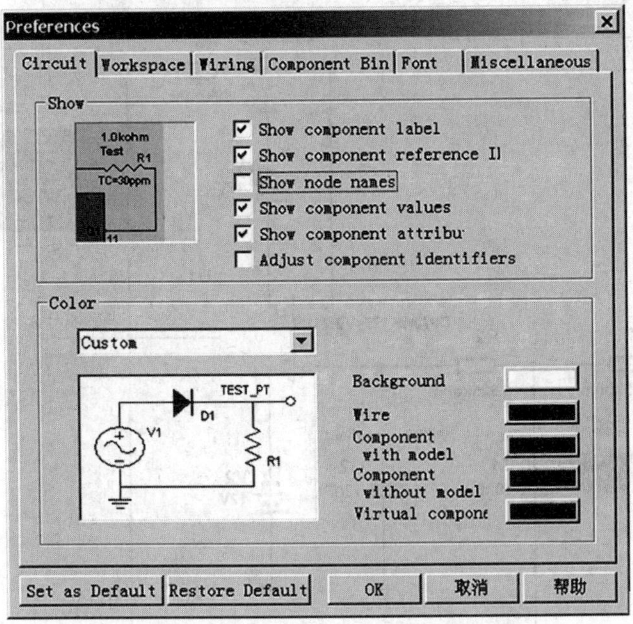

附图 1.2.22　Preference 的 Circuit 页面

一个元件时，与该元件的连线也将一并消失，但删除连线，不会影响到元件。

(6)保存元件

当电路图编辑完成之后，就可以换名保存了，现把该电路重新命名为“运算放大器.msm”保存起来。

二、计算接点电压

在编辑好电路原理图之后，下面就要对所编辑的电路进行仿真分析。

(1)首先需要从窗口右边 Instruments Toolbar(仪表工具栏)里调出一台示波器，方法如同元件工具栏中虚拟元件的选取。与元件的连线方式一样，将示波器 A 通道接输入信号源，B 通道接输出端，如附图 1.2.23 所示。

(2)双击电路窗口中的示波器图标，即可开启示波器板面。示波器的界面与实验室里常用的示波器面板很相似，基本操作方法也差不多。启动电路窗口右上角的电路仿真开关，示波器窗屏幕上就产生输入、输出两个波形，为了看到较清晰的波形，需适当调节示波器界面上的 Timebase(时基)和 Channel A、B(A、B 两通道)中的 Scale 值，这里设置时基的 Scale 值为 1ms/Div，A、B 两通道的 Scale 分别为 500MV/Div 和 1V/Div，仿真结果如附图 1.2.24 所示。波形的颜色对应通道探头连线颜色。

(3)为了改变电路结构和参数，将电阻做简单修改。注意改变电路任何结构和参数必须停止仿真开关，将电阻改为 1kΩ，电容 C2 用一个 20kΩ 的电位器代替。得到电路附图 1.2.25，改变电位器阻值的方法是，鼠标点中电位器，单击键盘上 a 键，电阻按照 5% 递减，单击键盘上的 A 键，电阻按照 5% 递增。改变阻值，观察示波器波形变化，波形如附图 1.2.26 所示。

在 Multisim 的环境下，还可以用直流电压表和直流电流表来测定静态工作点，但利用直流工作点分析法会更方便、快捷。

启动菜单 Simulate/Analyses/DC Operating Point…命令，打开 DC Operating Analysis 对话

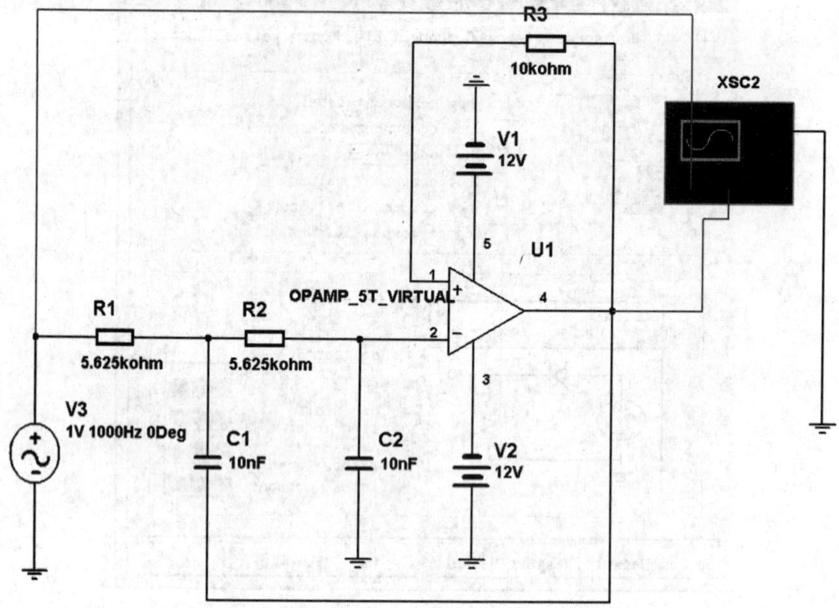

附图 1.2.23　有源滤波仿真电路原理图

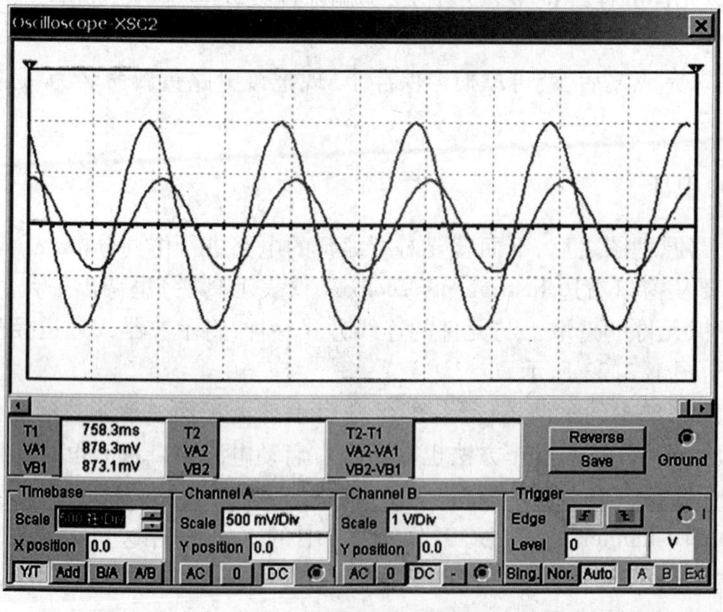

附图 1.2.24　有源滤波电路仿真波形图

框。

在 Output variable 标签页里，选择需要用来仿真的变量。可供选择的变量一般包括所有节点的电压和流经电压源的电流，全部列在 Variable in circuit 被移到右栏里，如需要删除已移入右边的变量，也只需先选中，再点击 Remove 按钮，即可把不需要用来仿真的变量返回到左边栏里。不妨把所有的变量都选中，如附图 1.2.27 所示。

选中以后，单击 Simulate 按钮，系统自动显示出运算的结果，如附图 1.2.28 所示。

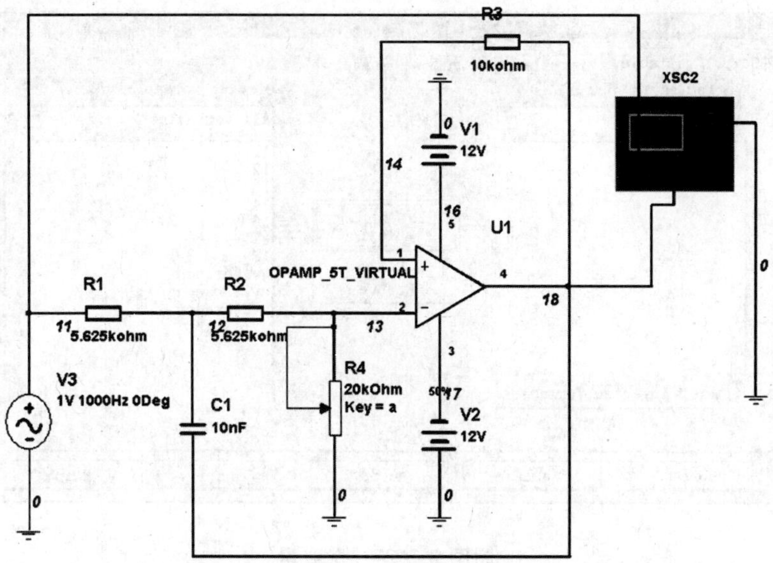

附图 1.2.25　参数可变的有源滤波电路

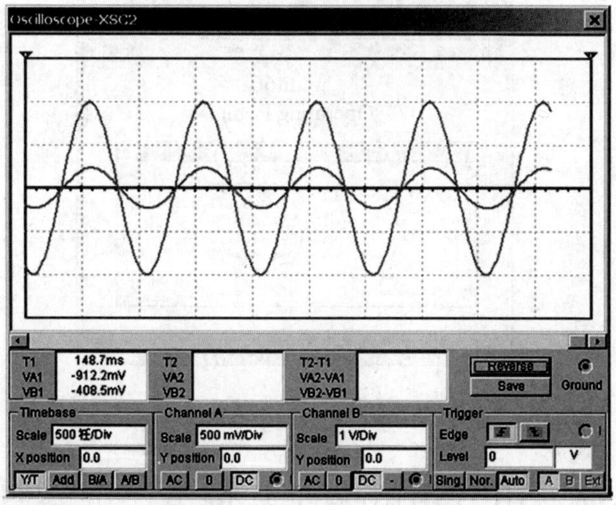

附图 1.2.26　参数可变的有源滤波仿真波形

从这个例子的仿真过程中可以看出，在 Multisim 环境下进行电路的仿真实验，不仅与在现实环境下做的实验有许多相同的地方，而且更方便更快捷，其仿真结果对实际电路设计将是一种很好的参考。

本例仅就放大电路的静态工作点做了仿真分析，其他诸如放大倍数的测定、频率特性、参数及温度扫描、容差分析等仿真都可以方便地得到。

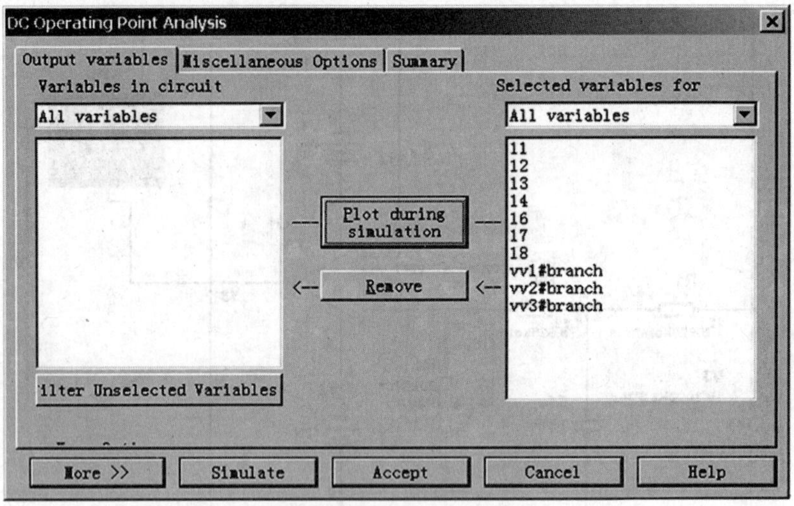

附图 1.2.27　选变量

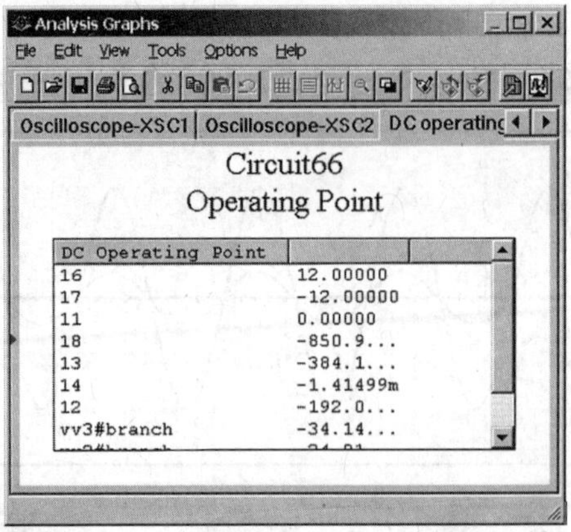

附图 1.2.28　运算结果

附录Ⅲ　用万用电表对常用电子元器件检测

用万用表可以对晶体二极管、晶体管、电阻、电容等进行粗测。万用表电阻档等值电路如附图 1.3.1 所示，其中 R_0 为等效电阻，E_0 为表内电池。当万用表处于 R×1、R×100、R×1K 档时，一般 $E_0 = 1.5V$，而处于 R×10K 档时，$E_0 = 15V$。测试电阻时要记住，红表笔接在表内电池负端（表笔插孔标“+”号），而黑表笔接在正端（表笔插孔标以“-”号）。

1. 晶体二极管管脚极性、质量的判别

晶体二极管由一个 PN 结组成，具有单向导电性，其正向电阻小（一般为几百欧）而反向电阻大（一般为几十千欧至几百千欧），利用此点可进行判别。

（1）管脚极性判别

将万用表拨到 R×100（或 R×1K）的电阻档，把二极管的两只管脚分别接到万用表的两根测试笔上，如附图 1.3.2 所示。如果测出的电阻较小（约几百欧），则与万用表黑表笔相接的一端是正极,另一端就是负极。相反,如果测出的电阻较大(约百千欧),那么与万用表黑表笔相连接的一端是负极,另一端就是正极。

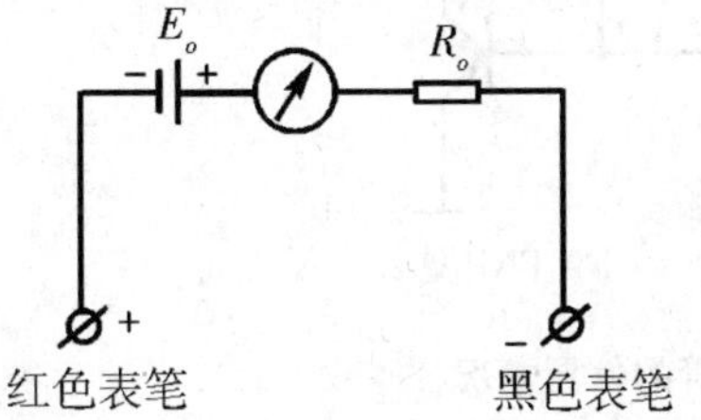

附图 1.3.1 万用表电阻档等值电路

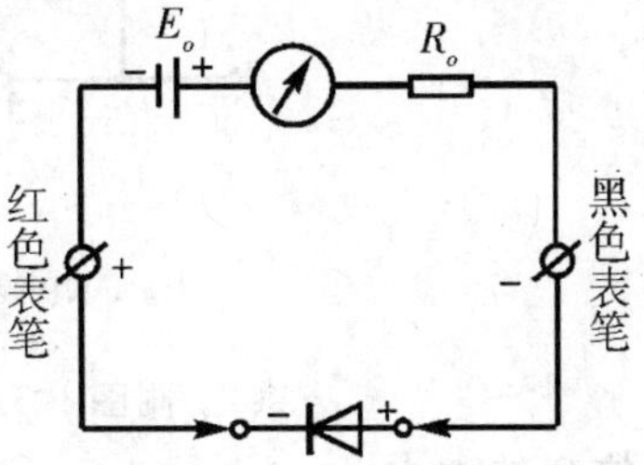

附图 1.3.2 判断二极管极性

(2)判别二极管质量的好坏

一个二极管的正、反向电阻差别越大,其性能就越好。如果双向电值都较小,说明二极管质量差,不能使用;如果双向阻值都为无穷大,则说明该二极管已经断路。如双向阻值均为零,说明二极管已被击穿。

利用数字万用表的二极管档也可判别正、负极,此时红表笔(插在"V · Ω"插孔)带正电,黑表笔(插在"COM"插孔)带负电。用两支表笔分别接触二极管两个电极,若显示值在 1V 以下,说明管子处于正向导通状态,红表笔接的是正极,黑表笔接的是负极。若显示溢出符号"1",表明管子处于反向截止状态,黑表笔接的是正极,红表笔接的是负极。

2. 晶体管管脚、质量判别

可以把晶体管的结构看作是两个背靠背的 PN 结,对 NPN 型来说基极是两个 PN 结的公共阳极,对 PNP 型管来说基极是两个 PN 结的公共阴极,分别如附图 1.3.3 所示。

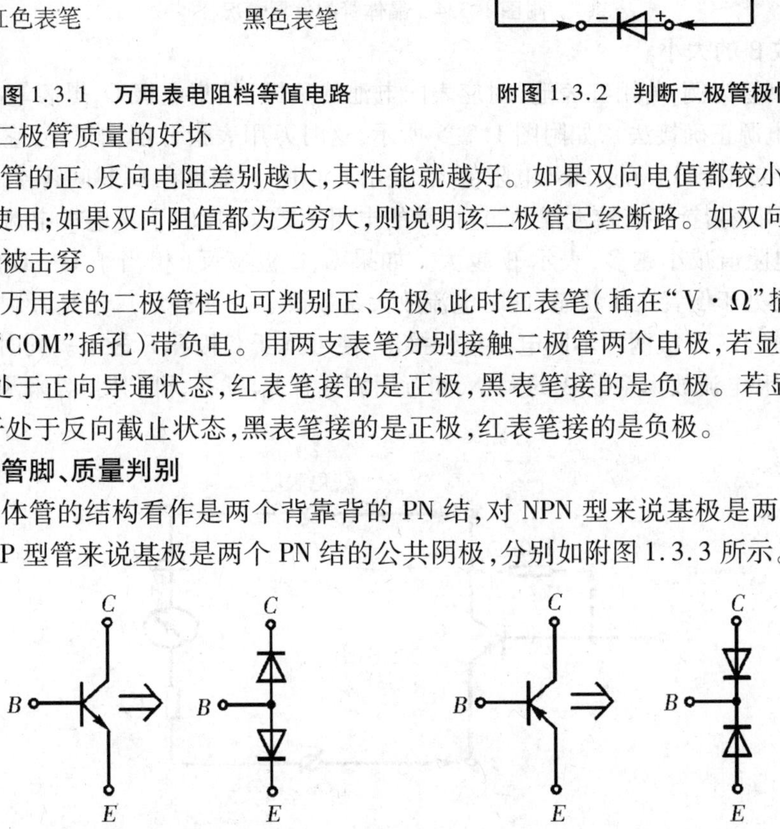

附图 1.3.3 晶体管结构示意图

(1)管型与基极的判别

万用表置电阻档,量程选 1K 档(或 R × 100),将万用表任一表笔先接触某一个电极,为假定的公共极,另一表笔分别接触其他两个电极,当两次测得的电阻均很小(或均很大),则前者所接电极就是基极,如两次测得的阻值一大、一小,相差很多,则前者假定的基极有错,应更换其他电极重测。

根据上述方法,可以找出公共极,该公共极就是基极 B,若公共极是阳极,该管属 NPN 型管,反之则是 PNP 型管。

(2)发射极与集电极的判别

为使晶体管具有电流放大作用,发射结需加正偏置,集电结加反偏置,如附图 1.3.4 所示。当晶体管基极 B 确定后,便可判别集电极 C 和发射极 E,同时还可以大致了解穿透电流 I_{CEO} 和

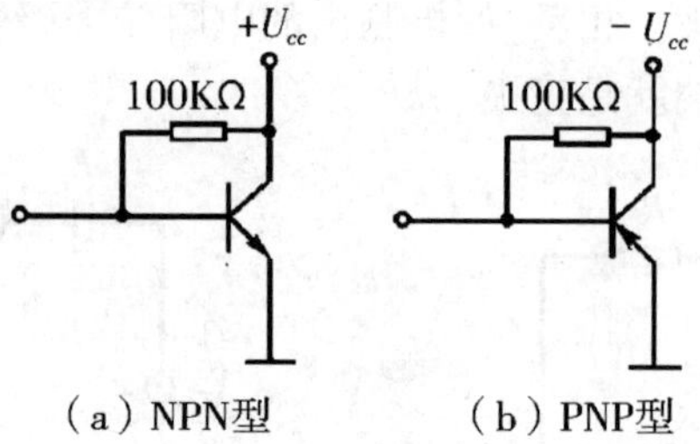

附图 1.3.4　晶体管的偏置情况

电流放大系数 β 的大小。

以 PNP 型管为例，若用红表笔（对应表内电池的负极）接集电极 C，黑表笔接 E 极，（相当于 C、E 极间电源正确接法），如附图 1.3.5 所示，这时万用表指针摆动很小，它所指示的电阻值反映管子穿透电流 I_{CEO} 的大小（电阻值大，表示 I_{CEO} 小）。如果在 C、B 间跨接一只 $R_B = 100K$ 电阻，此时万用表指针将有较大摆动，它指示的电阻值较小，反映了集电极电流 $I_C = I_{CEO} + \beta I_b$ 的大小。且电阻值减小越多，表示 β 越大。如果 C、E 极接反（相当于 C－E 间电源极性反接，）则晶体管处于倒置工作状态，此时电流放大系数很小（一般 <1），于是万用表指针摆动很小。因此，比较 C－E 极两种不同电源极性接法，便可判断 C 极和 E 极了。同时还可大致了解穿透电流 I_{CEO} 和电流放大系数 β 的大小，如万用表上有 h_{FE} 插孔，可利用 h_{FE} 来测量电流放大系数 β。

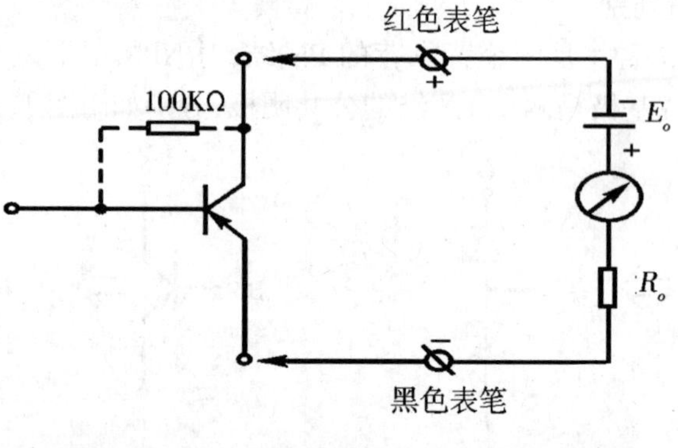

附图 1.3.5　晶体管集电极 C、发射极 E 的判别

3. 检查整流桥堆的质量

整流桥是把四只硅整流二极管接成桥式电路，再用环氧树脂（或绝缘塑料）封装而成的半导体器件。桥堆有交流输入端（A、B）和直流输出端（C、D），如附图 1.3.6 所示。采用判定二极管的方法可以检查桥堆的质量。从图中可看出，交流输入端 A－B 之间总会有一只二极管处于截止状态使 A－B 间总电阻趋向于无穷大。直流输出端 D－C 间的正向压降则等于两只硅二极管的压降之和。因此，用数字万用表的二极管档测 A－B 的正、反向电压时均显示溢出，而测 D－C 时显示大约 1V，即可证明桥堆内部无短路现象。如果有一只二极管已经击穿短路，那么测 A－B 的正、反向电压时，必定有一次显示 0.5V 左右。

4. 电容的测量

电容的测量，一般应借助于专门的测试仪器，通常用电桥。而用万用表仅能粗略地检查一下电解电容是否失效或漏电情况。

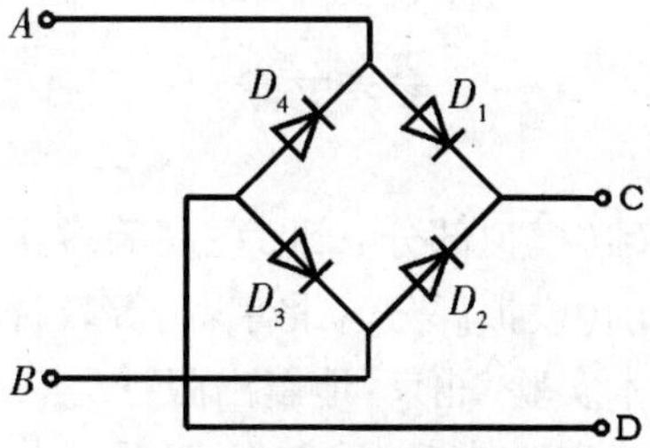

附图 1.3.6　整流桥堆管脚及质量判别

测量电路如附图 1.3.7 所示。

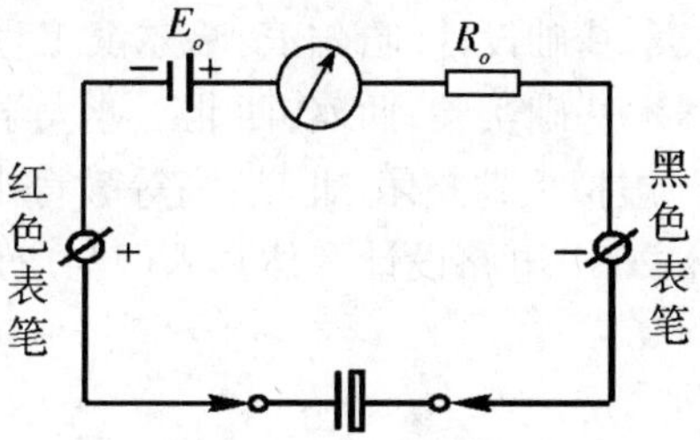

附图 1.3.7　电容的测量

测量前应先将电解电容的两个引出线短接一下，使电容上所充的电荷释放。然后将万用表置于 1K 档，并将电解电容的正、负极分别与万用表的黑表笔、红表笔接触。在正常情况下，可以看到表头指针先是产生较大偏转（向零欧姆处），以后逐渐向起始零位（高阻值处）返回。这反映了电容器的充电过程，指针的偏转反映电容器充电电流的变化情况。

一般说来，表头指针偏转越大，返回速度越慢，则说明电容器的容量越大，若指针返回到接近零位（高阻值），说明电容器漏电阻很大，指针所指示电阻值，即为该电容器的漏电阻。对于合格的电解电容器而言，该阻值通常在 500KΩ 以上。电解电容在失效时（电解液干涸，容量大幅度下降），表头指针就偏转很小，甚至不偏转。已被击穿的电容器，其阻值接近于零。

对于容量较小的电容器（云母、瓷质电容等），原则上也可以用上述方法进行检查，但由于电容量较小，表头指针偏转也很小，返回速度又很快，实际上难以对它们的电容量和性能进行鉴别，仅能检查它们是否短路或断路。这时应选用 R×10K 档测量。

参考文献

1. 康华光主编. 电子技术基础(模拟部分). 北京:高等教育出版社,1988 年
2. 童诗白主编. 电子技术基础(模拟部分). 北京:高等教育出版社,1998 年
3. 关惠铭主编. 模拟电子技术实验. 北京:地震出版社
4. 荆西京主编. 模拟电子电路实验技术. 西安:第四军医大学出版社
5. 宋万年等编著. 模拟与数字电路实验. 上海:复旦大学出版社
6. 孔庆生,俞承芳主编. 模拟与数字电路基础实验. 上海:复旦大学出版社
7. 李万臣主编. 模拟电子技术基础设计. 哈尔滨:哈尔滨工程大学出版社
8. 邵舒渊主编. 模拟电子技术基础实验. 西安:西北工业大学出版社
9. 李东生编著. EDA 仿真与虚拟仪器技术. 北京:高等教育出版社
10. 郑步生等编著. Multisim 2001 电路设计及仿真入门与应用. 北京:电子工业出版社

图书在版编目(CIP)数据

模拟电子技术实验教程/钟化兰主编.—南昌:江西科学技术出版社,2009.8
ISBN 978-7-5390-3205-4
Ⅰ.模… Ⅱ.钟… Ⅲ.模拟电路—电子技术—实验—高等学校—教材
Ⅳ.TN710-33
中国版本图书馆CIP数据核字(2009)第109458号

国际互联网(Internet)地址:
http://www.jxkjcbs.com
选题序号:**ZK**2007033
图书代码:**X**09006-103

模拟电子技术实验教程 钟化兰主编

出版发行 江西科学技术出版社
社址 南昌市蓼洲街2号附1号
邮编:330009 电话:(0791)86623491 86639342(传真)
印刷 江西千叶彩印有限公司
经销 各地新华书店
开本 787mm×1092mm 1/16
字数 360千字
印张 14.5
版次 2009年8月第1版 2016年6月第3次印刷
书号 ISBN 978-7-5390-3205-4
定价 26.00元